◆ 应 用 型 人 才 培 养 教 材

装饰工程计量计价与BIM造价应用

◉ 戴晓燕 主 编
◉ 周 堃 胡 凯 副主编

化学工业出版社
·北京·

内容简介

本书根据建设工程管理类岗位能力的要求，以现行的建设工程文件为依据，结合编者在实际工作和教学实践中的体会与经验编写而成。"装饰工程计量计价与 BIM 造价软件应用"是一门实践性很强的课程，为此本书在编写过程中坚持理论与实践结合、注重实际操作的原则，在阐述基本概念和基本原理时，融入与知识点相关的职业资格考试真题，结合插图，联系实例，内容通俗易懂。同时，本书结合工程造价行业现状及未来发展趋势，引入 BIM 装饰工程计量与计价软件相关内容，以应用为重点，深入浅出，具有很强的针对性和实践性。

本书全面贯彻党的教育方针，落实立德树人根本任务，重视素质教育，立足目标导向，将素质目标融入到课程目标之中，引导学生树立正确的价值观。

本书提供有丰富的视频数字资源，可通过扫描书中二维码获取。

本书可作为应用型本科院校和高等职业建设工程管理、工程造价、建筑装饰工程技术、建筑室内设计等专业的教学用书，也可作为工程造价管理人员、企业管理人员业务学习的参考书。

图书在版编目（CIP）数据

装饰工程计量计价与BIM造价应用/戴晓燕主编；周堃，胡凯副主编. —北京：化学工业出版社，2022.11
ISBN 978-7-122-42475-4

Ⅰ. ①装…　Ⅱ. ①戴…②周…③胡…　Ⅲ. ①建筑装饰 - 工程造价 - 教材　Ⅳ. ① TU723.32

中国版本图书馆 CIP 数据核字（2022）第 206542 号

责任编辑：李仙华　　　　　　　　　　　　装帧设计：张　辉
责任校对：宋　玮

出版发行：化学工业出版社（北京市东城区青年湖南街13号　邮政编码100011）
印　　　装：三河市延风印装有限公司
787mm×1092mm　1/16　印张18　字数444千字　2023年9月北京第1版第1次印刷

购书咨询：010-64518888　　　　　　　　售后服务：010-64518899
网　　址：http://www.cip.com.cn
凡购买本书，如有缺损质量问题，本社销售中心负责调换。

定　　价：49.80元

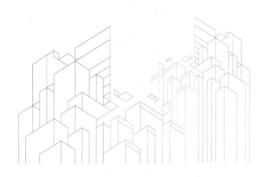

新发展理念深刻揭示了实现更高质量、更有效率、更加公平、更可持续发展的必由之路，也为建筑业在新发展阶段转型升级、实现高质量发展指引了方向。建筑业迫切需要树立新发展思路，深化工程造价改革，完善工程计价依据体系，改进工程计量和计价规则，更加适应市场化需要。高校肩负着为经济社会发展输送人才的重任，应培养能满足市场需求的工程造价管理人才。

本书在编写过程中，遵循知识、能力、素质三位一体的原则进行教材内容设计，能与时俱进，反映工程计价领域最新动态，进一步适应建设市场的发展，同时针对应用型人才培养的需求，本书以国家标准《建设工程工程量清单计价规范》（GB 50500—2013）、《房屋建筑与装饰工程工程量计算规范》（GB 50854—2013）、《湖北省房屋建筑与装饰工程消耗量定额及全费用基价表（结构·屋面）》（2018 版）、《湖北省房屋建筑与装饰工程消耗量定额及全费用基价表（装饰·措施）》（2018 版）、《湖北省建筑安装工程费用定额（2018 版）》为主要依据，结合装饰行业对掌握 BIM 技术的应用型工程造价及管理人才的需求，坚持专业知识"必需、够用"的原则，注重实践教学训练，引入易懂的案例教学，全面、系统讲解了装饰工程预算定额、工程量清单计价规范、装饰工程计价方法、装饰工程定额工程量计算、装饰工程量清单计价、装饰工程施工图预算编制、装饰工程合同价款调整、装饰工程结算和竣工决算，以及响应党的二十大报告提出"构建新一代信息技术""加快发展数字经济"的号召，本书增加了第十章 BIM 装饰工程计量与计价。本书附有历年职业资格考试真题精选及能力训练题，有较强的针对性和可操作性。教材将素质目标融入课程目标中，培养学生职业自豪感，帮助学生将个人成长与国家发展紧密结合，树立新发展理念，传承工匠精神，帮助学生立志成为不惧困难、脚踏实地、富有爱国情怀、具有奋斗与创新意识、愿为祖国建设发展添加砖瓦的工程建设者。

本书在关键知识点处提供有丰富的视频数字资源，可通过扫描书中二维码获取。同时书中还配套有教学用的电子课件，可登录 www.cipedu.com.cn 下载。

本书由戴晓燕主编，周堃、胡凯副主编。编写分工如下：第一章~第四章由湖北第二师范学院戴晓燕编写，第五章、第六章由武汉新言信息技术有限公司夏莉、肖丹编写，第七章由湖北中诚信达工程造价咨询有限责任公司周堃编写，第八章、第九章由湖北第二师范学院戴晓燕及湖北生态工程职业技术学院黄启真共同编写，第十章由湖北第二师范学院胡凯编写。本书由戴晓燕统稿。

本书在编写过程中，得到了院校领导、教师的支持与帮助，还得到了化学工业出版社的大力支持，在此一并表示衷心的感谢！

由于编写时间紧迫，编者水平有限，书中难免会存在不妥之处，恳请广大读者不吝指正，我们将不断改进。

编者
2022 年 10 月

第三章　工程量清单计价规范 —————————————— 039

第四章　装饰工程计价方法 —————————————— 057

第七章　装饰工程施工图预算编制 ──────────────── 164

第八章　装饰工程合同价款调整 ──────────────── 216

二维码资料目录

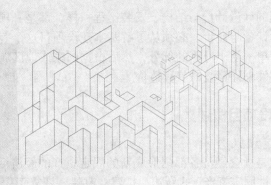

第一章
绪　论

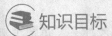

- 了解建筑装饰工程的分类；
- 熟悉基本建设项目的划分、基本建设程序、工程造价专业人员管理制度；
- 掌握基本建设经济文件组成及工程造价的含义。

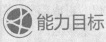

- 能够对基本建设项目有一个系统的了解；
- 能够知道学习本课程的正确方法。

- 理解新发展理念，尊重事物发展的基本规律，建立数字时代工程造价管理新思维。

第一节 基本建设相关知识

装饰工程的计量计价与结构、安装工程一样，都是一项较为复杂的工作。为了有序地对装饰工程进行计量与计价，必须从了解基本建设项目这个有机整体构成开始，将其科学地分解成若干个简单、易于计算的部分，然后根据国家或地区颁布的建筑装饰工程预算定额或其他相关计价文件来计算装饰工程造价。

一、基本建设项目概述

1. 基本建设概念

基本建设是社会经济各部门形成新的固定资产的经济活动。即指固定资产（生产性固定资产和非生产性固定资产）的新建、扩建、改建、恢复工程及与之有关的工作。

例如建设一个电厂即为基本建设，不仅包括厂房的建造，还包括各种机器设备的购置和安装，以及与此相关的土地征用、房屋拆迁、勘察设计、工程监理、招标投标、培训职工等工作。

为了便于管理和核算，凡列为固定资产的劳动资料，一般应同时具备以下两个条件：

① 使用期限在一年以上；
② 单位价值在规定的限额以上。

2. 基本建设项目划分

基本建设项目按照其包含范围的大小可划为建设项目、单项工程、单位工程、分部工程、分项工程五部分。

（1）建设项目　也称投资项目，指按一个独立的总体设计任务书进行施工，经济上独立核算，行政上具有独立的组织形式和法人资格的建筑工程实体。

建设项目一般是由一个或几个单项工程构成，例如，建设一所学校、一所医院、一个工厂、一个住宅小区等。

（2）单项工程　是建设项目的组成部分。单项工程是指在一个建设项目中，具有独立的设计文件，建成后独立发挥生产能力或使用效益的项目。例如，一所学校中的教学楼、图书馆、食堂；一个工厂中的生产车间、办公楼、宿舍楼；医院中的门诊大楼、住院楼等。

（3）单位工程　是指具有独立的设计文件，可以独立施工，但建成后不能独立发挥生产能力或效益的工程。单位工程是单项工程的组成部分。例如，一栋教学楼中的建筑工程、装饰工程、电气照明工程、给水排水工程、采暖通风空调工程等分别是单项工程中所包含的不同性质的单位工程。

（4）分部工程　是单位工程的组成部分，指单位工程中，按照工程部位、结构形式的不同而分类的工程。例如，装饰工程可分为楼地面工程、墙柱面工程、天棚工程、油漆工程等分部工程。

（5）分项工程　是分部工程的组成部分，指在分项工程中，按照施工方法、使用材料、结构构件不同而进一步划分的工程。例如，装饰工程中的楼地面工程可分为找平层、整体面层、块料面层、橡塑面层、木地板、踢脚线、楼梯面层、台阶装饰等分项工程。

综上所述，基本建设项目划分可用图 1-1 表示。

图 1-1 基本建设项目划分

二维码 1.1

二、基本建设程序

基本建设程序是指建设项目从最初筹划到投产交付使用的整体过程中所必须遵循的先后顺序。

1. 编制项目建议书

项目建议书 (立项报告) 是指投资人向国家和省、市、地区主管部门提出建设某一项目的建议性文件，它是投资人在投资决策前对拟建项目的轮廓设想。投资人需要经过调查分析，提出拟建项目的必要性，拟建规模和建设地点的初步设想，资金情况、建设条件、协作关系，投资估算和资金筹措的设想，项目的进度安排，经济效果、社会效益的初步估计等。

2. 可行性研究

可行性研究是指在项目建议书的基础上，对拟建项目有关的社会、技术、经济等各方面进行深入细致的调查研究，对各种可能采用的技术方案和建设方案进行认真的技术经济分析和比较论证，并对项目建成后的经济效益进行科学的预测和评价。可行性研究经过批准之后，将由相关主管部门组织编制设计任务书。

一项好的可行性研究，应该向投资者推荐技术经济最好的方案，使投资者明确项目具有多大的财务获利能力，多大的投资风险，是否值得投资建设；可使国家主管部门能从国家角度看该项目是否值得支持与批准，使银行和其他资金提供者明确该项目能否按期或者提前偿还他们提供的资金。

3. 工程设计阶段

工程设计阶段是工程项目建设的重要环节，指在施工开始之前，根据已经编制好的设计任务书，从技术和经济上对拟建项目做出详细规划。按我国现行规定，一般建设项目按初步设计和施工图设计两阶段进行，称为"两阶段设计"，对于技术上复杂而又缺乏设计经验的项目，可增加技术设计阶段，称之为"三阶段"设计。

（1）初步设计 是设计过程中一个关键性阶段，也是整个设计构思基本形成的阶段。经过批准的初步设计可为主要材料或设备的订货做准备工作，但不能作为施工的依据。

初步设计应编制设计概算。如果初步设计提出的总概算超过可行性研究报告总投资的10% 以上或其他主要指标需要变更时，应说明原因和计算依据，并重新向原审批单位报批可行性研究报告。

（2）技术设计 是初步设计的具体化，技术设计研究的问题应根据更详细的勘察资料和技术经济计算，对初步设计研究的问题加以补充修正。技术设计阶段应编制修正设计概算。

对于不太复杂的工程，技术设计阶段可以省略，将这个阶段的一部分工作纳入初步设计，另一部分归入施工图设计阶段进行。

（3）施工图设计　是设计工作和施工工作的桥梁，该阶段将通过图纸，将设计者的意图表达出来，作为施工的依据。施工图设计的深度应能满足设备材料的选择与确定、施工图预算的编制、建设项目施工和安装等的要求。

4. 建设准备阶段

建设准备阶段的工作内容很多，包括组织筹建机构，征地、拆迁，地质勘察，主要材料、设备的订货，施工场地的"三通一平"，组织施工招标投标，办理施工许可手续等。

同时，应根据批准的建设项目的总概算和初步计划，编制基本建设年度计划。建设项目列入年度计划前必须实行"五定"，即定建设规模、定总投资、定建设工期、定投资效益、定外部协作条件，才可保证建设项目的顺利进行及实现投资效益目标。

5. 建设实施阶段

建设项目经批准新开工建设，即进入了建设实施阶段。建设实施阶段是项目决策实施并建成投产发挥效益的关键环节，包括建筑工程、装饰工程、水电安装、采暖通风等工作。同时还要为生产环节做准备，包括招收和培训生产人员，组织生产人员参加设备安装、调试和工程验收，签订原材料、燃料、水、电等供应运输协议，组织工具、器具的制造或订货等。

6. 竣工验收阶段

当建设项目按照设计文件的内容完成全部施工并达到竣工标准要求之后，便应及时组织办理竣工验收。竣工验收是考核建设成果、检验设计和施工质量的关键环节，是投资成果转入生产或使用的标志。竣工验收合格后，建设项目才能交付使用。

三、基本建设经济文件

基本建设经济文件包括投资估算、设计概算、施工图预算、施工预算、工程结算、竣工决算等。

1. 投资估算

投资估算指在项目建议书和可行性研究阶段，建设项目研究主管部门或建设单位根据现有资料，对建设项目投资数额进行估计的经济文件。投资估算是从投资者的角度出发，反映项目全部费用的估算金额，一般较为粗略，是建设项目进行决策、筹集资金和合理控制造价的主要依据。

2. 设计概算

设计概算是在工程初步设计或扩大初步设计阶段，根据初步设计或扩大初步设计图纸、概算定额及相关取费标准而编制的概算造价经济文件。设计概算一般由设计单位编制。与投资估算相比，概算造价的准确性有所提高，但受估算造价的控制。

3. 施工图预算

施工图预算是指在施工图设计完成之后，依据施工图纸、预算定额、费用定额、市场价格信息以及其他计价文件，采用定额计价法或清单计价法编制的单项工程或单位工程全部建设费用的经济文件。预算造价比概算造价更为详尽和准确，但同样受前一阶段工程造价的控制。

施工图预算是控制造价及合理使用资金、确定招标控制价、拨付工程进度款及办理结算的依据，也是与施工预算进行"两算对比"的重要依据。

4. 施工预算

施工预算是在施工阶段，由施工单位根据施工图纸、企业定额、施工方案及相关施工文件编制的，用以体现施工中所需消耗的人工、材料及施工机械台班的数量及相应费用的文件。

施工预算是施工企业计划成本的依据，反映了完成建设项目所消耗的实物与金额数量标准，也是与施工图预算进行"两算对比"的基础资料。

工程造价管理中"两算对比"是指站在施工企业的角度，完成施工图预算与施工预算的对比。

目前有很多工程项目签订合同时，是按中标施工单位的施工图预算报价签订合同价的，而施工预算又是企业的施工成本预计发生额，所以从价格属性来看，施工图预算应是"收入"，施工预算应是"支出"。"两算对比"也就是收入与支出的比较。施工企业能通过"两算对比"，可以预先发现工程项目的"效益值"或"亏损值"，以便有针对性地采取相应措施以避免或减少亏损的出现，有利于企业生产管理及成本控制。

5. 工程结算

工程结算是指施工企业按照合同的规定，向建设单位申请支付已完工程款清算的一项工作。包括工程预付款、中间结算及竣工结算。

（1）工程预付款 是建设工程施工合同签订之后，发包人按照合同约定在正式开工之前预先支付给承包人的工程款。它是施工准备和所需主要材料、结构件等流动资金的主要来源，国内习惯上又称为预付备料款。工程预付款的支付，表明该工程已经实质性启动。

《建设工程价款结算暂行办法》对工程预付款作了具体的规定："包工包料工程的预付款按合同约定拨付，原则上预付款比例不低于合同金额的10%，不高于合同金额的30%，对重大工程项目，可按年度工程计划逐年预付。"

（2）中间结算 施工单位在工程实施过程中，根据实际已完工程数量计算工程价款，以便建设单位办理工程进度款的支付。中间结算可按月结算或按工程形象进度结算。

（3）竣工结算 是施工单位完成合同规定的全部内容并经验收合格之后，根据合同、设计变更资料、现场签证、技术核定单、隐蔽工程记录、预算定额、材料价格及有关取费标准等竣工资料编制，经建设单位或受委托的监理单位确认，以此来确定工程造价的经济文件。竣工结算是工程结算中最终一次结算。

6. 竣工决算

竣工决算是指在建设项目竣工验收合格之后，由建设单位或受委托方编制的从项目筹建到竣工验收、交付使用全过程中实际支出费用的经济文件。

竣工决算书是以实物数量和货币指标为计量单位，综合反映了竣工项目从筹建开始到项目竣工交付使用为止的全部建设费用、建设成果和财务情况，是建设项目竣工验收报告的重要组成部分，也是考核分析投资效果的重要依据。

7. 基本建设各阶段经济文件比较 (表 1-1)

表 1-1 基本建设各阶段经济文件比较

项目	设计概算	施工图预算	施工预算	工程结算	竣工决算
编制时间	设计阶段	施工图设计后	建设实施阶段	建设实施阶段	工程竣工阶段

续表

项目	设计概算	施工图预算	施工预算	工程结算	竣工决算
编制单位	设计部门	施工企业、业主	施工企业	施工企业	业主
使用图纸及定额	概算定额（指标）及设计图纸	预算定额及施工图纸	企业定额及施工图纸	预算定额及施（竣）工图纸	预算定额及竣工图纸
编制目的	控制工程总投资	工程造价（招标控制价、投标价）	进行两算对比，降低工程成本，提高经济效益等	申请支付进度款	计算工程全部建设费用
编制对象范围	建设项目或单项工程	单项工程或单位工程	单位工程或分部（分项）工程	单项工程或单位工程	单项工程或单位工程
编制深度	工程项目总投资概算	详细计算造价金额，比概算要精确些	准确计算工料机消耗	与工程项目实体相符的详细造价	与工程项目实体相符的详细造价

四、工程造价的含义

工程造价的第一种含义是从投资者（业主）的角度分析，指建设项目按规定的要求全部建成并验收合格交付使用所需的全部固定资产投资费用，由建筑安装工程费用、设备及工器具购置费、工程建设其他费用、预备费、建设期贷款利息组成，工程项目总投资如图 1-2 所示。工程造价的第二种含义是从市场交易角度分析，指为建成一项工程，预计或实际在土地市场、设备市场、技术劳务市场，以及承包市场等交易活动中所形成的建筑安装工程价格。承发包价格是工程造价中一种重要的，也是最典型的价格形式，它是建筑市场通过招投标，由需求主体（投资者）和供给主体（承包商）共同认可的价格。

二维码 1.2

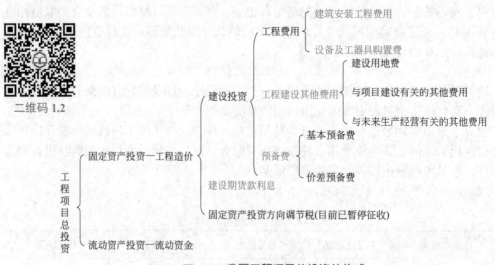

图 1-2　我国工程项目总投资的构成

第二节 装饰工程计量与计价概述

一、装饰工程分类

装饰工程是指在建筑主体结构工程完成之后，在建筑艺术与工程技术的结合下，采用装饰材料对建筑物的内外表面及空间进行的装潢和修饰。

1.按装饰部位的不同

按装饰部位的不同，可分为室内装饰、室外装饰和环境装饰等。

（1）室内装饰 是对建筑物室内所进行的建筑装饰，可以起到保护主体结构、改善室内使用条件、美化内部空间的作用，通常包括以下内容。

① 楼地面；

② 墙面；

③ 天棚；

④ 室内门窗（包括门窗套、贴脸、窗帘盒、窗帘及窗台等）；

⑤ 楼梯及栏杆（板）；

⑥ 室内装饰设施（包括给排水与卫生设备、电气与照明设备、暖通设备、用具、家具及其他室内装饰）。

（2）室外装饰 是对建筑物室外部位所进行的装饰，可以保护建筑物，提高建筑物的耐久性，保温、隔热、隔声、防潮并且增加建筑物的美观、美化城市的作用，通常包括以下内容。

① 外墙面、柱面、外墙裙（勒脚）、腰线；

② 屋面、檐口、檐廊；

③ 阳台、雨篷、遮阳篷、遮阳板；

④ 外墙门窗，包括防盗门、防火门、外墙门窗套、花窗等；

⑤ 台阶、散水、落水管、花池（或花台）；

⑥ 其他室外装饰，如楼牌、招牌、装饰条、雕塑、霓虹灯、美术字等外露部分的装饰。

（3）环境装饰 也称院落景观、绿化及配套工程，是现代建筑装饰的重要配套内容，包括院落大门、围墙、灯饰、假山、院内绿化、喷泉以及各种供人们休闲的凳椅、亭阁等装饰物。环境装饰与建筑物室内外装饰有机融合，可为人们营造舒适、幽雅的生活与工作氛围。

2.按装饰时间的先后

（1）前期装饰 又称粗装饰，是指建筑主体工程施工完成后，按照建筑设计装饰施工图纸进行的一般装饰。前期装饰主要是对建筑主体基本作用功能的完善，如楼地面工程中的水泥砂浆整体面层、内墙面抹灰工程、外墙面水刷石工程、外墙面贴块料面层等。

（2）后期装饰 又称精装饰、高级装饰，是指根据用户的使用要求，形成专业的装饰设计图纸对新建房屋进一步装饰或对旧建筑重新装饰。与前期装饰相比，后期装饰使用的材料种类更多、工艺要求更高，且通常只针对室内部分，如商业室内装饰及家庭装饰等。

二、装饰工程计量与计价的作用

1.确定投标报价及招标控制价

在装饰工程招投标过程中，装饰施工企业需要进行装饰工程计量与计价，确定施工图预算费用，结合本企业的投标策略，确定投标价格；同时，业主需要通过对装饰工程进行计量与计价，确定招标控制价，以作为评标的重要尺度。

2. 签订施工合同和进行工程结算

凡是承发包工程，建设单位与施工单位都必须以计量与计价后确定的投标报价为依据签订施工合同。在工程施工过程中，装饰施工企业也应通过装饰工程计量与计价办理中间结算及竣工结算。

3. 编制施工计划和加强经济核算

装饰施工企业通过装饰工程计量与计价确定施工图预算，不仅是施工过程中的人、材、机的需求计划及施工进度计划的依据；同时也是施工企业为了取得较好的经济效益，采取相应措施，努力提高劳动生产率，降低人力、物力、财力的消耗，以实现降低工程成本目标的依据。

4. 办理工程贷（拨）款、结算和实行财政监督

装饰工程的建设单位如遇到资金短缺问题，需要通过装饰工程计量与计价确定施工图预算，经审查后以此为依据向银行申请贷（拨）款，银行也将以此为依据监督建设单位和施工单位按工程的施工进度合理地使用建设资金。

三、学习装饰工程计量与计价的方法

1. 夯实专业基础，打好基本功

无论是对于建设工程管理专业、工程造价专业、建筑装饰工程技术专业，还是建筑工程技术专业，本课程都是一门重要的专业课程。首先需要能看懂平面图、立面图、剖面图、大样图等装饰施工图纸，其次还应掌握装饰施工技术、装饰材料、装饰构造等相关专业基础知识，同时在学好上述相关专业课程、夯实专业基础之后，还应学会运用 BIM 技术建模进行装饰工程计量与计价，才能更轻松地掌握本课程。

2. 理论联系实际，提高实践操作性

本课程是一门实践要求很高的课程，在学习本课程之前，应安排实践环节，即深入施工现场，结合已学过的专业课程，在实践中了解不同的装饰施工工艺、装饰材料、施工组织及管理知识等，只有理论与实践相结合，才能更好地编制装饰工程计量与计价。

第三节　工程造价专业人员管理制度

为保证建筑市场的良好秩序，我国对从事工程造价活动的专业人员实行注册执业管理制度，取得职业资格的人员，经过注册方能以一级注册造价工程师或二级注册造价工程师的名义从事工程造价业务。为贯彻落实国务院深化"放管服"改革、优化营商环境的要求，住房和城乡建设部于 2020 年颁发了修订后的《注册造价工程师管理办法》，并自公布之日起施行。

一、注册造价工程师职业资格考试

（一）报考条件

1. 一级注册造价工程师

凡遵守中华人民共和国宪法、法律、法规，具有良好的业务素质和道德品行，具备下列

二维码1.3

条件之一者，可以申请参加一级造价工程师职业资格考试：

① 具有工程造价专业大学专科（或高等职业教育）学历，从事工程造价、工程管理业务工作满4年；具有土木建筑、水利、装备制造、交通运输、电子信息、财经商贸大类大学专科（或高等职业教育）学历，从事工程造价、工程管理业务工作满5年。

② 具有工程造价、通过工程教育专业评估（认证）的工程管理专业大学本科学历或学位，从事工程造价、工程管理业务工作满3年；具有工学、管理学、经济学门类大学本科学历或学位，从事工程造价、工程管理业务工作满4年。

③ 具有工学、管理学、经济学门类硕士学位或者第二学士学位，从事工程造价、工程管理业务工作满2年。

④ 具有工学、管理学、经济学门类博士学位。

⑤ 具有其他专业相应学历或者学位的人员，从事工程造价、工程管理业务工作年限相应增加1年。

2. 二级注册造价工程师

以湖北省为例，凡遵守中华人民共和国宪法、法律、法规，具有良好的业务素质和道德品行，具备下列条件之一者，可以申请参加二级造价工程师职业资格考试：

① 具有工程造价专业大学专科（或高等职业教育）学历，从事工程造价业务工作满2年；具有土木建筑、水利、装备制造、交通运输、电子信息、财经商贸大类大学专科（或高等职业教育）学历，从事工程造价业务工作满3年。

② 具有工程管理、工程造价专业大学本科及以上学历或学位，从事工程造价业务工作满1年；具有工学、管理学、经济学门类大学本科及以上学历或学位，从事工程造价业务工作满2年。

③ 具有其他专业相应学历或学位的人员，从事工程造价业务工作年限相应增加1年。

（二）考试科目

造价工程师职业资格考试专业科目分土木建筑工程、交通运输工程、水利工程和安装工程四个专业类别，考生可根据实际情况选择。其中，土木建筑工程、安装工程专业由住房和城乡建设部负责，交通运输工程专业由交通运输部负责，水利工程专业由水利部负责。

1. 一级注册造价工程师

一级造价工程师职业资格考试全国统一大纲、统一命题、统一组织。一级造价工程师职业资格考试成绩实行4年为一个周期的滚动管理办法，在连续的4个考试年度内通过全部考试科目（表1-2），方可取得一级造价工程师职业资格证书。

表1-2 一级注册造价工程师考试科目表

序号	科目性质	科目名称	考试时间
1	基础科目	《建设工程造价管理》	2.5小时
2		《建设工程计价》	2.5小时
3	专业科目	《建设工程技术与计量》	2.5小时
4		《建设工程造价案例分析》	4小时

2. 二级注册造价工程师

二级造价工程师职业资格考试全国统一大纲，各省、自治区、直辖市自主命题并组织实施。二级造价工程师职业资格考试成绩实行 2 年为一个周期的滚动管理办法，参加全部 2 个科目考试的人员必须在连续的 2 个考试年度内通过全部科目（表 1-3），方可取得二级造价工程师职业资格证书。

表 1-3　二级注册造价工程师考试科目表

序号	科目性质	科目名称	考试时间
1	基础科目	《建设工程造价管理基础知识》	2.5 小时
2	专业科目	《建设工程计量与计价实务》	3 小时

二、注册造价工程师注册

注册造价工程师的注册条件为：

（1）取得职业资格；

（2）受聘于一个工程造价咨询企业或者工程建设领域的建设、勘察设计、施工、招标代理、工程监理、工程造价管理等单位；

（3）无以下不予注册的情形：

① 不具有完全民事行为能力的；

② 申请在两个或者两个以上单位注册的；

③ 未达到造价工程师继续教育合格标准的；

④ 前一个注册期内工作业绩达不到规定标准或未办理暂停执业手续而脱离工程造价业务岗位的；

⑤ 受刑事处罚，刑事处罚尚未执行完毕的；

⑥ 因工程造价业务活动受刑事处罚，自刑事处罚执行完毕之日起至申请注册之日止不满 5 年的；

⑦ 因前项规定以外原因受刑事处罚，自处罚决定之日起至申请注册之日止不满 3 年的；

⑧ 被吊销注册证书，自被处罚决定之日起至申请注册之日止不满 3 年的；

⑨ 以欺骗、贿赂等不正当手段获准注册被撤销，自被撤销注册之日起至申请注册之日止不满 3 年的；

⑩ 法律、法规规定不予注册的其他情形。

三、注册造价工程师执业

（一）注册造价工程师执业范围

1. 一级注册造价工程师

一级注册造价工程师执业范围包括建设项目全过程的工程造价管理与工程造价咨询等，具体工作内容：

① 项目建议书、可行性研究投资估算与审核，项目评价造价分析；

② 建设工程设计概算、施工预算编制和审核；

③ 建设工程招标投标文件工程量和造价的编制与审核；

④ 建设工程合同价款、结算价款、竣工决算价款的编制与管理；

⑤ 建设工程审计、仲裁、诉讼、保险中的造价鉴定，工程造价纠纷调解；

⑥ 建设工程计价依据、造价指标的编制与管理；

⑦ 与工程造价管理有关的其他事项。

2. 二级注册造价工程师

二级注册造价工程师协助一级注册造价工程师开展相关工作，并可以独立开展以下工作：

① 建设工程工料分析、计划、组织与成本管理，施工图预算、设计概算编制；

② 建设工程量清单、最高投标限价、投标报价编制；

③ 建设工程合同价款、结算价款和竣工决算价款的编制。

（二）注册造价工程师享有的权利

（1）使用注册造价工程师名称；

（2）依法从事工程造价业务；

（3）在本人执业活动中形成的工程造价成果文件上签字并加盖执业印章；

（4）发起设立工程造价咨询企业；

（5）保管和使用本人的注册证书和执业印章；

（6）参加继续教育。

（三）注册造价工程师应当履行的义务

（1）遵守法律、法规、有关管理规定，恪守职业道德；

（2）保证执业活动成果的质量；

（3）接受继续教育，提高执业水平；

（4）执行工程造价计价标准和计价方法；

（5）与当事人有利害关系的，应当主动回避；

（6）保守在执业中知悉的国家秘密和他人的商业、技术秘密。

四、注册造价工程师继续教育

（一）一级注册造价工程师

一级造价工程师一个注册有效期内继续教育学时应不少于120学时。继续教育包括：有关国家机关、行业协会等单位组织的面授培训、远程教育（网络）培训、学术会议、学术报告、专业论坛等活动。

注销注册或注册证书失效后重新申请注册的一级造价工程师，自重新申请注册之日起算，近4年继续教育学时应不少于120学时；自职业资格证书签发之日起至重新申请初始注册之日止不足4年的，应提供每满1个年度不少于30学时继续教育学习证明。职业资格证书签发之日起1年（无签发日期的，自批准之日起18个月）后首次申请初始注册的一级造价工程师，应提供自申请注册之日起算，近1年的继续教育合格证明，继续教育学时不少于30学时。

（二）二级注册造价工程师

以湖北省为例，二级注册造价工程师应参加湖北省内继续教育学习，一个注册有效期内继续教育学时应不少于80学时。注册两个专业的二级造价工程师继续教育学时可重复计算。职业资格证书批准之日起4年后申请初始注册的，应完成近4年继续教育不少于80个学时。注册有效期满需继续执业的，应完成有效期内继续教育不少于80学时后，方可申请延续注册。

▣ 小结

　　基本建设项目按照其包含范围的大小可划为建设项目、单项工程、单位工程、分部工程、分项工程五部分。

　　基本建设程序是指建设项目从最初筹划到投产交付使用的整体过程中所必须遵循的先后顺序。包括编制项目建议书阶段、可行性研究报告阶段、工程设计阶段、建设准备阶段、建设实施阶段、竣工验收阶段。

　　基本建设经济文件包括投资估算、设计概算、施工图预算、施工预算、工程结算、竣工决算等。

　　工程造价的第一种含义是从投资者（业主）的角度分析，指建设项目按规定的要求全部建成并验收合格交付使用所需的全部固定资产投资费用，由建筑安装工程费用、设备及工器具购置费、工程建设其他费用、预备费、建设期贷款利息组成。工程造价的第二种含义是从市场交易角度分析，指为建成一项工程，预计或实际在土地市场、设备市场、技术劳务市场，以及承包市场等交易活动中所形成的建筑安装工程价格。

　　建筑装饰工程按装饰部位的不同，可分为室内装饰、室外装饰和环境装饰，按装饰时间的先后分为前期装饰和后期装饰。

　　通过装饰工程计量与计价，可确定投标报价及招标控制价，签订施工合同和进行工程结算，编制施工计划和加强经济核算，办理工程贷（拨）款、结算和实行财政监督。

　　我国对从事工程造价活动的专业人员实行注册执业管理制度，取得职业资格的人员，经过注册方能以一级注册造价工程师或二级注册造价工程师的名义从事工程造价业务。

职业资格考试真题（单选题）精选

　　1.（2021 年注册造价工程师考试真题）关于造价师执业的说法，正确的是（　　）。

　　A. 造价师可同时在两家单位执业

　　B. 取得造价师职业资格证后即可以个人名义执业

　　C. 造价师执业应持注册证书和执业印章

　　D. 造价师只可允许本单位从事造价工作的其他人员以本人名义执业

　　2.（2020 年注册造价工程师考试真题）固定资产投资包括（　　）。

　　A. 建筑费 + 安装费 + 预备费

　　B. 建筑费 + 安装费 + 建设其他费

　　C. 建安费 + 建设其他费 + 预备费

　　D. 工程费用 + 建设其他费 + 预备费 + 建设期利息

　　3.（2020 年注册造价工程师考试真题）从投资者角度，工程造价是指建设一项工程预期开支或实际开支的全部（　）费用。

    A. 建筑安装工程　　B. 有形资产投资　　　C. 静态投资　　D. 固定资产投资

4.（2020 年注册造价工程师考试真题）建设工程造价是一个逐步组合的过程，正确的造价组合过程是（　）。

    A. 分部分项工程造价——→单位工程造价——→单项工程造价

    B. 单位工程造价——→分部分项工程造价——→单项工程造价

    C. 单项工程造价——→单位工程造价——→分部分项工程造价

    D. 总造价——→单位工程造价——→单项工程造价

5.（2019 年注册造价工程师考试真题）控制建设工程造价最有效的手段是（　）。

    A. 设计与施工结合　　　　　　　　B. 定性与定量结合

    C. 策划与实施结合　　　　　　　　D. 技术与经济结合

6.（2019 年注册造价工程师考试真题）根据造价工程师职业资格制度规定，属于二级造价工程师执业工作内容的是（　）。

    A. 编制项目投资估算　　　　　　　B. 编制最高投标限价

    C. 审核工程量清单　　　　　　　　D. 审核工程价款结算

能力训练题

一、填空题

1. 基本建设项目按照其包含范围的大小可划为_____、_____、_____、_____和分项工程五部分。

2. 基本建设程序是指建设项目从最初筹划到投产交付使用的整体过程中所必须遵循的先后顺序，分别为_____、_____、_____、_____、建设实施阶段和竣工验收阶段。

3. 基本建设经济文件包括投资估算、_____、施工图预算、_____、_____和竣工决算。

4. 工程造价的第一种含义是从投资者（业主）的角度分析，由建设投资和_____组成，其中建设投资包括_____、_____和预备费。

5. 装饰工程计量与计价的作用包括_____、_____、_____、_____。

6. 一级注册造价工程师考试科目为_____、_____、_____、_____，二级注册造价工程师考试科目为_____、_____。

二、思考题

1. 什么是基本建设？基本建设项目是如何划分的？

2. 基本建设的程序包括哪些？在各阶段的经济文件是什么？

3. 什么是工程造价？具体包括哪些内容？

4. 装饰工程如何分类？装饰工程计量与计价的作用是什么？

5. 如何学好本课程？

6.《注册造价工程师管理办法》（2020 年）是如何规定注册造价工程师考试、注册、执业与继续教育的？

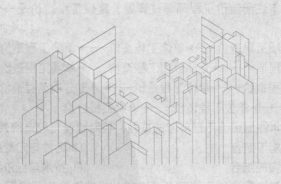

第二章
装饰工程预算定额

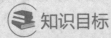 知识目标

- 了解工程建设定额的概念及分类;
- 掌握预算定额的概念、组成及作用。

能力目标

- 能够解释装饰工程预算定额中定额基价的确定过程;
- 能够熟练地进行预算定额的套用及换算。

素质目标

- 传承大国工匠精神,具有奋斗与创新意识,不怕困难,追求卓越,努力成为可以服务地方经济、社会发展的应用型人才。

第一节　工程建设定额概述

定额即规定的额度，是人们在生产经营活动中，根据不同的需要规定的数量标准，反映了在一定的社会生产力水平下，生产成果和生产要素之间的数量关系。

定额是企业管理的一门分支科学，是科学管理企业的基础和必要条件。

一、工程建设定额概念及分类

（一）工程建设定额概念

工程建设定额是指在正常的施工条件和合理劳动组织、合理使用材料及机械的条件下，完成单位合格产品所必须消耗资料的数量标准。

工程建设定额不仅反映了工程建设中投入与产出的关系，还规定了施工过程中具体的工作、质量标准和安全要求。

（二）工程建设定额分类

工程建设定额是一个大家族，是工程建设中多种定额的总称。针对一个特定的建设项目，当所处的建设阶段不同时，使用的定额也会不同。

按照不同的原则和方法，可以对工程建设定额进行如下划分。

1. 按照生产要素分类

生产要素包括劳动者、劳动手段和劳动对象三部分。劳动者是生产活动中各专业工种的工人，劳动手段是指劳动者使用的生产工具和机械设备，劳动对象是指原材料、半成品和构配件。与其对应的定额便是劳动消耗定额、材料消耗定额和机械台班消耗定额。

（1）劳动消耗定额　也称人工定额，是指在正常的施工技术和组织条件下，生产单位合格产品所需要的劳动消耗量标准。

劳动消耗定额是表示建筑工人劳动生产率的指标，反映建筑安装企业的社会平均先进水平。

劳动消耗定额根据其表现形式可分为时间定额和产量定额。

① 时间定额　是指在合理的劳动组织与合理使用材料的条件下，完成单位合格产品必须消耗的工作时间。时间定额的单位是以完成单位产品的工日数表示，如工日 /m³、工日 /m²、工日 /m、工日 /t 等，每一工日按 8h 计算。

② 产量定额　是指在合理的劳动组织与合理使用材料的条件下，规定某工种、某技术等级的工人在单位时间内所完成的合格产品的数量。产量定额的单位是以一个工日完成的合格产品的数量表示，如 m³/ 工日、m²/ 工日、m/ 工日、t/ 工日等。

由上可知，时间定额与产量定额在数值上互为倒数，即：

$$时间定额 =1/ 产量定额$$
$$产量定额 =1/ 时间定额$$
$$时间定额 \times 产量定额 =1$$

（2）材料消耗定额　建筑材料是建筑安装企业在生产过程中的劳动对象，在建筑装饰工程成本中，材料消耗占较大比例，因此，利用材料消耗定额，对材料消耗进行控制和监督，降低材料消耗，对于工程管理者而言，具有十分重要的意义。

材料消耗定额简称材料定额。它是指在合理使用和节约材料的条件下，生产质量合格的单位产品所需消耗的材料、半成品、构件、配件与燃料等数量标准。

（3）机械台班消耗定额　是指某种机械在合理的劳动组织、合理的施工条件和合理使用机械的条件下，完成质量合格的单位产品所必须消耗的一定规格的施工机械的台班数量标准。反映了机械在单位时间内的生产率。

机械台班定额按表现形式分为机械台班时间定额和机械台班产量定额两种形式。

① 机械台班时间定额 是指在合理组织施工和合理使用机械的条件下，某种机械完成质量合格证的产品所必须消耗的工作时间。其计量单位以完成单位产品所需的台班数或工日数来表示，如台班（或工日）/m^3（或 m^2、m、t），每一台班指施工机械工作时间 8h。

② 机械台班产量定额 是某种机械在合理的劳动组织、合理的施工组织和正常使用机械的条件下，某种机械在单位机械时间内完成质量合格的产品数量。计量单位为 m^3（或 m^2、m、t）/台班（或工日）。

由上可知，机械台班时间定额与机械台班产量定额在数值上互为倒数，即：

$$机械台班时间定额 =1/ 机械台班产量定额$$
$$机械台班产量定额 =1/ 机械台班时间定额$$
$$机械台班时间定额 \times 机械台班产量定额 =1$$

2. 按照编制的程序和用途分类

（1）施工定额 是指在合理的劳动组织与正常的施工条件下，完成单位合格产品所必须消耗的人工、材料和施工机械台班的数量标准。

施工定额属于企业定额性质，是施工企业组织生产和加强管理，在企业内部使用的一种定额。施工定额是以某一施工过程或基本工序为研究对象，表示生产产品数量与生产要素消耗综合关系编制的定额，由劳动消耗定额、材料消耗定额和机械台班消耗定额三个相对独立的部分组成。

（2）预算定额 是指合理的施工条件下，为完成一定计量单位的合格建筑产品所必需的人工、材料和施工机械台班消耗的数量标准及相应的费用标准。预算定额不仅可以表现为计"量"的定额，还可以表现为计"价"的定额，既包括人工、材料、机械台班消耗量，还可包括人工费、材料费、机械费、管理费、利润、总价措施项目费、规费、增值税，即定额基价为全费用基价。

从编制程序上看，预算定额是以施工定额为基础综合扩大编制的，同时也是编制概算定额的基础。见表 2-1。

表 2-1 墙面一般抹灰 单位：100m²

定额编号		A10-1
项目		内墙
		(14+6) mm
全费用 / 元		3123.10
其中	人工费 / 元	1159.11
	材料费 / 元	1028.41
	机械费 / 元	72.31
	费用 / 元	553.77
	增值税 / 元	309.50

续表

	名称	单位	单价 / 元	数量
人工	普工	工日	92.00	3.048
	技工	工日	142.00	6.188
材料	干混抹灰砂浆 DP M10	t	265.05	3.828
	水	m³	3.39	1.637
	电【机械】	kW·h	0.75	11.005
机械	干混砂浆罐式搅拌机 20000L	台班	187.32	0.386

（3）概算定额 是在预算定额的基础上，根据有代表性的工程通用图和标准图等资料，确定完成合格的单位扩大工程结构构件或扩大分项工程所消耗的人工、材料和机械台班的数量标准及相应的费用标准，是预算定额的合并与扩大形成的计价性定额。表 2-2 为某省某年概算定额。

表 2-2　钢筋混凝土基础梁　　　　　　　　　　　　　　　单位：m³

定额编号				2-183
项目				钢筋混凝土基础梁
				商品混凝土
基价				1041.80
其中	人工费 / 元			197.97
	材料费 / 元			820.52
	机械费 / 元			23.31
	名称	单位	单价 / 元	消耗量
主要工程量	基础梁 C20 商品混凝土	10m³	3157.49	0.10000
	现浇构件圆钢 φ6.5 以内	t	3538.87	0.01200
	现浇构件圆钢 φ8 以内	t	3245.54	0.0010
	现浇构件螺纹钢 φ16 以内	t	3222.14	0.01200
	现浇构件螺纹钢 φ20 以内	t	3171.66	0.10800
	基础梁模板	100m²	2663.05	0.08330
	人工挖沟槽三类土 2m 以内	100m³	1615.78	0.02642
	回填土夯填	100m³	1053.97	0.021
	成型钢筋运输　人工装卸 10km 以内	10t	148.33	0.0133
	成型钢筋运输　人工装卸每增加 1km	10t	7.81	0.0665
	人工运土方运距 20m 以内	100m³	612.00	0.00540
	人工运土方每增加 20m	100m³	136.80	0.04878

名称		单位	单价 / 元	消耗量
人工	综合工日	工日	30.00	6.5991
主要材料	C20 商品混凝土碎石 20mm	m³	290.00	1.015
	1：2 水泥砂浆	m³	229.82	0.001
	圆钢 φ6.5	t	2600.00	0.0122
	圆钢 φ8	t	2600.00	0.001
	螺纹钢 φ16	t	2700.00	0.0125
	螺纹钢 φ20	t	2700.00	0.1129
	模板板枋材	m³	1350.00	0.0374
	九夹板模板	m²	36.70	1.8668

概算定额综合了若干分项工程的预算定额，是扩大初步设计阶段编制概算、技术设计阶段修正概算的依据，是设计方案进行技术经济比较和选择的依据，是编制概算指标的依据。

（4）概算指标　是概算定额的扩大与合并，是完成一定计量单位建筑安装工程的工料消耗量或工程造价的定额指标。概算指标是设计单位进行方案比较的依据，是建设单位编制固定资产投资计划、确定投资额的主要依据。

表 2-3 为地下车库造价指标汇总表，它是概算指标的组成部分。

表 2-3　地下车库造价指标汇总表

序号	名称	工程造价 / 万元	经济指标 /（元 /m²）	占总造价比例 /%
I	一层地下车库	4287.31	3675.59	100
1	一般土建	3601.64	3087.75	84.01
2	给排水	50.85	43.59	1.19
3	消防、自喷	107.80	92.42	2.51
4	通风	171.44	146.98	4.00
5	电力照明	217.00	186.04	5.06
6	火灾自动报警系统	138.58	118.81	3.23
工程概况	（1）该地下车库建筑面积 11664.28m²，框架结构，抗震设防烈度 8 度，层高 3.9m。 （2）基底为 500mm 厚级配砂石褥垫层，有梁式满堂基础，埋置深度为 -7.4m，内墙为承重多孔砖墙。 （3）φ10 以内一级钢，φ10 以上三级钢；基础、墙、柱、梁、板混凝土强度等级为 C35 预拌混凝土。 （4）地下防水工程包括底板为卷材防水一道、细石混凝土保护层；侧墙为卷材防水一道、标准砖保护层、2：8 灰土回填；顶板为卷材防水二道、干铺油毡一道、细石混凝土保护层。 （5）地下车库室内主要部位装饰工程为木门、混凝土地面、乳胶漆墙面、乳胶漆天棚。 （6）地下车库给排水工程采用铝合金衬塑复合给水管及 PPR 聚丙烯塑料给水管热熔承插连接，柔性机制抗震排水铸铁管、柔性接口；消火栓工程、自喷工程采用内外壁热镀锌钢管；通风工程采用镀锌铁皮风管；电力照明工程采用 YJV 电力电缆，消防电气工程采用火灾自动报警及消防联动系统。			

（5）投资估算指标　投资估算指标是以建设项目、单项工程、单位工程为对象，反映建设总投资及其各项费用构成的经济指标，是在项目建议书、可行性研究和编制设计任务书阶段编制投资估算的依据，在固定资产的形成过程中起着投资预测、投资控制、投资效益分析的作用，是合理确定项目投资的基础。

投资估算指标一般可分为建设项目综合指标、单项工程指标和单位工程指标。如表2-4～表2-7所示为某高层住宅项目的投资估算指标，可作为项目审批部门批复项目建议书、可行性研究报告时参考使用，也可作为咨询单位、设计单位编制建设项目投资估算时使用。

表2-4　某高层住宅项目（地下部分）的投资估算指标（一）

项目名称		新建住宅项目（地下室）	编制日期	2022年7月	采用信息价	2022年6月
工程概况	使用功能	民用住宅	计价方式	清单计价	造价类型	预算造价
	结构类型	框架-剪力墙结构	桩基类型	人工挖孔桩	抗震等级	四级
	抗震设防烈度	6度	造价指标/（元/m²）		3183.644	
	建筑规模	地下室面积/m²	50668.70	层数	1层	
		地上面积/m²	—	层数/层高	22F/2.9m	
	包含范围	包含主体建筑结构、给排水工程、消防报警工程、强电工程及通风工程，不包含金属结构工程、大型机械进出场及安拆、弱电工程以及电梯工程				
工程特征	基础	独立基础				
	砌体	蒸压加气混凝土砌块为B06级，砌块强度级别不应小于A3.5				
	门	木质门				
	楼地面	停车库、走道、电梯厅、前室、楼梯间风机房为干混砂浆楼地面；公专变配电房为绝缘橡胶垫片地面；水泵房、报警阀室、垃圾收集站为陶瓷地面砖块料地面；电梯基坑、集水坑、排水沟、配电间、消防水池为涂膜防水地面				
	内墙	楼梯间为抹灰面油漆内墙；楼梯前室、非精装修的公共部位、电梯厅、配电房、设备间、柴油发电机房为墙面喷刷涂料内墙；生活、消防泵房、各类管井墙面为一般抹灰内墙；生活、消防水池、电梯基坑、集水坑、排水沟为墙面涂膜防水内墙				
	外墙	墙面为一般抹灰外墙				
	天棚	楼梯间、走道、电梯厅、车库为防霉涂料天棚面；配电房、风机房、水泵房及其他无特殊要求的设备用房为刮腻子天棚面；风机房、水泵房有噪声，要求为石膏板天棚面；其他房间为乳胶漆天棚面				
	保温	地下室外墙、汽车坡道外墙为保温隔热墙面				
	防水	地下室顶板防水为4mm厚SBS改性沥青耐根穿刺防水卷材；地下室底板防水为高分子自粘胶膜卷材；地下室外墙防水为高聚物改性沥青自粘卷材				
	电气工程	动力系统、照明系统、商业电力系统、防雷接地系统				
	给排水工程	地下室排水系统				
	消防工程	消火栓系统、七氟丙烷气体灭火系统、自动喷淋系统、火灾报警系统、防火卷帘门系统				
	其他	本工程严禁现场搅拌混凝土				

表 2-5 某高层住宅项目（地下部分）的投资估算指标（二）

	序号	指标名称	合计金额 / 元	平方米指标 / 元	占比 /%	
地下室造价指标		工程造价	161311097.8	3183.644	100.00	
	（一）	土建工程造价指标	141504013.9	2792.730	87.72	
	1	分部分项工程费指标	122770285.2	2423.000	76.11	
	1.1	基坑支护工程	11189267.44	220.832	6.94	
	1.2	桩基工程	10434224.69	205.930	6.47	
	1.3	土方工程	743323.41	14.670	0.46	
	1.4	砌筑工程	1543579.15	30.464	0.96	
	1.5	混凝土及钢筋工程	73295058.83	1446.555	45.44	
	1.6	屋面及防水工程	16789877.82	331.366	10.41	
	1.7	楼地面装饰工程	3080046.37	60.788	1.91	
	1.8	墙面工程	2832108.28	55.895	1.76	
	1.9	天棚工程	1369894.80	27.036	0.85	
	1.10	其它	1492904.40	29.464	0.93	
	2	单价措施费指标	18733728.7	369.730	11.61	
	2.1	模板	12376442.06	244.262	7.67	
	2.2	脚手架	1575397.67	31.092	0.98	
	2.3	垂直运输费	4086825.88	80.658	2.53	
	2.4	其它	695063.09	13.718	0.43	
	（二）	安装工程造价指标	19807083.88	390.914	12.28	
	1	电气工程	8807529.53	173.826	5.46	
	2	给排水工程	151414.56	2.988	0.09	
	3	消防工程	7566742	149.338	4.69	
	4	通风工程	3281397.79	64.762	2.03	
	序号	材料名称	单位	工程量	平方米指标	
地下室主要材料指标	1	商品混凝土	m³	83818.74	1.654	m³/m²
	2	商品砂浆	m³	3386.76	0.067	m³/m²
	3	砌体	m³	2369.460	0.047	m³/m²
	4	模板	m³	618.61	0.012	m³/m²
	5	水泥	t	1313340.00	25.920	kg/m²
	6	钢筋	t	7116290.00	140.447	kg/m²

表 2-6 某高层住宅项目（地上部分）的投资估算指标（一）

项目名称		新建住宅项目 #4 楼	编制日期		2022 年 7 月	采用信息价		2022 年 6 月
工程概况	使用功能	民用住宅	计价方式		清单计价	造价类型		预算造价
	结构类型	框架 - 剪力墙结构	抗震等级		塔楼剪力墙抗震等级为四级，框架柱及与其相连的框架梁抗震等级为三级	抗震设防烈度		6 度
	建筑规模	地下室面积 /m²		—	层数		1 层	
		地上面积 /m²		9846.04	层数 / 层高		22F/2.9m	
	包含范围	包含主体建筑结构、给排水工程、消防工程、电气工程，不包含金属结构工程、通风工程和电梯工程						
	造价指标 / (元 /m²)	1670.759						
工程特征	砌体	B06 级蒸压加气混凝土砌块，强度不应低于 A3.5 级						
	门	乙级防火门、常开乙级防火门、丙级防火门、乙级防火成品入户门、低弹力地弹簧玻璃门、成品平开木门、户内推拉门						
	窗	塑钢中空玻璃门连窗、塑钢中空玻璃窗、耐火窗						
	楼地面	一层大堂、门厅为大理石地面；阳台，连廊为水泥砂浆防水地面；户内厅、室为木地板保温楼面；卫生间、厨房为地砖保温楼面；空调板为水泥砂浆防水楼面；电梯厅、公共走道为面砖楼面；楼梯间、设备管井、电梯机房、风机房为水泥砂浆楼面						
	内墙	楼梯间内墙为腻子内墙面；住宅厅、房 (避难间除外) 的外墙内侧为腻子保温内墙面；卫生间外墙内侧为面砖保温内墙面；卫生间、厨房内墙为面砖内墙面；兼避难间的卧室外墙内侧为腻子保温内墙面；兼避难间的卫生间、厨房外墙内侧为面砖保温内墙面；住宅厅、房的内侧为涂料内墙面						
	外墙	真石漆外墙面、干挂石材外墙面、涂料抗裂墙面						
	天棚	空调位，阳台，混凝土雨棚顶棚，住宅厅、房，楼梯间，公共走道，前室，电梯厅，设备机房为板底刮腻子顶棚；首层楼梯间为防霉涂料顶棚；厨房、卫生间为防水砂浆顶棚						
	保温	屋面保温为挤塑聚苯板保温层 (燃烧性能不低于 B1 级)；木地板楼面保温；卫生间、厨房地砖保温；住宅厅、房 (避难间除外) 外墙内侧腻子内墙面保温；卫生间外墙内侧 (避难间除外) 面砖内墙保温；兼避难间的卧室外墙内侧腻子内墙面保温；兼避难间的卫生间、厨房外墙内侧面砖内墙面保温						
	屋面	3 厚 SBS 改性沥青防水卷材						
	电气工程	220/380V 电力配电、电气照明、建筑物防雷、接地系统、弱电预埋						
	给排水工程	生活给水系统，太阳能热水系统，室内消火栓给水系统，自动喷水灭火系统，生活污、废水排水系统，雨水排水系统，冷凝水排水系统						
	消防工程	消火栓系统、火灾自动报警系统						
	其他	本工程严禁现场搅拌混凝土						

表 2-7   某高层住宅项目（地上部分）的投资估算指标（二）

	序号	指标名称	合计金额 / 元	平方米指标 / 元	占比 /%
		工程造价	16450359.18	1670.759	100.00
	（一）	土建工程造价指标	14921836.4	1515.517	90.71
	1	分部分项工程费指标	10079426.31	1023.704	61.27
	1.1	土方工程	6233.29	0.633	0.04
	1.2	砌筑工程	1072764.39	108.954	6.52
	1.3	混凝土及钢筋工程	4837426.09	491.307	29.41
	1.4	门窗工程	1284172.20	130.425	7.81
	1.5	屋面及防水工程	371412.15	37.722	2.26
	1.6	楼地面装饰工程	422415.95	42.902	2.57
	1.7	墙面工程	1727512.05	175.452	10.50
地上造价指标	1.8	天棚工程	247653.30	25.153	1.51
	1.9	其它	109836.89	11.155	0.67
	2	单价措施费指标	4842410.09	491.813	29.44
	2.1	模板	2555824.06	259.579	15.54
	2.2	脚手架	1114334.29	113.176	6.77
	2.3	垂直运输费	1078404.45	109.527	6.56
	2.4	大型机械进出场及安拆	53847.29	5.469	0.33
	2.5	其它	40000.00	4.063	0.24
	（二）	安装工程造价指标	1528522.78	155.242	9.29
	1	电气工程	343986.43	34.937	2.09
	2	给排水工程	528207.30	53.647	3.21
	3	消防工程	591721.05	60.097	3.60
	4	弱电工程	64608.00	6.562	0.39

	序号	材料名称	单位	工程量	平方米指标	
	1	商品混凝土	m³	3633.52	0.369	m³/m²
地上主要材料指标	2	商品砂浆	m³	976.08	0.099	m³/m²
	3	砌体	m³	1611.020	0.164	m³/m²
	4	模板	m³	147.61	0.015	m³/m²
	5	水泥	t	70110.00	7.121	kg/m²
	6	钢筋	t	405930.00	41.228	kg/m²

3. 按照专业分类

（1）建筑工程定额　如图 2-1 所示。

（2）安装工程定额　如图 2-2 所示。

图 2-1　建筑工程定额组成　　　　　图 2-2　安装工程定额组成

4. 按照主编单位和管理权限分类

（1）全国统一定额　是由国家建设行政主管部门，综合全国工程建设中技术和施工组织管理的情况编制的，并在全国范围内执行的定额。

（2）地区统一定额　包括省、自治区、直辖市等各级地方制定的定额。地区定额主要考虑到地区性特点和全国统一定额水平作适当调整的。地区定额仅在规定的地区范围内执行。

（3）行业统一定额　是由各行业主管部门根据本行业生产技术特点，参照统一定额的水平编制的定额，通常仅在本行业内执行。如铁路行业工程定额、石油行业工程定额、电力行业工程定额、煤炭行业工程定额等。

（4）企业定额　是施工企业根据本企业的施工技术和管理水平，参照国家、部门或地区定额的水平制定的企业内部使用的定额。企业定额水平一般应高于国家现行定额。

按企业定额计算得到的费用是企业进行生产活动所需的成本，因此，企业定额是施工企业进行成本管理、经济核算的基础，同时，企业定额也是企业进行投标报价和编制施工组织设计的主要依据。

（5）补充定额　是指随着设计、施工技术的发展，现行定额不能满足需要的情况下，为了补充缺陷所编制的定额。补充定额只能在指定的范围内使用，可以作为以后修订定额的基础。

（三）各种定额间关系的比较

见表 2-8。

表 2-8　各种定额间关系比较　　　二维码2.1

定额 对比内容	施工定额	预算定额	概算定额	概算指标	投资估算指标
对象	施工过程或基本工序	分项工程和结构构件	扩大的分项工程或扩大的结构构件	单位工程	建设项目、单项工程、单位工程
用途	编制施工预算	编制施工图预算	编制初步设计概算	编制设计概算及投资估算	编制投资估算
项目划分	最细	细	较粗	粗	很粗
定额水平	平均先进	平均	平均	平均	平均

二、工程建设定额的性质

（1）科学性　工程定额是在适应当地的实际生产力发展水平情况下，通过大量测定、分析和研究相关资料数据，运用现代科学信息技术方法制定而成的。

（2）法令性　工程定额是由国家主管部门或其授权机关组织编制的。在现阶段，各地区必须严格执行，只有这样，才能保证工程计量与计价有一个统一的尺度。

（3）稳定性和时效性　工程定额是一定时期社会生产水平的反映，因而在一段时间内表现出稳定的状态，一般在 3~5 年。随着生产力的发展和管理水平的提高，现有定额的内容便会滞后，需要重新编制或修订。

三、工程建设定额的编制原则

1. 水平合理原则

工程建设定额作为工程造价的重要依据，应该按照价格规律的客观要求，即按建设工程施工生产过程中所消耗的社会必要劳动时间来确定定额水平。工程建设定额的定额水平是在正常的施工条件下、合理的施工组织、平均劳动熟练程度和劳动强度下，完成单位工程所消耗的劳动时间。该定额水平是多数企业能够达到或超过，少数企业经过努力可以达到的。因此，工程建设定额体现的是合理的定额水平，有利于合理确定工程造价，促进企业提高生产经营效益。

2. 简明适用原则

简明适用原则是定额结构合理、定额步距合理。所谓步距就是同类产品或同类工作过程相邻项目之间的水平间距。步距大小与定额的简明适用程度密切很大。步距过大，定额项目就会减少，但定额的精确度就会降低；步距过小，定额项目就会增多，定额的精确度就会增加。

同时，简明适用原则还强调定额项目要齐全，需要注意将新技术、新结构、新材料和新工艺等项目编入定额。如果项目缺项过多会因计价依据的不完善而引起造价管理工作的争执。

3. 专家编审原则

建设定额具有很强的政策性和专业性，因此，编制时应由专门的机构和专业人员负责组织、协调指挥、积累定额资料，同时，也应向具有丰富实践经验的群众及时了解定额在执行过程中的实施情况及存在的问题，以便及时将新技术、新材料和新工艺编入定额中，从而确保定额的质量。

第二节　装饰工程预算定额简介与应用

二维码2.2

一、装饰工程预算定额的概念及作用

1. 装饰工程预算定额的概念

装饰工程预算定额（以下简称预算定额）是在一定合理的施工技术条件和建筑艺术综合条件下，消耗在质量合格的装饰分项工程或结构构件上的人工、材料和施工机械的数量标准及相应的费用额度，是按社会平均水平编制的计价性质的定额。

2.装饰工程预算定额的作用

（1）编制施工图预算、编制招标控制价、投标报价的依据　当施工图设计完成之后，需要计算工程量并且套用预算定额的基价或参考预算定额中生产要素的消耗量编制施工图预算，从而为业主编制招标控制价或施工方进行投标报价提供依据。

（2）编制装饰工程施工组织设计的依据　装饰施工企业在施工中需要编制施工组织设计，需要确定施工中所需人力、材料与施工机械的消耗量。目前，大多施工企业不具备体现自身管理水平的企业定额，因此，预算定额便是为施工企业做出最佳计划安排的主要计算依据。

（3）工程结算的依据　工程结算是指施工企业按照合同的规定，向建设单位申请支付已完工程款清算。单位工程验收后，应按竣工工程量、预算定额和施工合同规定进行结算，以保证建设单位建设资金的合理使用和施工单位的经济收入。

（4）施工单位进行经济活动分析的依据　编制预算定额依据的社会平均水平是施工单位在生产经营中允许消耗的最高标准。施工单位必须以预算定额作为评价企业工作的重要标准，作为努力实现的目标。

施工单位可根据预算定额对施工中的劳动、材料、机械的消耗情况进行具体分析，以便找出并克服低功效、高消耗的薄弱环节，以提高竞争能力。

（5）编制建筑装饰工程概算定额的基础　概算定额是在预算定额的基础上，根据有代表性的工程通用图和标准图等，进行综合、扩大和合并而成的。利用预算定额作为编制概算定额的依据，不仅可以节约时间、人力、物力，还可以在定额的制定水平上保持一致。

二、装饰工程预算定额的内容

以《湖北省房屋建筑与装饰工程消耗量定额及全费用基价表（装饰·措施）》（2018 版）为例，该预算定额由总说明、定额目录、分部分项工程说明及其相应的工程量计算规则、分项工程定额项目表、附录等组成。

1.文字说明

文字说明是由总说明、目录、分部分项说明及工程量计算规则所组成。

《建筑工程建筑面积计算规范》（GB/T 50353—2013）是全国统一的建筑面积计算规则，阐述该规范适用的范围、相关术语及计算建筑面积的规定，是计算建设项目或单项工程建筑面积的主要依据。

总说明阐述装饰工程预算定额的用途、编制依据、适用范围、编制原则等内容。

分部分项说明阐述该分部分项工程内综合的内容、定额换算及增减系数的条件及定额应用时应注意的事项等。

分部分项工程量计算规则阐述了该分部工程计算工程量时所遵循的规则，是计算工程量时主要的参考依据。

2.分项工程定额项目表

定额项目表是由分项工程定额组成的，这是预算定额的核心内容，以《湖北省房屋建筑与装饰工程消耗量定额及全费用基价表（装饰·措施）》（2018 版）为例，如表 2-9 所示。

表 2-9 墙面工程定额项目表

工作内容：1. 基层清理、修补；调运砂浆、铺抹结合层（刷胶黏剂）；
　　　　　2. 选料、贴瓷块、擦缝、清洁表面。

单位：100m²

定额编号			A10-60	A10-61
项目			陶瓷锦砖	
			水泥石膏砂浆	胶黏剂
基价 / 元			8755.90	9212.10
其中	人工费 / 元		4533.32	4528.29
	材料费 / 元		1285.18	1734.53
	机械费 / 元		21.43	—
	费用 / 元		2048.27	2036.37
	增值税 / 元		867.70	912.91
	名称	单位	单价 / 元	数量	
人工	普工	工日	92.00	11.92	11.907
	技工	工日	142.00	24.202	24.175
材料	陶瓷锦砖	m²	9.71	102.00	102.00
	水泥石膏砂浆 1：0.2：2.5	m³	325.19	0.824	—
	粉状型建筑胶黏剂	kg	1.71	—	420.00
	白水泥	kg	0.53	25.75	25.75
	棉纱	kg	10.27	1.050	1.050
	水	m³	3.39	0.437	0.437
	电【机械】	kW·h	0.75	1.18	—
机械	灰浆搅拌机 200L	台班	156.45	0.137	—

3. 附录

附录中包括模板一次使用量表、有关幕墙解释、艺术造型天棚断面示意图，全玻璃门、门钢结构架示意图，柜、台、架示意图，栏板、栏杆、扶手大样图。

三、装饰工程预算定额的应用

1. 直接套用

在选择定额项目时，当装饰工程项目的设计要求、材料种类、工作内容与预算定额相应子目相一致时，可直接套用定额。

【例 2-1】　某工程大理石楼地面 600m²，其构造为干混地面砂浆 DS M20，600mm×600mm 的单色大理石板，干混砂浆罐式搅拌机为施工企业自有。试计算该项工程人工、机械及主要材料消耗量和定额分项工程费。

解　根据题中已知条件查《湖北省房屋建筑与装饰工程消耗量定额及全费用基价表（装饰·措施）》（2018 版），判断得知该工程内容与定额中编号为 A9-31 的工程内容一致，所以可以直接套用定额子目（见表 2-10）。

表 2-10 石材楼地面定额项目表   单位：100m²

定额编号				A9-31
项目				石材楼地面
				每块面积 0.36m² 以内
全费用 / 元				20934.11
其中	人工费 / 元			2499.74
	材料费 / 元			15143.36
	机械费 / 元			63.69
	费用 / 元			1152.77
	增值税 / 元			2074.55
	名称	单位	单价 / 元	数量
人工	普工	工日	92.00	3.058
	技工	工日	142.00	5.351
	高级技工	工日	212.00	6.88
材料	天然石材饰板面 600mm×600mm	m²	136.9	102.00
	干混地面砂浆 DS M20	t	308.64	3.468
	石料切割锯片	片	26.97	0.615
	白水泥	kg	0.53	10.2
	胶黏剂 DTA 砂浆	m³	425.96	0.1
	棉纱	kg	10.27	1.00
	锯木屑	m³	15.4	0.60
	水	m³	3.39	2.81
	电	kW·h	0.75	11.07
	电【机械】	kW·h	0.75	9.693
机械	干混砂浆罐式搅拌机 20000L	台班	187.32	0.34

（1）人工、机械及主要材料消耗量

普工消耗量 =3.058×600÷100=18.348（工日）

$$技工消耗量 =5.351×600÷100=32.106（工日）$$
$$高级技工消耗量 =6.88×600÷100=41.28（工日）$$
$$600mm×600mm 大理石板消耗量 =102×600÷100=612（m^2）$$
$$干混地面砂浆 DS M20=3.468×600÷100=20.808（t）$$
$$干混砂浆罐式搅拌机 20000L=0.34×600÷100=2.04（台班）$$

（2）定额分项工程费

$$定额分项工程费 = 定额基价 × 工程量 = 20934.11 元 /100m^2×600m^2$$
$$=209.3411 元 /m^2×600m^2=125604.66（元）$$

2. 定额换算

当装饰工程项目的设计要求与预算定额项目的工程内容、材料规格、施工方法不同时，就不能直接套用预算定额，必须根据预算定额的相关文字说明换算后再进行套用。

（1）干混预拌砂浆强度等级的换算　当施工图设计用干混预拌砂浆强度与定额取定不同时，应按规定进行换算，但人工、机械消耗量不变，换算公式如下：

$$换入砂浆用量 = 换出的定额砂浆用量$$
$$换算后定额基价 = 原定额基价 + 定额砂浆用量 ×（换入砂浆基价 - 换出砂浆基价）$$

【例 2-2】　干混地面砂浆 DS M15 铺楼梯大理石板 260m²，求定额分项工程费及主要材料消耗量。

解　查《湖北省房屋建筑与装饰工程消耗量定额及全费用基价表（装饰·措施）》（2018版），可知无定额子目干混地面砂浆 DS M15 铺楼梯大理石板，可套用相近定额子目 A9-118砂浆铺楼梯石材面层（表 2-11），该定额项目采用干混地面砂浆 DS M20，需要进行换算，换算中人工、机械台班用量不变，DS M15 水泥砂浆消耗量仍为 4.682t/100m²。

表 2-11　楼梯工程定额项目表　　　　　　　　　单位：100m²

定额编号				A9-118
项目				楼梯石材面层
				砂浆
全费用 / 元				30224.85
其中	人工费 / 元			3884.41
	材料费 / 元			21473.72
	机械费 / 元			85.98
	费用 / 元			1785.48
	增值税 / 元			2995.26
	名称	单位	单价 / 元	数量
人工	普工	工日	92.00	4.752
	技工	工日	142.00	8.315
	高级技工	工日	212.00	10.691

续表

名称		单位	单价/元	数量
材料	天然石材饰面板	m²	136.9	144.69
	干混地面砂浆 DS M20	t	308.64	4.682
	胶黏剂 DTA 砂浆	m³	425.96	0.14
	白水泥	kg	0.53	13.923
	棉纱	kg	10.27	1.365
	石料切割锯片	片	26.97	2.55
	锯木屑	m³	15.4	0.819
	水	m³	3.39	4.089
	电	kW·h	0.75	46.02
	电【机械】	kW·h	0.75	13.086
机械	干混砂浆罐式搅拌机 20000L	台班	187.32	0.459

查《湖北省建设工程公共专业消耗量定额及全费用基价表》（2018 版）附录二材料价格取定表，可知序号 1835 为干混地面砂浆 DS M15，除税价为 295.81 元 /t，则

（1）换算后的定额基价＝原定额基价＋定额砂浆用量×（换入砂浆基价 - 换出砂浆基价）

$$=30224.85 \text{ 元} /100\text{m}^2+4.682\text{t}/100\text{m}^2×（295.81 \text{ 元} /\text{t} -308.64 \text{ 元} /\text{t}）$$

$$=30164.78 \text{ 元} /100\text{m}^2=301.6478 \text{ 元} /\text{m}^2$$

定额分项工程费＝换算后的定额基价×工程量＝301.6478 元 /m²×260m²=78428.43 元

（2）主要材料消耗量

大理石板：144.69m²/100m²×260m²= 376.194m²

干混地面砂浆 DS M15：4.682t/100m²×260m²= 12.17t

（2）系数的换算　系数的换算是指当施工图设计的工作内容与定额规定的相应内容不一致时，需要将定额的一部分或全部乘以规定系数。

如《湖北省房屋建筑与装饰工程消耗量定额及全费用基价表（装饰·措施）》(2018 版)规定如下：

① 弧形踢脚线、楼梯段踢脚线按相应项目人工、机械乘以系数 1.15。

② 圆弧形、锯齿形、异形等不规则墙面抹灰、镶贴块料按相应项目乘以系数 1.15。

③ 天棚面层在同一标高者为半面天棚。天棚面层不在同一标高，高差在 200mm 以上 400mm 以下，且满足以下条件者为跌级天棚：木龙骨、轻钢龙骨错台投影面积大于 18% 或弧形、折形投影面积大于 12%，铝合金龙骨错台投影面积大于 13% 或弧形、折形投影面积大于 10%，跌级天棚其面层按相应项目人工乘以系数 1.30。

$$\text{换算后的基价} = \text{换算前基价} ± \text{换算部分费用} × \text{相应调整系数}$$

【例 2-3】　某圆弧形砖墙面干混预拌砂浆粘贴大理石 120m²，试计算其定额分项工程费。

解　根据《湖北省房屋建筑与装饰工程消耗量定额及全费用基价表（装饰·措施）》(2018 版)计算规则可知，该墙面为圆弧形，所以需要对定额基价进行调整。查表 2-12 可知，

原定额基价为 25367.1 元 /100m²，则

换算后的定额基价 =25367.10 元 /100m²×1.15=29172.17 元 /100m²=291.72 元 /m²

定额分项工程费 = 定额基价 × 工程量 =291.72 元 /m²×120m²=35006.4 元

表 2-12　镶贴块料面层　　　　　　　　　单位：100m²

定额编号		A10-130
项目		粘贴石材
		预拌砂浆（干混）
全费用 / 元		25367.10
其中	人工费 / 元	5108.23
	材料费 / 元	15421.77
	机械费 / 元	17.98
	费用 / 元	2305.26
	增值税 / 元	2513.86

第三节　装饰工程预算定额中定额基价的确定

　　预算定额包括了在合格的施工条件下，完成一定计量单位的质量合格的分部分项工程所需人工、材料和机械台班消耗量及价值货币表现的数量标准。以《湖北省房屋建筑与装饰工程消耗量定额及全费用基价表（装饰·措施）》（2018 版）为例，定额基价为全费用基价，由人工费、材料费、机械费、费用、增值税五项组成，其中费用的内容包括总价措施项目费、企业管理费、利润、规费，其计算公式如下：

全费用基价 = 人工费 + 材料费 + 机械费 + 费用 + 增值税

二维码2.3

一、定额基价中人工费的确定

$$人工费 =\sum（工日消耗量 × 日工资单价）\tag{2-1}$$

$$或人工费 =\sum（工程工日消耗量 × 日工资单价）\tag{2-2}$$

　　式（2-1）主要适用于施工企业投标报价时自主确定人工费，也是工程造价管理机构编制计价定额确定定额人工单价或发布人工成本信息的参考依据。

　　式（2-2）适用于工程造价管理机构编制计价定额时确定定额人工费，是施工企业投标报价的参考依据。

　　1. 日工资单价

$$日工资单价 =\frac{生产工人平均月工资（计时、计件）+平均月（奖金+津贴+特殊情况下支付的工资）}{年平均每月法定工作日}$$

　　日工资单价，是指施工企业平均技术熟练程度的生产工人，在每工作日（国家法定工作

时间内）按照规定从事施工作业应得的日工资总额。

工程造价管理机构确定日工资单价应通过市场调查、根据工程项目的技术要求，参考实物工程量人工单价综合分析确定，最低日工资单价不得低于工程所在地人力资源和社会保障部门所发布的最低工资标准：普工 1.3 倍、一般技术 2 倍、高级技工 3 倍。

工程计价定额不可只列一个综合工日单价，应根据工程项目技术要求和工种差别适当划分多种日人工单价，确保各分部工程人工费的合理构成。

2. 工日消耗量指标的确定

预算定额工日消耗量指标，是指完成一定计量单位的装饰产品所必需的各种用工的总和，包括基本用工量和其他用工量。

基本用工量，是指完成一个定额单位的装饰产品所必需的主要用工量，如地面铺陶瓷锦砖时铺砖、调制砂浆以及运输陶瓷锦砖、砂浆的用工量。计算公式如下：

$$基本用工量 = \sum（工序工程量 \times 对应的时间定额）$$

其他用工量，是指辅助基本用工所消耗的工日，其内容包括辅助用工、超运距用工和人工幅度差用工。

（1）辅助用工　是指预算定额中基本用工以外的材料加工等所用的工时，如抹灰工程中淋石灰用工和制作抹灰用的分隔条用工。

$$辅助用工量 = \sum（加工材料数量 \times 时间定额）$$

（2）超运距用工　是指超过劳动定额中已包括的材料、半成品场内水平搬运距离与预算定额所考虑的现场材料、半成品堆放地点到操作地点的水平运输距离之差，计算公式如下：

$$超运距用工量 = \sum（超运距材料数量 \times 时间定额）$$

其中，超运距 = 预算定额取定距 - 劳动定额已包括的运距。需要指出的是当实际工程现场运距超过预算定额取定的运距时，应计算现场二次搬运费。

（3）人工幅度差用工　即预算定额与劳动定额的差距，是指劳动定额中未包括的，而在一般正常施工情况下又不可避免的一些零星用工，其内容包括如下：

① 各工种间的工序搭接及交叉作业互相配合中不可避免所引起的停工；

② 施工机械在单位工程之间转移及临时水电线路移动所引起的停工；

③ 质量检查和隐蔽工程验收工作的影响；

④ 班组操作地点转移用工；

⑤ 工序交接时对前一工序不可避免的修整用工；

⑥ 施工过程中不可避免的其他零星用工。

人工幅度差用工可按如下公式计算：

$$人工幅度差用工 =（基本用工 + 超运距用工 + 辅助用工）\times 人工幅度差系数$$

人工幅度差系数一般取值为 10% ～ 15%。

综上所述，装饰装修工程预算定额中的人工消耗指标，可按如下公式计算：

$$定额人工消耗量 =（基本用工 + 超运距用工 + 辅助用工）\times（1 + 人工幅度差系数）$$

二、定额基价中材料费的确定

$$材料费 = \sum（材料消耗量 \times 材料单价）$$

1. 材料单价

材料单价，是指建筑装饰材料由其来源地运到工地仓库（施工现场）后的出库价格，材料从采购、运输到保管全过程所发生的费用，构成了材料单价。

材料单价是由材料原价、材料运杂费、运输损耗费、采购保管费等组成，计算公式如下：

$$材料单价 = （材料原价 + 材料运杂费 + 运输损耗费）\times （1+ 采购保管费率）$$

（1）材料原价　即材料出厂价、进口材料的抵岸价或销售部门的批发价。当同一种材料因材料来源地、供应渠道不同而有几种原价时，应根据不同来源地的供应数量及不同的单价计算出加权平均原价。

$$加权平均原价 = K_1C_1 + K_2C_2 + \cdots + K_nC_n$$

式中，K_1，K_2，$\cdots$，K_n 为不同地点的供应量占所有供应量的比例；C_1，C_2，$\cdots$，C_n 为不同地点的供应价。

【例 2-4】　某建筑工地需要某种材料共计 300t，选择甲、乙、丙三个供货地点，甲地出厂价为 390 元 /t，可供货 40%；乙地出厂价为 430 元 /t，可供货 25%；丙地出厂价为 400 元 /t，可供货 35%。计算该种材料的原价。

解　材料原价 =390×40%+430×25%+400×35%=403.5（元 /t）

（2）材料运杂费　是指材料由来源地运至工地仓库或施工现场堆放地点全部过程中所支付的一切费用，包括运输费、装卸费、调车或驳船费。

若同一品种的材料有若干个来源地，材料运杂费应根据运输里程、运输方式、运输条件供应量的比例加权平均的方法。

（3）运输损耗费　是指材料在装卸、运输过程中发生的不可避免的合理损耗。该费用可以计入材料运输费，也可以单独计算。

$$运输损耗费 = （材料原价 + 材料运杂费）\times 运输损耗率$$

（4）采购保管费　是指材料部门在组织订货、采购、供应和保管材料过程中所发生的各种费用。包括采购费、工地管理费、仓储费、仓储损耗等。

由于建筑装饰材料的种类、规格繁多，采购保管费不可能按每种材料在采购过程中所发生的实际费用计取，只能规定几种费率。目前，由国家统一规定的综合采购保管费率为 2.5%（其中采购费率为 1%，保管费率为 1.5%）。由建设单位供应材料到现场仓库的，施工企业只收保管费。

$$采购保管费 = （材料原价 + 材料运杂费 + 运输损耗费）\times 采购保管费率$$

或　$采购保管费 = [（材料原价 + 材料运杂费）\times （1+ 运输损耗费率）] \times 采购保管费率$

【例 2-5】　同例 2-4，又已知材料运杂费为 52 元 /t，运输损耗费率为 1%，采购保管费率为 2.5%。计算该种材料的材料预算价格。

解　材料预算价格 =（材料原价 + 材料运杂费 + 运输损耗费）×（1+ 采购保管费率）

=[（材料原价 + 材料运杂费）×（1+ 运输损耗费率）]×（1+ 采购保管费率）

=[（403.5+52）×（1+1%）]×（1+2.5%）

=471.56（元 /t）

2. 材料消耗指标的确定

（1）预算定额消耗材料的分类　工程中所消耗的材料，根据施工生产消耗工艺要求，可分为非周转性材料和周转性材料。

非周转性材料即实体性材料，是在施工中一次性消耗并直接构成工程实体的材料，如水泥、砂、地面砖等。

周转性材料是指在施工中可多次周转使用并不构成工程实体的材料，如脚手架、各种模板等。

（2）预算定额材料消耗量的组成及计算公式　预算定额中的材料消耗量是指合理和节约使用材料的条件下，完成一定计量单位的合格产品所必须消耗的各种材料数量。以《湖北省房屋建筑与装饰工程消耗量定额及全费用基价表（装饰·措施）》（2018 版）中定额子目 A9-11 为例，100m² 干混砂浆楼地面整体面层，需要消耗干混地面砂浆 DS M20 4.335t、水 4.238m³、电【机械】12.117kW·h。

材料消耗量是由材料净用量和材料损耗量组成，计算公式如下：

材料消耗量 ＝ 材料净用量 ＋ 材料损耗量 ＝ 材料净用量 ×（1+ 材料损耗率）

材料净用量是指在合理用料的条件下，直接用于建筑和安装工程的材料。

材料损耗量是指在正常条件下，不可避免的施工废料和施工损耗，如施工现场内材料运输损耗及施工操作过程中的损耗。

【例 2-6】　假设砂浆损耗率为 1%，计算 1m³ 标准砖（规格为 240mm×115mm×53mm 的砖）的砖外墙砌体砖数、砂浆的净用量和砂浆的总损耗量。

解　根据以下公式计算砌体砖数、砂浆的净用量和总损耗量。

用砖数：

$$A=\frac{1}{墙厚×（砖长+灰缝）×（砖厚+灰缝）}×k$$

式中　k——墙厚的砖数 ×2。

砂浆用量：

$$B=1-砖数 × 砖块体积$$

1m³ 标准砖的砖外墙砌体砖用量 $=\frac{1}{0.24×（0.24+0.01）×（0.053+0.01）}×1×2=529$（块）

1m³ 标准砖的砖外墙砌体砂浆的净用量 $=1-529×（0.24×0.115×0.053）=0.226$（m³）

1m³ 标准砖的砖外墙砌体砂浆的总损耗量 $=0.226×（1+1\%）=0.228$（m³）

三、定额基价中机械费的确定

机械费是指施工作业所发生的施工机械的使用费或其租赁费。

机械费 $=\sum$（施工机械台班消耗量 × 机械台班单价）

1. 机械台班单价

机械台班单价是指一台施工机械在一个台班内所需分摊和开支的全部费用之和。按费用性质的不同，可以分为两大类。

（1）第一类费用　属于不变费用，即不管机械运转情况如何，不管施工地点和条件，都需要支出的比较固定的经常性费用。主要包括：折旧费、大修理费、经常修理费、安拆费及场外运输费。

（2）第二类费用　属于可变费用，即只有机械运转工作时才发生的费用，且不同地区、不同季节、不同环境下的费用标准也不同。主要包括：台班燃料动力费、台班人工费、台班税费。

2. 机械台班消耗指标的确定

机械台班消耗量是指在正常施工条件下，完成一定计量单位的合格产品所必需消耗的各种机械用量。按现行规定，是以台班为单位计算的，每台施工机械工作 8 小时为一个台班。

预算定额机械台班消耗量 ＝ 施工定额机械耗用台班 ＋ 机械幅度差数量
＝ 施工定额机械耗用台班 ×（1+ 机械幅度差系数）

施工定额机械耗用台班是统一劳动定额中各种机械施工项目所规定的台班产量，即完成一定计量单位的建筑安装产品所需的台班数量。

机械幅度差是指劳动定额中没有包括，而在实际施工中又不可避免发生的影响机械或使机械停歇的时间，具体如下。

①施工机械转移工作面及配套机械相互影响损失的时间；

②检查工程质量影响机械操作的时间；

③临时停水、停电所发生的运转中断时间；

④开工或结束时，因工作量不饱满损失的时间；

⑤在正常的施工情况下，机械施工中不可避免的工序间歇；

⑥机械维修引起的停歇时间。

大型机械幅度差系数为：土方机械 25%，打桩机械 33%，吊装机械 30%。砂浆、混凝土搅拌机由于按小组配用，以小组产量计算机械台班产量，不另增加机械幅度差。其他分部工程如钢筋加工、木材、水磨石等各项专用机械幅度差为 10%。

【例 2-7】　已知某挖土机挖土，一次正常循环工作时间是 40s，每次循环平均挖土量为 0.3m³，机械正常利用系数为 0.8，机械幅度差为 25%，求该机械挖土方 1000m³ 的预算定额机械耗用台班消耗量。

解　机械纯工作 1h 循环次数 =3600/40=90（次 / 台时）

机械纯工作 1h 正常生产率 =90×0.3=27（m³/ 台时）

施工机械台班产量定额 =27×8×0.8=172.8（m³/ 台班）

施工机械台班时间定额 =1/172.8=0.00579（台班 /m³）

预算定额机械耗用台班 =0.00579×（1+25%）=0.00723（台班 /m³）

挖土方 1000m³ 预算定额机械耗用台班消耗量 =1000×0.00723=7.23（台班）

四、定额基价中费用的确定

《湖北省房屋建筑与装饰工程消耗量定额及全费用基价表（装饰·措施）》（2018 版）全费用基价中的费用包括总价措施项目费、企业管理费、利润、规费，具体计算方法需要参考《湖北省建筑安装工程费用定额（2018 版）》的相关规定，《湖北省建筑安装工程费用定额（2018 版）》关于全费用基价中的费用计算依据如下。

二维码2.4

1.总价措施项目费

（1）安全文明施工费　费率见表 2-13。

表 2-13　安全文明施工费费率

单位：%

专业		装饰工程
计费基数		人工费 + 施工机具使用费
费率		5.39
其中	安全施工费	3.05
	文明施工费	1.20
	环境保护费	
	临时设施费	1.14

（2）其他总价措施项目费　费率见表 2-14。

表 2-14　其他总价措施项目费费率　　　　　　　　　　单位：%

计费基数		人工费 + 施工机具使用费
费率		0.60
其中	夜间施工增加费	0.14
	二次搬运费	按施工组织设计
	冬雨季施工增加费	0.34
	工程定位复测费	0.12

2. 企业管理费

企业管理费费率见表 2-15。

表 2-15　企业管理费费率　　　　　　　　　　单位：%

专业	装饰工程
计费基数	人工费 + 施工机具使用费
费率	14.19

3. 利润

利润率见表 2-16。

表 2-16　利润率　　　　　　　　　　单位：%

专业	装饰工程
计费基数	人工费 + 施工机具使用费
费率	14.64

4. 规费

规费费率见表 2-17。

表 2-17　规费费率　　　　　　　　　　单位：%

专业		装饰工程
计费基数		人工费 + 施工机具使用费
费率		10.15
社会保险费		7.58
其中	养老保险费	4.87
	失业保险费	0.48
	医疗保险费	1.43
	工伤保险费	0.57
	生育保险费	0.23
住房公积金		1.91
工程排污费		0.66

五、定额基价中增值税的确定

《湖北省房屋建筑与装饰工程消耗量定额及全费用基价表（装饰·措施）》（2018 版）全费用基价中的增值税是按一般计税方法的税率（11%）计算的，计算基数为定额基价表中的人工费、材料费、机械费及费用四项之和，见表 2-18。

表 2-18　增值税税率　　　　　　　　　　　　　　　　　　单位：%

计税基数	不含税工程造价
税率	11

注：为进一步减轻市场主体税负，深化增值税改革，住建部先后两次颁发文件调整增值税税率，2018 年 4 月颁发《住房城乡建设部办公厅关于调整建设工程计价依据增值税税率的通知》（建办标 [2018]20 号），将工程造价计价依据中增值税税率由 11% 调整为 10%，2019 年 3 月颁发《住房和城乡建设部办公厅关于重新调整建设工程计价依据增值税税率的通知》（建办标函〔2019〕193 号），将工程造价计价依据中增值税税率由 10% 调整为 9%。

小结

工程建设定额是指在正常的施工条件和合理劳动组织、合理使用材料及机械的条件下，完成单位合格产品所必须消耗资料的数量标准。

工程建设定额是一个大家族，是工程建设中多种定额的总称。可以按生产要素、编制的程序和用途、投资费用的性质、主编单位和管理权限进行分类。

预算定额包括了在合格的施工条件下，完成一定计量单位的质量合格的分部分项工程所需人工、材料和机械台班消耗量及价值货币表现的数量标准。以《湖北省房屋建筑与装饰工程消耗量定额及全费用基价表（装饰·措施）》（2018 版）为例，定额基价为全费用基价，由人工费、材料费、机械费、费用、增值税五项组成，其中费用包括总价措施项目费、企业管理费、利润、规费，定额基价计算公式如下：

全费用基价 = 人工费 + 材料费 + 机械费 + 费用 + 增值税

式中，人工费 = $\sum$（工日消耗量 × 日工资单价）或人工费 = $\sum$（工程工日消耗量 × 日工资单价）

材料费 = $\sum$（材料消耗量 × 材料单价）

机械费 = $\sum$（施工机械台班消耗量 × 机械台班单价）

费用 = 总价措施项目费 + 企业管理费 + 利润 + 规费 =（人工费 + 机械费）×（总价措施项目费费率 + 企业管理费费率 + 利润率 + 规费费率）

增值税 = 不含税工程造价 × 增值税税率

　　　　= （人工费 + 材料费 + 机械费 + 费用）× 增值税税率

职业资格考试真题（单选题）精选

1.（2021 年注册造价工程师考试真题）某种材料含税（适用增值税率 13%）出厂价为 500元 /t，含税（通用增值税率 9%）运杂费为 30 元 /t，运输损耗率为 1%，采购保管费率为 3%，该材料的预算单价（不含税）为（　　）元 /t。

A.480.93　　　　　　B.488.94　　　　　　　C.551.36　　　　　　　D.632.17

2.（2021年注册造价工程师考试真题）完成某分部分项工程 $1m^3$ 需基本用工 0.5 工日，超运距用工 0.05 工日，辅助用工 0.1 工日。如人工幅度差系数为 10%，则该工程预算定额人工工日消耗量为（　　）工日 / $10m^3$。

A.5.85　　　　　　　B.6.05　　　　　　　　C.7.00　　　　　　　　D.7.15

3.（2020年注册造价工程师考试真题）干混地面砂浆 DS M20 贴 $600mm \times 600mm$ 石材楼面，灰缝宽 2mm，石材损耗率 2%，每 $100m^2$ 需（　　）块石材。

A.281.46　　　　　　B.281.57　　　　　　　C.283.33　　　　　　　D.283.45

4.（2020年注册造价工程师考试真题）下列定额反映平均先进水平的是（　　）。

A. 施工定额　　　　B. 预算定额　　　　　　C. 概算定额　　　　　　D. 概算指标

5.（2019年注册造价工程师考试真题）关于工程定额的应用，下列说法正确的是（　　）。

A. 施工定额是编制施工图预算的依据

B. 行业统一定额只能在本行业范围内使用

C. 企业定额反映了施工企业的生产消耗标准，宜用于工程计价

D. 工期定额是工程定额的一种类型，但不属于工程计价定额

6.（2019年注册造价工程师考试真题）用于混凝土抹灰砂浆贴 $200mm \times 300mm$ 瓷砖墙面，灰缝宽 5mm，假设瓷砖损耗率为 8%，则 $100m^2$ 瓷砖墙的瓷砖消耗是（　　）m^2。

A.103.6　　　　　　B.104.3　　　　　　　C.108　　　　　　　　D.108.7

能力训练题

一、填空题

1. 工程建设定额按生产要素分为_____、_____和机械台班消耗定额。

2. 工程建设定额的性质包括_____、_____、_____。

3. 概算定额是在_____基础上，根据有代表性的工程通用图和标准图等资料，确定完成合格的单位扩大工程结构构件或扩大分项工程所消耗的人工、材料和机械台班的_____及相应的_____，是_____的合并与扩大形成的计价性定额。

4. 投资估算指标是以_____为对象，反映_____的经济指标，是在_____阶段编制_____的依据，在固定资产的形成过程中起着_____的作用，是合理确定项目投资的基础。

5. 装饰工程预算定额是在一定合理的施工技术条件和建筑艺术综合条件下，消耗在质量合格的装饰分项工程或结构构件上的_____数量标准及相应的_____，是按_____水平编制的计价性质的定额。

6. 以《湖北省房屋建筑与装饰工程消耗量定额及全费用基价表（装饰·措施）》（2018版）为例，定额基价为全费用基价，由_____、_____、_____、_____、_____五项组成，其中费用的内容包括_____、_____、_____、_____。

二、思考题

1. 什么是工程建设定额？它是如何分类的？

2. 什么是装饰工程预算定额？它有什么作用？

3. 什么是人工（工日）单价？如何确定人工消耗量指标？

4. 什么是材料单价？如何确定材料消耗量指标？

5. 什么是机械台班单价？如何确定机械台班消耗量指标？

6. 如何计算《湖北省房屋建筑与装饰工程消耗量定额及全费用基价表（装饰·措施）》（2018版）中全费用基价中的费用？

7. 如何计算《湖北省房屋建筑与装饰工程消耗量定额及全费用基价表（装饰·措施）》（2018版）中全费用基价中的增值税？

三、计算题

1. 某工程需用的 32.5 级水泥从两个地方采购。根据表 2-19 中数据，计算某工程 32.5 级水泥的基价。

表 2-19　水泥数据

货源地	数量 /t	原价 /（元 /t）	运杂费 /（元 /t）	运输损耗率 /%	采购及保管费率 /%
甲地	600	290	25	2.0	3.0
乙地	400	300	20	2.0	3.0

2. 某一砖半厚混水墙，采用规格为 240mm×115mm×53mm 的烧结煤矸石普通砖砌筑，灰浆厚度为 10mm，计算每 10m³ 该种墙体砖的净用量。

第三章
工程量清单计价规范

知识目标

- 了解《建设工程工程量清单计价规范》（GB 50500—2013）的内容;
- 掌握《房屋建筑与装饰工程工程量计算规范》（GB 50854—2013）的内容。

能力目标

- 能够熟练地解释《建设工程工程量清单计价规范》（GB 50500—2013）所体现的工程价款全过程管理理念;
- 能够熟练地结合工程实例编制装饰工程招标工程量清单。

素质目标

- 具有国际视野及家国情怀，与时俱进提升自己的职业核心竞争力，为祖国建设添砖加瓦。

第一节　建设工程工程量清单计价规范

　　随着我国改革开放的进一步深化以及我国加入世界贸易组织（WTO）后建筑市场的进一步对外开放，我国建筑市场得到了快速发展。为了与国际惯例接轨，经建设部批准，先后于 2003 年 7 月 1 日起实行国家标准《建设工程工程量清单计价规范》（GB 50500—2003），2008 年 12 月 1 日起实施《建设工程工程量清单计价规范》（GB 50500—2008）。经过十年的实施，通过总结经验，针对执行中存在的问题，对原规范进行了修编，于 2013 年实施《建设工程工程量清单计价规范》（GB 50500—2013）（后面简称"计价规范"）以及《房屋建筑与装饰工程工程量计算规范》（GB 50584—2013）。

　　以《建设工程工程量清单计价规范》（GB 50500—2013）为母规范，各专业工程工程量计算规范为子规范，配套使用共同形成工程计价、计量标准体系。该标准体系将为深入推行工程量清单计价，建立市场形成工程造价机制奠定坚实基础，并对维护市场秩序，规范建设工程发承包双方的计价行为，促进建设市场健康发展发挥重要作用。

一、计价规范编制原则

　　（1）政府宏观调控、企业自主报价、市场竞争形成价格　按照政府宏观调控、企业自主报价、市场竞争形成价格的指导思想，"计价规范"为规范发包方与承包方计价行为、确定工程量清单计价提供了依据。"计价规范"本着工程计量规则标准化、工程计价规范化、工程造价形成市场化的原则，规定了招标人在编制工程量清单时必须做到四统一，即统一项目编码，统一项目名称，统一计量单位，统一工程量计算规则。同时，"计价规范"为企业自主报价、参与市场竞争提供了空间。即"计价规范"中人工、材料和机械没有具体的消耗量，投标企业可根据企业定额和市场价格信息，也可参照当地建设行政主管部门发布的社会平均消耗量定额进行报价。

　　（2）清单计价与现行定额既有机结合又有所区别　现行定额是我国经过几十年长期实践总结出来的，具有一定的科学性和实用性，是广大从事工程造价管理工作的人员的好帮手，所以，"计价规范"在编制过程中，以现行的"全国统一建筑工程基础定额"为基础，在项目划分、计量单位、工程量计算规则等方面，尽可能与定额衔接。

　　但预算定额是按照计划经济的要求制定并执行的，其中有许多不适应"计价规范"编制指导思想的内容，主要表现在：

　　① 定额项目按国家规定是以工序划分项目。

　　② 施工工艺、施工方法是根据大多数企业的施工方法综合取定的。

　　③ 人工、材料、机械消耗量根据"社会平均水平"综合取定的。

　　④ 取费标准是根据不同地区平均测算的。

　　（3）既考虑我国工程造价管理的现状，又尽可能与国际惯例接轨　由于我国当前工程建设市场形势与国外存在着一些差异，所以"计价规范"在结合我国现阶段具体情况的同时，也借鉴了一些国家与地区的做法，逐步解决定额计价中与当前工程建设市场不相适应的因素，适应我国市场经济发展的需要，适应与国际接轨的需要，积极稳妥地推行工程量清单计价。

二、一般规定

1. 计价方式

　　《建设工程工程量清单计价规范》（GB 50500—2013）规定了工程建设项目发承包所应

采取的计价方式。

① 使用国有资金投资的建设工程发承包，必须采用工程量清单计价。根据《工程建设项目招标范围和规模标准规定》（国家计委第 3 号令）的规定，国有资金投资的工程建设项目包括使用国有资金投资和国家融资投资的工程建设项目。

国有资金（含国家融资资金）为主的工程建设项目是指国有资金占投资总额的 50% 以上，或虽不足 50% 但国有投资者实质上拥有控股权的工程建设项目。

② 非国有资金投资的建设工程，宜采用工程量清单计价，即是否采用工程量清单方式计价由项目业主自主确定。

③ 工程量清单应用综合单价计价。

工程量清单不论分部分项工程项目，还是措施项目，不论是单价项目，还是总价项目，均应采用综合单价法计价。

④ 措施项目中的安全文明施工费必须按国家或省级、行业建设主管部门的规定计算，不得作为竞争性费用。

2005 年，建设部办公厅印发了《关于印发〈建筑工程安全防护、文明施工措施费及使用管理规定〉的通知》（建办 [2005]89 号），将安全文明施工费纳入国家强制性标准管理范围，规定：投标方安全防护、文明施工措施的报价，不得低于依据工程所在地工程造价管理机构测定费率计算所需费用总额的 90%。2012 年，财政部、国家安全生产监督管理总局印发《企业安全生产费用提取和使用管理办法》（财企 [2012]16 号）规定：建设工程施工企业提取的安全费用列入工程造价，在竞标时，不得删减，列入标外管理。

根据以上规定，考虑到安全生产、文明施工的管理与要求越来越高，按照财政部、国家安监总局的规定，安全费用标准不予竞争。因此，招标人不得要求投标人对该项费用进行优惠，投标人也不得将该项费用参与竞争。

⑤ 规费和税金必须按国家或省级、行业建设主管部门的规定计算，不得作为竞争性费用。

规费是政府和有关权力部门根据国家法律、法规规定施工企业必须缴纳的费用。税金是国家按照税法预先规定的标准，强制地、无偿地要求纳税人缴纳的费用。二者都是工程造价的组成部分，但是其费用内容和计取标准都不是发承包人能自主确定的，更不是由市场竞争决定的。

2. 发包人提供材料和工程设备

对建设工程施工合同而言，由承包人供应材料是最常态的承包方式，但是发包人从保证工程质量和降低工程造价等角度出发，有时，会提出由自己供应一部分材料。因此，当材料供应给承包人时，其实质是承包人与发包人之间就供应的材料成立了保管合同关系，双方应约定发包人应承担的保管费用，这也是总承包服务费中的内容之一。

① 承包人投标时，甲供材料单价应计入相应项目的综合单价中，签约后，发包人应按合同约定扣除甲供材料款，不予支付。

② 若发包人要求承包人采购已在招标文件中确定为甲供材料的，材料价格应由发承包双方根据市场调查确定，并应另行签订补充协议。

3. 承包人提供材料和工程设备

除合同约定的发包人提供的甲供材料外，合同工程所需的材料和工程设备应由承包人提供，承包人提供的材料和工程设备均应由承包人负责采购、运输和保管。

对承包人提供的材料和工程设备经检测不符合合同约定的质量标准，发包人应立即要求承包人更换，由此增加的费用和（或）工期延误应由承包人承担。对发包人要求检测承包人已具有合格证明的材料、工程设备，但经检测证明该项材料、工程设备符合合同约定的质量标准，发包人应承担由此增加的费用和（或）工期延误，并向承包人支付合理利润。

4. 计价风险

① 建设工程发承包，必须在招标文件、合同中明确计价中的风险内容及其范围，不得采用无限风险、所有风险或类似语句规定计价中的风险内容及范围。

工程施工招标发包是工程建设交易方式之一，一个成熟的建设市场应是一个体现交易公平性的市场。在工程建设施工发承包中实行风险共担和合理分摊原则是实现建设市场交易公平性的具体体现，是维护建设市场正常秩序的措施之一。

根据我国工程建设特点，投标人应完全承担的风险是技术风险和管理风险，如管理费和利润；应有限度承担的是市场风险，如材料价格、施工机械使用费；应完全不承担的是法律、法规、规章和政策变化的风险。

② 由于市场物价波动影响合同价款的，应由发承包双方合理分摊，发承包双方应在合同中约定市场物价波动的调整，材料价格的风险宜控制在 5% 以内，施工机械使用费风险可控制在 10% 以内，超过者予以调整。

③ 由于承包人使用机械设备、施工技术以及组织管理水平等自身原因造成施工费用增加或利润减少的风险，应由承包人全部承担。

三、招标控制价

1. 一般规定

为了有利于客观、合理地评审投标报价和避免哄抬标价，造成国有资产流失，国有资金投资的建设工程招标，招标人必须编制招标控制价。招标控制价应由具有编制能力的招标人或受其委托具有相应资质的工程造价咨询人编制和复核。

招标人应在发布招标文件时公布招标控制价，同时，应将招标控制价及有关资料报送工程所在地或有该工程管辖权的行业管理部门工程造价管理机构备案。

当招标控制价超过批准的概算时，招标人应将其报原概算审批部门审核。

2. 招标控制价编制依据

① 现行国家标准《建设工程工程量清单计价规范》（GB 50500—2013）与专业工程计量规范；

② 国家或省级、行业建设主管部门颁发的计价定额和计价办法；

③ 建设工程设计文件及相关资料；

④ 拟定的招标文件及招标工程量清单；

⑤ 与建设项目相关的标准、规范、技术资料；

⑥ 施工现场情况、工程特点及常规施工方案；

二维码3.1

⑦ 工程造价管理机构发布的工程造价信息；当工程造价信息没有发布时，参照市场价；

⑧ 其他的相关资料。

四、投标报价

1. 一般规定

投标人必须按招标工程量清单填报表格，项目编码、项目名称、项目特征、计量单位、工程量必须与招标工程量清单一致，且投标报价不得低于工程成本。因国有资金投资的工程，其招标控制价相当于政府采购中的采购预算，且其定义就是最高投标限价，因此，若投标人的投标报价高于招标控制价的应予废标。

2. 投标报价的确定

实行工程量清单计价，投标总价应当与分部分项工程费、措施项目费、其他项目费和规费、税金的合计金额一致，即投标人在进行工程量清单招标的投标报价时，不能进行投标总价优惠（或降价、让利），投标人对投标报价的任何优惠（或降价、让利）均应反映在相应清单项目的综合单价中。

（1）综合单价中应包括招标文件中划分的应由投标人承担的风险范围及其费用，招标文件中没明确的，应提请招标人明确。

（2）分部分项工程和措施项目中的单价项目，应根据招标文件和招标工程量清单项目中的特征确定综合单价计算。

（3）措施项目中的总价项目金额应根据招标文件及投标时拟定的施工组织设计或施工方案，根据相关计价标准自主确定。但其中的安全文明施工费必须按照国家或省级、行业建设主管部门的规定计价，不得作为竞争性费用。

（4）其他项目应按下列规定报价：

① 暂列金额应按招标工程量清单中列出的金额填写；

② 材料、工程设备暂估价应按招标工程量清单中列出的单价计入综合单价；

③ 专业工程暂估价应按招标工程量清单中列出的金额填写；

④ 计日工应按招标人在其他项目清单中列出的项目和数量，自主确定综合单价并计算计日工费用；

⑤ 总承包服务费应根据工程量清单中列出的内容和提出的要求自主确定。

五、工程计量

1. 一般规定

① 工程量必须按照相关工程现行国家计量规范规定的工程量计算规则计算。

② 工程量的正确计算是合同价款支付的前提和依据，而选择恰当的计量方式对于正确计量也十分必要。由于工程建设具有投资大、周期长等特点，因此，工程计量以及价款支付是能通过"阶段小结，最终结清"来体现的，即可选择按月或工程形象进度分段计量，具体计量周期应在合同中约定。

2. 单价合同

① 发承包双方对合同工程进行工程结算的工程量应按照经发承包双方认可的实际完成工程量确定，而非招标工程量清单所列的工程量。

② 施工中进行工程计量，当发现招标工程量清单中出现缺项、工程量计算偏差，以及工程变更引起工程量的增减，应按承包人在履行合同义务过程中完成的工程量计算。

3. 总价合同

① 采用工程量清单方式招标形成的总价合同，其工程量应按规范中单价合同的计量规定计算。

② 由于承包人自行对施工图纸进行计量，因此，除按照工程变更规定的工程量增减外，总价合同各项目的工程量是承包人用于结算的最终工程量，这是与单价合同的最本质区分。

第二节 房屋建筑与装饰工程工程量计算规范

为规范房屋建筑与装饰工程造价计量行为，统一房屋建筑与装饰工程工程量计算规则、工程量清单的编制方法，制定《房屋建筑与装饰工程工程量计算规范》（GB 50854—2013），该规范适用范围是工业与民用的房屋建筑与装饰工程施工发承包计价活动中的"工程量清单编制和工程计量"，即房屋建筑与装饰工程计价，必须按《房屋建筑与装饰工程工程量计算规范》（GB 50854—2013）规定的工程量计算规则进行工程计量。

一、工程计量

1. 工程量计算依据
① 经审定通过的施工设计图纸及其说明；
② 经审定通过的施工组织设计或施工方案；
③ 经审定通过的其他有关技术经济文件；
④《房屋建筑与装饰工程工程量计算规范》（GB 50854—2013）。

2. 工程量计量单位的确定
在《房屋建筑与装饰工程工程量计算规范》（GB 50854—2013）附录中有两个或两个以上计量单位的，应结合拟建工程项目的实际情况，确定其中一个为计量单位。在同一个建设项目（或标段、合同段）中，有多个单位工程的相同项目计量单位必须保持一致。

3. 汇总工程量的有效位数的确定
每一项目汇总工程量的有效位数应遵守下列规定，体现统一性。
① 以"t"为单位，应保留三位小数，第四位小数四舍五入；
② 以"m^3""m^2""m""kg"为单位，应保留两位小数，第三位小数四舍五入；
③ 以"个""项"等为单位，应取整数。

二、工程量清单编制

1. 一般规定
（1）编制工程量清单依据。
①《房屋建筑与装饰工程工程量计算规范》（GB 50854—2013）和现行国家标准《建设工程工程量清单计价规范》（GB 50500—2013）；
② 国家或省级、行业建设主管部门颁发的计价依据和办法；
③ 建设工程设计文件；
④ 与建设工程项目有关的标准、规范、技术资料；
⑤ 拟定的招标文件；
⑥ 施工现场情况、工程特点及常规施工方案；
⑦ 其他相关资料。

二维码3.2

（2）其他项目、规费和税金项目清单应按照现行国家标准《建设工程工程量清单计价规范》（GB 50500—2013）的相关规定编制。
（3）工程建设中新材料、新技术、新工艺不断涌现，《房屋建筑与装饰工程工程量计算规范》（GB 50854—2013）附录所列的工程量清单项目不可能包含所有项目。在编制工程量清单时，当出现附录未包括的项目，编制人应做补充。在编制补充项目时应注意以下三个方面。

①补充项目的编码由《房屋建筑与装饰工程工程量计算规范》（GB 50854—2013）的代码
01 与 B 和三位阿拉伯数字组成，并应从 01B001 起顺序编制，同一招标工程的项目不得重码。

②补充的工程量清单需附有补充项目的名称、项目特征、计量单位、工程量计算规则、
工作内容。不能计量的措施项目，须附有补充项目的名称、工作内容及包含范围。

③将编制的补充项目报省级或行业工程造价管理机构备案。

补充项目举例见表 3-1。

表 3-1　M.11 隔墙（编码：011211）

项目编码	项目名称	项目特征	计量单位	工程量计算规则	工作内容
01B001	成品 GRC 隔墙	1. 隔墙材料品种、规格 2. 隔墙厚度 3. 嵌缝、塞口材料品种	m²	按设计图示尺寸以面积计算，扣除门窗洞口及单个 ≥ 0.3m² 的孔洞所占面积	1. 骨架及边框安装 2. 隔板安装 3. 嵌缝、塞口

2. 分部分项工程量清单

分部分项工程量清单应根据附录规定的项目编码、项目名称、项目特征、计量单位和工程量计算规则进行编制，这五个要点在分部分项工程量清单的组成中缺一不可。

（1）工程量清单的项目编码，应采用十二位阿拉伯数字表示，一至九位应按附录的规定设置，十至十二位应根据拟建工程的工程量清单项目名称和项目特征设置，同一招标工程的项目编码不得有重码，如图 3-1 所示。

当同一标段（或合同段）的一份工程量清单中含有多个单位工程且工程量清单是以单位工程为编制对象时，在编制工程量清单时应特别注意项目编码第五级十至十二位的设置不得有重码的规定。

例如一个标段（或合同段）的一份工程量清单中含有三个单位工程，每一单位工程中都有项目特征相同的块料踢脚线，在工程量清单中又需反映三个不同单位工程的实心砖墙砌体工程量时，则第一个单位工程的块料踢脚线为 011105003001，第二个单位工程的块料踢脚线为 011105003002，第三个单位工程的块料踢脚线为 011105003003，并分别列出各单位工程块料踢脚线的工程量。

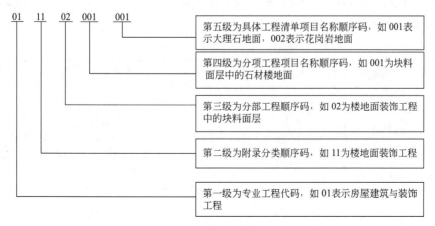

图 3-1　项目编码组成

（2）项目名称。

装饰工程分部分项工程量清单的项目名称应按附录的项目名称结合拟建工程的实际确定。

装饰工程清单项目的设置和划分原则上以形成工程实体为原则。所谓实体是指形成生产或工艺作用的主要实体部分，对附属或次要部分均不设置项目。项目必须包括完成或形成实体部分的全部内容。清单分项名称常以其中的主要实体子项命名。例如清单项目"块料楼地面"，该分项中包含了"找平层""面层"两个单一的子项。

对于归并或综合较大的项目应区分项目名称，分别编码列项，如 010804007 为门窗工程中的特种门，应区分冷藏门、冷冻间门、保温门、变电室门、隔音门、防射线门、人防门、金库门等。

（3）项目特征。

项目特征是用来表述项目名称的，它明显（直接）影响实体自身价值（或价格），如材质、规格等。同时，项目特征是区分清单项目的依据，是确定综合单价的前提，是履行合同义务的基础。由此可见，在编制的工程量清单中必须对其项目性进行准确和全面的描述。

在描述工程量清单项目特征时应按以下原则进行。

① 项目特征描述的内容应按附录中的规定，结合拟建工程的实际，能满足确定综合单价的需要。

② 若采用标准图集或施工图纸能够全部或部分满足项目特征的要求，项目特征可直接采用详见 ×× 图集或者 ×× 图号的方式。对不能满足项目特征描述要求的部分，仍应用文字描述。

（4）计量单位。

分部分项工程量清单的计量单位应按附录中规定的计量单位确定。当计量单位有两个或两个以上时，应根据所编工程量清单项目的特征要求，选择最适宜表现该项目特征并方便计量的单位。

例如《房屋建筑与装饰工程工程量计算规范》（GB 50854—2013）中门窗工程的计量单位为"樘""m^2"两个计量单位，实际工作中，就应选择最适宜、最方便计量的单位来表示。

（5）工程量计算规则。

分部分项工程量清单的工程数量应按附录中规定的工程量计算规则计算。

按照目前市场门窗均以工厂化成品生产的情况，"13 规范"中新增条款：门窗（橱窗除外）按成品编制项目，门窗成品价（成品原价、运杂费等）应计入综合单价中。若采用现场制作，包括制作的所有费用，即制作的所有费用应计入综合单价，不得再单列门窗制作的清单项目，如表 3-2 所示。

表 3-2　木门（编码：010801）

项目编码	项目名称	项目特征	计量单位	工程量计算规则	工程内容
010801001	木质门	1. 门代号及洞口尺寸 2. 镶嵌玻璃品种、厚度	1. 樘 2. m^2	1. 以樘计量，按设计图示数量计算 2. 以 m^2 计量，按设计图示洞口尺寸以面积计算	1. 门安装 2. 玻璃安装 3. 五金安装
010801002	木质门带套				
010801003	木质门连窗				
010801004	木质防火门				

3.措施项目清单

（1）措施项目中能计量的且以清单形式列出的项目（即单价措施项目），应同分部分项工程一样，编制工程量清单时，必须列出项目编码、项目名称、项目特征、计量单位。同时明确了措施项目的项目编码、项目名称、项目特征、计量单位、工程量计算规则，按分部分项工程的有关规定执行。

例如：某工程综合脚手架见表 3-3。

二维码3.3

表 3-3　某工程综合脚手架

项目编码	项目名称	项目特征描述	计量单位	工程量	金额/元	
					综合单价	合价
011701001001	综合脚手架	1.建筑结构形式：框剪 2.檐口高度：60m	m²	18000		

（2）对措施项目不能计量的仅列出项目编码、项目名称，对于未列出项目特征、计量单位和工程量计算规则的措施项目（即总价措施项目），在编制工程量清单时，必须按《房屋建筑与装饰工程工程量计算规范》（GB 50854—2013）附录 S 措施项目规定的项目编码、项目名称确定清单项目，不必描述项目特征和确定计量单位。

例如：某工程安全文明施工、夜间施工见表 3-4。

表 3-4　某工程安全文明施工、夜间施工

序号	项目编码	项目名称	计算基础	费率/%	金额/元	调整费率/%	调整后金额/元	备注
1	011707001001	安全文明施工	人工费＋施工机具使用量					
2	011707002001	夜间施工	人工费＋施工机具使用量					

4.其他项目清单

工程建设标准的高低、工程的复杂程度、工程的工期长短、工程的组成内容、发包人对工程管理要求等都直接影响其他项目清单的具体内容。其他项目清单包括下列内容。

（1）暂列金额　是招标人在工程量清单中暂定并包括在合同价款中的一笔款项，用于合同签订时尚未确定或者不可预见的所需材料、设备、服务的采购，施工中可能发生的工程变更、合同约定调整因素出现时的工程价款调整以及发生的索赔、现场签证确认等的费用。

暂列金额列入合同价格并不一定属于承包人（中标人）所有。事实上，即使是总价包干合同，也不是列入合同价格的任何金额都属于中标人的，是否属于中标人应得金额应取决于具体的合同约定，暂列金额的定义是非常明确的，只有按照合同约定程序实际发生后，才能成为中标人的应得金额，纳入合同结算价款中。扣除实际发生金额后的暂列金额余额仍属于招标人所有。例如：某工程暂列金额明细表见表 3-5。

表 3-5　某工程暂列金额明细表

序号	项目名称	计量单位	暂定金额/元	备注
1	自行车棚工程	项	50000	正在设计图纸
2	工程量偏差和设计变更	项	30000	

续表

序号	项目名称	计量单位	暂定金额/元	备注
3	政策性调整和材料价格波动	项	20000	
4	其他	项	20000	
	合　计		120000	—

注：此表由招标人填写，如不能详列，也可只列暂定金额总额，投标人应将上述暂列金额计入投标总价中。

（2）暂估价　暂估价是指招标阶段直至签订合同协议时，招标人在招标文件中提供的用于支付必然要发生但暂时不能确定价格的材料以及需另行发包的专业工程金额。包括材料暂估单价、工程设备暂估单价、专业工程暂估价。

一般而言，为方便合同管理和计价，需要纳入分部分项工程量清单项目综合单价中的暂估价最好只是材料费，以方便投标人组价。以"项"为计量单位给出的专业工程暂估价一般应是综合暂估价，应当包括除规费、税金以外的管理费、利润等。

暂估价中的材料、工程设备暂估单价应根据工程造价信息或参照市场价格估算，列出明细表；专业工程暂估价应分不同专业，按有关计价规定估算，列出明细表。例如：某工程材料（工程设备）暂估单价及调整表见表3-6。

表3-6　某工程材料（工程设备）暂估单价及调整表

序号	材料（工程设备）名称、规格、型号	计量单位	数量		单价/元		合价/元		差额±/元		备注
			暂估	确认	暂估	确认	暂估	确认	单价	合价	
1	大理石板 500mm×500mm	m²	200		130		26000				用于楼地面工程项目
2	塑钢平开门	m²	60		280		16800				用于门窗工程项目
	合　计						42800				

注：此表由招标人填写"暂估单价"，并在备注栏说明暂估价的材料、工程设备拟用在哪些清单项目上，投标人应将上述材料、工程设备暂估单价计入工程量清单综合单价报价中。

（3）计日工　是为了解决现场发生的零星工作的计价而设立的。是在施工过程中，完成发包人提出的施工图纸以外的零星项目或工作，按合同中约定的综合单价计价。

计日工适用的所谓零星工作一般是指合同约定之外的或者因变更而产生的、工程量清单中没有相应项目的额外工作，尤其是那些时间不允许事先商定价格的额外工作。计日工为额外工作和变更的计价提供了一个方便快捷的途径。

计日工应列出项目名称、计量单位和暂估数量。例如：某工程计日工表见表3-7。

表3-7　某工程计日工表

编号	项目名称	单位	暂定数量	实际数量	综合单价/元	合价/元	
						暂定	实际
一	人工						

续表

编号	项目名称	单位	暂定数量	实际数量	综合单价/元	合价/元	
						暂定	实际
1	普工	工日	100				
2	技工	工日	60				
人工小计							
二	材料						
1	水泥	t	3				
2	中粗砂	m³	6				
材料小计							
三	机械						
1	灰浆搅拌机	台班	2				
施工机械小计							
四、企业管理费和利润							
总计							

注：此表项目名称、暂定数量由招标人填写，编制招标控制价时，单价由招标人按有关计价规定确定；投标时，单价由投标人自主报价，按暂定数量计算合价计入投标总价中。结算时，按发承包双方确认的实际数量计算合价。

（4）总承包服务费 是为了解决招标人在法律、法规允许的条件下进行专业工程发包以及自行采购供应材料、设备时，要求总承包人对发包的专业工程提供协调和配合服务（如分包人使用总包人的脚手架等）；对供应的材料、设备提供收、发和保管服务以及对施工现场进行统一管理；对竣工资料进行统一汇总整理等发生并向总承包人支付的费用。招标人应当预计该项费用并按投标人的投标报价向投标人支付该项费用。

总承包服务费应列出服务项目及其内容等。例如：某工程总承包服务费计价表如表3-8所示。

表3-8 某工程总承包服务费计价表

序号	项目名称	项目价值/元	服务内容	计算基础	费率/%	金额/元
1	发包人发包专业工程	180000	1. 按专业工程承包人的要求提供施工工作面并对施工现场进行统一管理，对竣工资料进行统一整理汇总 2. 为专业工程承包人提供垂直运输机械和焊接电源接入点，并承担垂直运输费和电费			

续表

序号	项目名称	项目价值/元	服务内容	计算基础	费率/%	金额/元
2	发包人供应材料	800000	对发包人供应的材料进行验收及保管和使用发放			
	合计	—	—		—	

注：此表项目名称、服务内容由招标人填写，编制招标控制价时，费率及金额由招标人按有关计价规定确定；投标时，费率及金额由投标人自主报价，计入投标总价中。

5. 规费和税金项目清单

（1）规费项目清单　应包括下列内容。

① 社会保险费：包括养老保险费、失业保险费、医疗保险费、工伤保险费、生育保险费；

② 住房公积金；

③ 工程排污费。

规费作为政府和有关权力部门规定必须缴纳的费用，政府和有关权力部门可根据形势发展的需要，对规费项目进行调整。因此，对《建设工程工程量清单计价规范》（GB 50500—2013）未包括的规费项目，在计算规费时应根据省级政府和省级有关权力部门的规定进行补充。

（2）税金项目清单中的税金是指国家税法规定的应计入建筑安装工程造价内的增值税。

三、装饰工程招标工程量清单实例

×× 公司职工餐厅装饰工程招标工程量清单实例见表 3-9 ～表 3-17。

表 3-9　封面

×× 公司职工餐厅装饰工程
招标工程量清单

招标人：　×× 公司　　　　　　　　　　　工程造价咨询人：_____
（单位盖章）　　　　　　　　　　　　　　　　　（单位资质专用章）

法定代表人　×× 公司　　　　　　　　　法定代表人
或其授权人：法定代表人　　　　　　　　或其授权人：_____
（签字或盖章）　　　　　　　　　　　　　　（签字或盖章）

编制人：_____　　　　　　　复核人：_____
（造价人员签字盖专用章）　　　　　　　　　（造价工程师签字盖专用章）
编制时间：× 年 × 月 × 日　　　　　　　复核时间：× 年 × 月 × 日

表 3-10　总说明

工程名称：×× 公司职工餐厅装饰工程

（1）工程概况：×× 公司办公楼为框架结构六层，六楼职工餐厅装饰工程的一部分，建筑层高 4.00m，土建与安装工程已结束。详细情况见设计说明。

（2）工程招标范围：该餐厅的装饰工程。

（3）清单编制依据：《建设工程工程量清单计价规范》（GB 50500—2013）、《房屋建筑与装饰工程工程量计算规范》（GB 50854—2013）、施工设计文件、施工组织设计等。

（4）工程质量标准：合格。

（5）投标人在投标时应按《建设工程工程量清单计价规范》（GB 50500—2013）规定的统一格式填写。

表 3-11　分部分项工程和单价措施项目清单与计价表

工程名称：××公司职工餐厅装饰工程

序号	项目编码	项目名称	项目特征描述	计量单位	工程量	金额/元		
						综合单价	合价	其中：暂估价
I			0108 门窗工程					
1	010801001001	塑钢窗	80 系列 LC0915 塑钢平开窗带纱 5mm 白玻	m²	900			
2	010810002001	窗帘盒	木工板基层，黑胡桃饰面刷清水漆两遍	m	20			
			（其他略）					
			分部小计					
II			0111　楼地面装饰工程					
3	011102001001	石材楼地面	浅红色花岗岩地面，拼花，600mm×600mm×20mm	m²	500			
4	011105002001	石材踢脚线	浅红色花岗岩踢脚线，150mm 高	m	300			
			（其他略）					
			分部小计					
III			0112 墙、柱面装饰与隔断、幕墙工程					
5	011204003001	块料墙面	200mm×300mm 面砖，水泥砂浆粘贴，灰缝 10mm	m²	220			
6	011208001001	柱面装饰	银灰色铝塑板柱面：木龙骨基层钉在木砖上、刷防火漆两遍，银灰色铝塑板贴面	m²	35			
			（其他略）					
			分部小计					
IV			0113 天棚工程					
7	011301001001	天棚抹灰	天棚抹混合砂浆	m²	300			
8	011302001001	吊顶天棚	T 形铝合金龙骨，面层为胶合板（水曲柳）吊顶高 150mm，刷底油，刮一遍腻子，调和漆两遍	m²	80			
			（其他略）					
			分部小计					

续表

序号	项目编码	项目名称	项目特征描述	计量单位	工程量	综合单价	合价	其中：暂估价
						金额/元		
V			0114 油漆、涂料、裱糊工程					
9	011406001001	内墙乳胶漆	刮腻子两遍，刷立邦内墙漆三遍	m²	320			
			（其他略）					
			分部小计					
VI			0115 其他装饰工程					
10	011503001001	金属扶手栏杆	铝合金栏杆，全玻 10mm 厚有机玻璃	m	25			
			本页小计					
			合计					

表 3-12　总价措施项目清单与计价表

工程名称：××公司职工餐厅装饰工程

序号	项目名称	计算基础	费率/%	金额/元	调整费率/%	调整后金额/元	备注
1	安全文明施工费						
2	夜间施工费						
3	二次搬运费						
4	冬雨季施工						
5	已完工程及设备保护						
	合计						

编制人（造价人员）：　　　　　　　　　　　　复核人（造价工程师）：

表 3-13　其他项目清单与计价汇总表

工程名称：××公司职工餐厅装饰工程

序号	项目名称	金额/元	结算金额/元	备注
1	暂列金额	10000		明细详见表 3-14
2	暂估价	1600		
2.1	材料暂估价	—		
2.2	专业工程暂估价	1600		明细详见表 3-15
3	计日工			明细详见表 3-16
4	总承包服务费			明细详见表 3-17

注：材料（工程）暂估价进入清单项目综合单价，此处不汇总。

表 3-14　暂列金额明细表

工程名称：××公司职工餐厅装饰工程

序号	项目名称	计量单位	暂定金额 / 元	备注
1	工程量清单中工程量偏差和设计变更	项	10000	
合　计			10000	—

注：此表由招标人填写，如不能详列，也可只列"暂定金额"总额，投标人应将上述暂列金额计入投标总价中。

表 3-15　专业工程暂估价表

工程名称：××公司职工餐厅装饰工程

序号	工程名称	工程内容	暂估金额 / 元	结算金额 / 元	差额 ± / 元	备注
1	防盗门	安装	1600			
合　计			1600			

注：此处"暂估金额"由招标人填写，投标人应将"暂估金额"计入投标总价中。结算时按合同约定结算金额填写。

表 3-16　计日工表

工程名称：××公司职工餐厅装饰工程

编号	项目名称	单位	暂定数量	综合单价 / 元	合价 / 元
一	人　工				
1	普工	工日	20		
2	技工	工日	10		
二	材　料				
1	水泥 42.5	t	2		
2	中砂	m³	3		
材料小计					
三	施工机械				
1	灰浆搅拌机（400L）	台班	2		
施工机械小计					
四、企业管理费和利润					
总　计					

注：此表项目名称、数量由招标人填写，编制招标控制价时，单价由招标人按有关计价规定确定；投标时，单价由投标人自主报价，按暂定数量计算计入投标总价中。结算时，按发承包双方确认的实际数量计算合价。

表 3-17 总承包服务费计价表

工程名称：××公司职工餐厅装饰工程

序号	项目名称	项目价值 / 元	服务内容	计算基础	费率 /%	金额 / 元
1	发包人发包专业工程	5000	为防盗门安装后进行补缝和找平并承担相应费用			
合　计						

注：此表项目名称、服务内容由招标人填写，编制招标控制价时，费率及金额由招标人按有关计价规定确定；投标时，费率及金额由投标人自主报价，计入投标总价中。

 小结

《建设工程工程量清单计价规范》（GB 50500—2013）以及《房屋建筑与装饰工程工程量计算规范》（GB 50584—2013）是我国建筑市场中建设工程工程量清单计价的主要依据，均由正文和附录两部分组成。

招标人应在发布招标文件时公布招标控制价，同时，应将招标控制价及有关资料报送工程所在地或有该工程管辖权的行业管理部门工程造价管理机构备案。

投标人必须按招标工程量清单填报表格，项目编码、项目名称、项目特征、计量单位、工程量必须与招标工程量清单一致，且投标报价不得低于工程成本。因国有资金投资的工程，其招标控制价相当于政府采购中的采购预算，且其定义就是最高投标限价，因此，若投标人的投标报价高于招标控制价的应予废标。

工程量清单由分部分项工程量清单、措施项目清单、其他项目清单、规费和税金清单组成。

编制工程量清单依据：①《房屋建筑与装饰工程工程量计算规范》（GB 50584—2013）和现行国家标准《建设工程工程量清单计价规范》（GB 50500—2013）；②国家或省级、行业建设主管部门颁发的计价依据和办法；③建设工程设计文件；④与建设工程项目有关的标准、规范、技术资料；⑤拟定的招标文件；⑥施工现场情况、工程特点及常规施工方案；⑦其他相关资料。

职业资格考试真题（单选题）精选

1.（2021 年注册造价工程师考试真题）编制工程量清单出现计算规范附录中未包括的清单项目时，编制人应作补充，关于编制补充项目，下列说法正确的是（　）。

A. 第三级项目编码对应的是分项工程

B. 计价规范中就某一清单项目给出两个及以上计量单位时应选择最方便计算的单位

C. 同一标段的工程量清单中含有多个项目特征相同的单位工程时可采用相同的项目编码

D. 补充项目编码有 6 位编码

2.（2021 年注册造价工程师考试真题）下列不得由投标人自主报价的是（　）。

A. 总承包服务费　　　　　　　　　B. 计日工

C. 暂列金额　　　　　　　　　　　D. 单项措施项目费

3.（2020 年注册造价工程师考试真题）关于分部分项工程项目清单中项目编码的编制，下列说法正确的是（　　）。

A. 第二级编码为分部工程顺序码

B. 第五级编码为分项工程项目名称顺序码

C. 同一标段内多个单位工程中项目特征完全相同的分项工程，可采用相同编码

D. 补充项目应采用 6 位编码工程

4.（2020 年注册造价工程师考试真题）关于建设工程招标工程量清单的编制，下列说法正确的是（　　）。

A. 总承包服务费应计列在暂列金额项下

B. 分部分项工程项目清单中所列工程最应按专业工程量计算规范规定的工程计算规则计算

C. 措施项目清单的编制不用考虑施工技术方案

D. 在专业工程量计算规范中没有列项的分部分项工程，不得编制补充项目

5.（2019 年注册造价工程师考试真题）关于招标工程量清单中分部分项工程量清单的编制，下列说法正确的是（　　）。

A. 所列项目应该是施工过程中以其本身构成工程实体的分项工程或可以精确计量的措施分项项目

B. 拟建施工图纸有体现，但专业工程量计算规范附录中没有相对应项目的，则必须编制这些分项工程的补充项目

C. 补充项目的工程量计算规则，应符合"计算规则要具有可计算性"且"计算结果要具有唯一性"的原则

D. 采用标准图集的分项工程，其特征描述应直接采用"详见 ×× 图集"方式

6.（2019 年注册造价工程师考试真题）根据我国现行建设项目总投资及工程造价构成，在工程概算阶段考虑的对一般自然灾害处理的费用，应包含在（　　）内。

A. 未明确项目准备金　　　　　　　B. 工程建设不可预见费

C. 暂列金额　　　　　　　　　　　D. 不可预见准备金

能力训练题

一、填空题

1. 招标控制价应由具有＿＿＿＿＿或＿＿＿＿＿编制和复核。

2. 招标控制价的编制依据包括＿＿＿＿、＿＿＿＿、＿＿＿、＿＿＿＿、＿＿＿＿、＿＿＿＿、＿＿＿和其他相关的资料。

3. 工程量清单的项目编码，应采用＿＿＿位阿拉伯数字表示，＿＿＿位应按附录的规定设置，＿＿＿＿位应根据拟建工程的工程量清单项目名称和项目特征设置，同一招标工程的项目编码不得有重码。

4. 装饰工程清单项目的设置和划分原则上以_____为原则。

5. 项目特征是区分清单项目的依据，是确定_____的前提，是_____的基础。由此可见，在编制的工程量清单中必须对其项目性进行准确和全面的描述。

6. 税金项目清单中的税金是指国家税法规定的应计入建筑安装工程造价内的_____。

二、问答题

1. 什么是装饰工程招标工程量清单？它包括哪些内容？

2. 装饰工程招标工程量清单的编制依据包括哪些？

3. 措施项目清单包括哪些内容？

4. 其他项目清单包括哪些内容？

5. 规费和税金清单包括哪些内容？

三、计算题

1. 参考表 3-9~表 3-17，请依据本地区预算定额、费用定额及市场信息价，试编制该工程招标控制价。

2. 参考表 3-9~表 3-17，走访相关施工企业，请依据相关企业定额及市场信息价，试编制该工程投标报价，并归纳招标控制价与投标报价的区别。

第四章
装饰工程计价方法

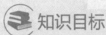知识目标

- 掌握建筑安装工程费用项目组成；
- 掌握《湖北省建筑安装工程费用定额（2018版）》的使用方法。

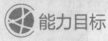能力目标

- 能够熟练地解释装饰工程费用项目组成；
- 能够熟练地依据定额及清单规范等计价依据计算装饰工程造价。

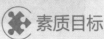素质目标

- 关注行业发展，培养自主学习及终身学习的能力，循序渐进做好职业规划。

　　装饰工程计价是指按照规定的程序、方法和依据，对装饰工程造价及其构成内容进行估计或确定的行为。目前，我国装饰工程计价模式主要分为两类：一类是传统的"定额计价模式"，一类是我国工程造价管理改革之后实行的"清单计价模式"。为了适应深化工程计价改革的需要及便于各地区、各部门贯彻实施，住建部和财政部颁发了《建筑安装工程费用项目组成》（建标〔2013〕44 号），同时，各省及直辖市也颁发了本地区的费用定额，以上均是各地区装饰工程计价的依据。《湖北省建筑安装工程费用定额（2018 版）》是湖北省内各市、州、直管市及神农架林区编制招标控制价、施工图预算、工程竣工结算、设计概算及投资估算的依据，是建设工程实行工程量清单计价的基础，是企业投标报价、内部管理和核算的重要参考。本章将以该定额为主要依据，讲解装饰工程费用项目组成及装饰工程计价方式。

第一节　装饰工程费用项目组成

　　装饰工程费用由分部分项工程费、措施项目费、其他项目费、规费、税金（即增值税）组成，分部分项工程费、措施项目费、其他项目费包含人工费、材料费（含工程设备）、施工机具使用费、企业管理费和利润，如图 4-1 所示。

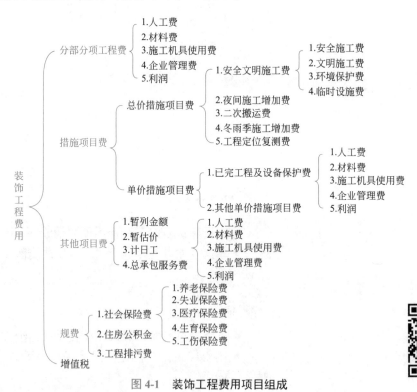

图 4-1　装饰工程费用项目组成

二维码4.1

一、分部分项工程费

　　分部分项工程费是指各专业工程的分部分项工程应予列支的各项费用。

$$分部分项工程费 = \sum（分部分项工程量 \times 相应分部分项综合单价）$$

　　专业工程是指按现行国家计量规范划分的房屋建筑与装饰工程、仿古建筑工程、通用安装工程、市政工程、园林绿化工程、矿山工程、构筑物工程、城市轨道交通工程、爆破工程等各类工程。分部分项工程指按现行国家计量规范对各专业划分的项目。如房屋建筑与装饰工程的土石方工程、地基处理与桩基工程、砌筑工程、钢筋及钢筋混凝土工程等。

1. 人工费

人工费是指直接从事建筑安装工程施工的生产工人开支的各项费用，内容如下。

① 计时工资或计件工资：是指按计时工资标准和工作时间或对已做工作按计件单价支付给个人的劳动报酬。

② 奖金：是指对超额劳动和增收节支支付给个人的劳动报酬。如节约奖、劳动竞赛奖等。

③ 津贴、补贴：是指为了补偿职工特殊或额外的劳动消耗和因其他特殊原因支付给个人的津贴，以及为了保证职工工资水平不受物价影响支付给个人的物价补贴。如流动施工津贴、特殊地区施工津贴、高温（寒）作业临时津贴、高空津贴等。

④ 加班加点工资：是指按规定支付的在法定节假日工作的加班工资和在法定日工作时间外延时工作的加点工资。

⑤ 特殊情况下支付的工资：是指根据国家法律、法规和政策规定，因病、工伤、产假计划生育假、婚丧假、事假、探亲假、定期休假、停工学习、执行国家或社会义务等原因按计时工资标准或计时工资标准的一定比例支付的工资。

2. 材料费

材料费是指施工过程中耗费的原材料、辅助材料、构配件、零件、半成品或成品、工程设备费用，内容如下。

① 材料原价：是指材料、工程设备的出厂价格或商家供应价格。进口材料的原价按有关规定计算。

工程设备是指构成或计划构成永久工程一部分的机电设备、金属结构设备、仪器装置及其他的设备和装置。

$$工程设备费 = \sum（工程设备量 \times 工程设备单价）$$
$$工程设备单价 =（设备原价 + 运杂费）\times [1 + 采购保管费率（\%）]$$

② 材料运杂费：是指材料自来源地运至工地仓库或指定堆放地点所发生的全部费用。

③ 运输损耗费：是指材料在运输装卸过程中不可避免的损耗。

④ 采购及保管费：是指为组织采购、供应和保管材料、工程设备的过程中所需要的各项费用。包括采购费、仓储费、工地保管费、仓储损耗。

3. 施工机具使用费

施工机具使用费是指施工作业所发生的施工机械、仪器仪表使用费或其租赁费。

① 施工机械使用费　以施工机械台班耗用量乘以台班单价表示。施工机械台班单价应由下列七项费用组成。

a. 折旧费：指施工机械在规定的耐用总台班内，陆续收回其原值的费用。

b. 检修费：指施工机械在规定的耐用总台班内，按规定的检修间隔进行必要的检修，以恢复其正常功能所需要的费用。

c. 维护费：指施工机械在规定的耐用总台班内，按规定的维护间隔进行各级维护和临时故障排除所需的费用。保障机械正常运转所需替换设备与随机配备工具附具的摊销费用、机械运转及日常维护所需润滑与擦拭的材料费用及机械停滞期间的维护费用等。

d. 安拆费及场外运费：安拆费指施工机械在现场进行安装与拆卸所需的人工、材料、机械和试运转费用以及机械辅助设施的折旧、搭设、拆除等费用；场外运费指施工机械整体或分体自停放地点运至施工现场或由一施工地点运至另一施工地点的运输、装卸、辅助材料等费用。工地间移动较为频繁的小型机械及部分机械的安拆费及场外运费，已包含在机械台班单价中。

e. 人工费：指机上司机（司炉）和其他操作人员的人工费。

f. 燃料动力费：指施工机械在运转作业中所消耗的各种燃料及水、电等费用。

g. 其他费：指施工机械按照国家规定应交纳的车船税、保险费及检测费等。

② 仪器仪表使用费　是指工程施工所需使用的仪器仪表的折旧费、维护费、检验费、动力费。

4. 企业管理费

企业管理费是指建筑安装企业组织施工生产和经营管理所需的费用。内容如下。

① 管理人员工资：是指支付管理人员的工资、奖金、津贴补贴、加班加点工资及特殊情况下支付的工资等。

② 办公费：是指企业管理办公用的文具、纸张、账表、印刷、邮电、书报、办公软件、现场监控、会议、水电、烧水和集体取暖降温（包括现场临时宿舍取暖降温）等费用。

③ 差旅交通费：是指职工因公出差、调动工作的差旅费、住勤补助费，市内交通费和误餐补助费，职工探亲路费，劳动力招募费，职工退休、退职一次性路费，工伤人员就医路费，工地转移费以及管理部门使用的交通工具的油料、燃料等费用。

④ 固定资产使用费：是指管理和试验部门及附属生产单位使用的属于固定资产的房屋、设备仪器等的折旧、大修、维修或租赁费。

⑤ 工具用具使用费：是指企业施工生产所需的价值低于 2000 元或管理使用的不属于固定资产的生产工具、器具、家具、交通工具和检验、试验、测绘、消防用具等的购置、维修和摊销费。

⑥ 劳动保险和职工福利费：是指由企业支付的职工退职金、按规定支付给离休干部的经费，集体福利费、夏季防暑降温费、冬季取暖补贴、上下班交通补贴等。

⑦ 劳动保护费：是企业按规定发放的劳动保护用品的支出。如工作服、手套以及在有碍身体健康的环境中施工的保健费用等。

⑧ 检验试验费：是指企业按照有关标准规定，对建筑以及材料、构件和建筑安装物进行一般鉴定、检查所发生的费用，包括自设试验室进行试验所耗用的材料等费用。新结构、新材料的试验费，对构件做破坏性试验及其他特殊要求检验试验的费用和按有关规定由发包人委托检测机构进行检测的费用，对此类检测发生的费用，由发包人在工程建设其他费用中列支。对承包人提供的具有合格证明的材料进行检测，不合格的，检测费用由承包人承担；合格的，检测费用由发包人承担。

⑨ 工会经费：是指企业按《中华人民共和国工会法》规定的全部职工工资总额比例计提的工会经费。

⑩ 职工教育经费：是指按照职工工资总额的规定比例计提，企业为职工进行专业技术和职业技能培训，专业技术人员继续教育、职工职业技能鉴定、职业资格认定以及根据需要对职工进行各类文化教育所发生的费用。企业发生的职工教育经费支出，按企业职工工资薪金总额 1.5%～2.5% 计提。

⑪ 财产保险费：是指施工管理用财产、车辆等保险费用。

⑫ 财务费：是指企业为施工生产筹集资金或提供预付款担保、履约担保、职工工资支付担保等所发生的各种费用。

⑬ 税金：是指企业按规定缴纳的房产税、车船税、土地使用税、印花税、城市维护建设税、教育费附加以及地方教育附加等。

⑭ 其他：包括技术转让费、技术开发费、投标费、业务招待费、绿化费、广告费、公证费、法律顾问费、审计费、咨询费、保险费等。

5. 利润

利润是指施工企业完成所承包工程获得的盈利。

二、措施项目费

措施项目费指为完成建设工程施工，发生于该工程施工前和施工过程中的技术、生活、安全、环境保护等方面的费用。措施项目费分为总价措施项目费和单价措施项目费。

$$措施项目费 =\sum（各措施项目费）$$

1. 总价措施项目费

① 安全文明施工费　是指按照国家现行的施工安全、施工现场环境与卫生标准和有关规定，购置、更新和安装施工安全防护用具及设施、改善安全生产条件和作业环境，以及施工企业为进行工程施工所必须搭设的生活和生产用的临时建筑物、构筑物和其他临时设施的搭设、维修、拆除、清理费或摊销的费用等。该费用包括以下费用。

a. 安全施工费：指按国家现行的建筑施工安全标准和有关规定，购置和更新施工安全防护用具及设施，改善安全生产条件所需的各项费用。

b. 文明施工费：指施工现场文明施工所需要的各项费用。

c. 环境保护费：指施工现场为达到国家环保部门要求的环境和卫生标准，改善生产条件和作业环境所需要的各项费用。

d. 临时设施费：指施工企业为进行建设工程施工所必须搭设的生活和生产用的临时建筑物、构筑物和其他临时设施的搭设、维修、拆除、清理费或摊销费等。

② 夜间施工增加费　是指因夜间施工所发生的夜班补助费、夜间施工降效、夜间施工照明设备摊销及照明用电等费用。

③ 二次搬运费　指因施工场地狭小等特殊情况而发生的材料、构配件、半成品等一次运输不能达到堆放地点，必须进行二次或多次搬运所发生的费用。

④ 冬雨季施工增加费　指在冬季或雨季施工需增加的临时设施、防滑、排除雨雪，人工及施工机械效率降低等费用。

⑤ 工程定位复测费　指工程施工过程中进行全部施工测量放线和复测工作的费用。

2. 单价措施项目费

① 已完工程及设备保护费　指竣工验收前，对已完工程及设备采取的必要保护措施所发生的费用。

② 其他单价措施项目费　包括大型机械设施进出场及安拆费、脚手架、模板、垂直运输等费用。

三、其他项目费

$$其他项目费 = 暂列金额 + 暂估价 + 计日工 + 总承包服务费$$

1. 暂列金额

指建设单位在工程量清单中暂定并包括在工程合同价款中的一笔款项。用于合同签订时尚未确定或者不可预见的所需材料、工程设备、服务的采购，施工中可能发生的工程价款调整以及发生的索赔、现场签证确认等的费用。

2. 暂估价

指招标人在工程量清单中提供的用于支付必然发生但暂时不能确定价格的材料的单价以

及专业工程的金额。

3. 计日工

指在施工过程中，施工企业完成建设单位提出的施工图纸以外的零星项目或工作所需的费用。

4. 总承包服务费

指总承包人为配合、协调建设单位进行的专业工程发包，对建设单位自行采购的材料、工程设备等进行保管以及施工现场管理、竣工资料汇总整理等服务所需的费用。

四、规费和税金

1. 规费

规费是指按国家法律、法规规定，由省级政府和省级有关权力部门规定必须缴纳或计取的费用。内容如下。

① 社会保险费

a. 养老保险费：是指企业按规定标准为职工缴纳的基本养老保险费。

b. 失业保险费：是指企业按照国家规定标准为职工缴纳的失业保险费。

c. 医疗保险费：是指企业按照规定标准为职工缴纳的基本医疗保险费。

d. 生育保险费：是指企业按照规定标准为职工缴纳的生育保险费。

e. 工伤保险费：是指企业按照规定标准为职工缴纳的工伤保险费。

② 住房公积金　是指企业按规定标准为职工缴纳的住房公积金。

③ 工程排污费　是指按规定缴纳的施工现场工程排污费。

2. 税金

税金是指国家税法规定的应计入建筑安装工程造价内的增值税。增值税的计税方法分为一般计税法和简易计税法。

① 一般计税法　一般计税法下的增值税是指国家税法规定的应计入建筑安装工程造价内的增值税销项税。一般计税法下，分部分项工程费、措施项目费、其他项目费等的组成内容为不含进项税的价格，计税基础为不含进项税额的不含税工程造价。

$$应纳税额 = 当期销项税额 - 当期进项税额$$
$$当期销项税额 = 销售额 \times 增值税税率$$

销售额是指纳税人发生应税行为取得的全部价款和价外费用。

② 简易计税法　简易计税法下的增值税是指国家税法规定的应计入建筑安装工程造价内的应交增值税。简易计税法下，分部分项工程费、措施项目费、其他项目费等的组成内容为含进项税的价格，计税基础为含进项税额的不含税工程造价。

$$应纳税额 = 销售额 \times 征收率$$

销售额是指纳税人发生应税行为取得的全部价款和价外费用，扣除支付的分包款后的余额为销售额。应纳税的计税基础是含进项税额的工程造价。

第二节　工程量清单计价

一、说明

（1）招标工程量清单指招标人依据国家标准、招标文件、设计文件以及施工现场的实际情况编制的，随招标文件发布供投标报价的载明建设工程分部分项工程项目、措施项目、其他项目的名称和相应数量等内容的明细清单。

（2）工程量清单计价指投标人结合企业自身的实际技术水平和管理水平，完成招标人提供的招标工程量清单所需的能体现的全部费用。

（3）综合单价是指完成一个规定清单项目所需的人工费、材料和工程设备费、施工机具使用费和企业管理费、利润以及一定范围内的风险费用。

（4）措施项目清单包括总价措施项目清单和单价措施项目清单。单价措施项目清单计价的综合单价，按消耗量定额，结合工程的施工组织设计或施工方案计算。总价措施项目清单计价按《湖北省建筑安装工程费用定额（2018版）》中规定的费率和计算方法计算。

（5）采用工程量清单计价招投标的工程，在编制招标控制价时，应按《湖北省建筑安装工程费用定额（2018版）》规定的费率计算各项费用。

（6）暂列金额、专业工程暂估价、总包服务费、结算价和以费用形式表示的索赔与现场签证费均不含增值税。

二、计算程序

（1）分部分项工程及单价措施项目综合单价计算程序　见表4-1。

表4-1　工程量清单计价模式下综合单价计算程序表

序号	费用项目	计算方法
1	人工费	∑（人工费）
2	材料费	∑（材料费）
3	施工机具使用费	∑（施工机具使用费）
4	企业管理费	(1+3)×费率
5	利润	(1+3)×费率
6	风险因素	按招标文件或约定
7	综合单价	1+2+3+4+5+6

（2）总价措施项目费计算程序　见表4-2。

表4-2　工程量清单计价模式下总价措施项目费计算程序

序号	费用项目		计算方法
1	分部分项工程费		∑（分部分项工程费）
1.1	其中	人工费	∑（人工费）
1.2		施工机具使用费	∑（施工机具使用费）
2	单价措施项目费		∑（单价措施项目费）
2.1	其中	人工费	∑（人工费）
2.2		施工机具使用费	∑（施工机具使用费）

续表

序号	费用项目	计算方法
3	总价措施项目费	3.1+3.2
3.1	安全文明施工费	（1.1+1.2+2.1+2.2）× 费率
3.2	其他总价措施项目费	（1.1+1.2+2.1+2.2）× 费率

（3）其他项目费计算程序　见表 4-3。

表 4-3　工程量清单计价模式下其他项目费计算程序表

序号	费用项目		计算方法
1	暂列金额		按招标文件
2	专业工程暂估价、结算价		按招标文件、结算价
3		计日工	3.1+3.2+3.3+3.4+3.5
3.1	其中	人工费	∑（人工价格 × 暂定数量）
3.2		材料费	∑（材料价格 × 暂定数量）
3.3		施工机具使用费	∑（机械台班价格 × 暂定数量）
3.4		企业管理费	（3.1+3.3）× 费率
3.5		利润	（3.1+3.3）× 费率
4		总承包服务费	4.1+4.2
4.1	其中	发包人发包专业工程	∑（项目价值 × 费率）
4.2		发包人提供材料	∑（材料价值 × 费率）
5	索赔与现场签证费		∑（价格 × 数量）/∑ 费用
6	其他项目费		1+2+3+4+5

（4）单价工程造价计算程序　见表 4-4。

表 4-4　工程量清单计价模式下单价工程造价计算程序表

序号	费用项目		计算方法
1	分部分项工程费		∑（分部分项工程费）
1.1	其中	人工费	∑（人工费）
1.2		施工机具使用费	∑（施工机具使用费）
2	单价措施项目费		∑（单价措施项目费）
2.1	其中	人工费	∑（人工费）
2.2		施工机具使用费	∑（施工机具使用费）

续表

序号	费用项目		计算方法
3	总价措施项目费		∑（总价措施项目费）
4	其他项目费		∑（其他项目费）
4.1	其中	人工费	∑（人工费）
4.2		施工机具使用费	∑（施工机具使用费）
5	规费		（1.1+1.2+2.1+2.2+4.1+4.2）×费率
6	增值税		（1+2+3+4+5）×费率
7	含税工程造价		1+2+3+4+5+6

【例 4-1】 已知某会议室装饰工程，投标方根据招标文件报价，分部分项工程费为520000 元，其中人工费与机械费之和 115000 元，单价措施项目费为 8000 元，其中人工费与机械费之和为 1800 元，其他项目费为 35000 元，其中人工费与机械费之和为 2000 元。

应计取的安全文明施工费费率为 5.39%，其他总价措施项目费费率为 0.6%，规费费率为10.15%，应计取增值税税率为 9%（调整后的现阶段增值税税率），求施工企业在工程量清单计价模式下的该工程投标报价。

解　根据题意计算，计算方法和结果见表 4-5。

表 4-5　计算表

序号	费用项目	计算方法	金额/元
1	分部分项工程费	∑（分部分项工程费）	520000
1.1	其中：人工费与机械费之和		115000
2	单价措施项目费	∑（单价措施项目费）	8000
2.1	其中：人工费与机械费之和		1800
3	总价措施项目费	3.1+3.2	6997
3.1	安全文明施工费	（1.1+2.1）×5.39%	6296
3.2	其他总价措施项目费	（1.1+2.1）×0.60%	701
4	其他项目费	∑（其他项目费）	35000
4.1	其中：人工费与机械费之和		2000
5	规费	（1.1+2.1+4.1）×10.15%	12058
6	增值税	（1+2+3+4+5）×9%	52385
7	含税工程造价	1+2+3+4+5+6	634440

第三节　定额计价

一、说明

（1）以湖北省为例，定额计价是以全费用基价表中的全费用为基础，依据《湖北省建筑安装工程费用定额（2018 版）》计算工程造价。

（2）材料市场价格是指发、承包人双方认定的价格，也可以是当地建设工程造价管理机构发布的市场信息价格。双方应在相关文件上约定。

（3）人工发布价、材料市场价格、机械台班价格进入全费用。

（4）包工不包料工程、计时工按定额计算出的人工费的 25% 计取综合费用。综合费用包括总价措施项目费、企业管理费、利润和规费。施工用的特殊工具，如手推车等，由发包人解决。综合费用中不包括税金，由总包单位统一支付。

（5）总承包服务费和以费用形式表示的索赔与现场签证费均不含增值税。

（6）二次搬运费按施工组织设计计取。

二、计算程序

定额计价程序见表 4-6。

表 4-6　定额计价程序表

序号	费用项目		计算方法
1	分部分项工程费和单价措施项目费		1.1+1.2+1.3+1.4+1.5
1.1	其中	人工费	∑（人工费）
1.2		材料费	∑（材料费）
1.3		施工机具使用费	∑（施工机具使用费）
1.4		费用	∑（费用）
1.5		增值税	∑（增值税）
2	其他项目费		2.1+2.2+2.3
2.1	总包服务费		项目价值 × 费率
2.2	索赔与现场签证费		∑（价格 × 数量）/∑ 费用
2.3	增值税		（2.1+2.2）× 税率
3	含税工程造价		1+2

【例 4-2】 已知某会议室装饰工程，投标方根据招标文件报价，分部分项工程费为500000 元，单项措施项目费为 120000 元，总承包服务费为 8000 元，应计取增值税税率为 9%（调整后的现阶段增值税税率）。计算施工企业在定额计价模式下的该工程投标报价。

解　根据题意计算，计算方法和结果见表 4-7。

表 4-7　计算表

序号	费用项目	计算方法	金额 / 元
1	分部分项工程费和单价措施项目费	1.1+1.2	620000
1.1	分部分项工程费		500000
1.2	单价措施项目费		120000

续表

序号	费用项目	计算方法	金额／元
2	其他项目费	∑（其他项目费）	8720
2.1	总承包服务费		8000
2.2	增值税	(2.1)×9%	720
3	含税工程造价	1+2	628720

第四节 全费用基价表清单计价

一、说明

（1）工程造价计价活动中，可以根据需要选择全费用清单计价方式。全费用计价依据表 4-8 ～表 4-10 的计算程序，需要明示相关费用的，可根据全费用基价表中的人工费、材料费、施工机具使用费和《湖北省建筑安装工程费用定额（2018 版）》的费率进行计算。

（2）选择全费用清单计价方式，可根据投标文件或实际的需求，修改或重新设计适合全费用清单计价方式的工程量清单计价表格。

（3）暂列金额、专业工程暂估价、结算价和以费用形式表示的索赔与现场签证费均不含增值税。

二、计算程序

表 4-8　全费用基价表清单计价模式下综合单价计算程序表　　　　二维码4.2

序号	费用名称	计算方法
1	人工费	∑（人工费）
2	材料费	∑（材料费）
3	施工机具使用费	∑（施工机具使用费）
4	费用	∑（费用）
5	增值税	∑（增值税）
6	综合单价	1+2+3+4+5

表 4-9　全费用基价表清单计价模式下其他项目费计算程序表

序号	费用名称	计算方法
1	暂列金额	按招标文件
2	专业工程暂估价	按招标文件
3	计日工	3.1+3.2+3.3+3.4

续表

序号	费用名称		计算方法
3.1	其中	人工费	$\sum$（人工单价 × 暂定数量）
3.2		材料费	$\sum$（材料价格 × 暂定数量）
3.3		施工机具使用费	$\sum$（机械台班价格 × 暂定数量）
3.4		费用	（3.1+3.3）× 费率
4	总承包服务费		4.1+4.2
4.1	其中	发包人发包专业工程	$\sum$（项目价值 × 费率）
4.2		发包人提供材料	$\sum$（材料价值 × 费率）
5	索赔与现场签证费		$\sum$（价格 × 数量）/$\sum$ 费用
6	增值税		（1+2+3+4+5）× 税率
7	其他项目费		1+2+3+4+5+6

注：3.4 中费用包含企业管理费、利润、规费。

表 4-10　全费用基价表清单计价模式下单位工程造价计算程序表

序号	费用项目	计算方法
1	分部分项工程费和单价措施项目费	$\sum$（全费用单价 × 工程量）
2	其他项目费	$\sum$（其他项目费）
3	单位工程造价	1+2

【例 4-3】 某办公楼装饰工程，投标方根据招标文件报价，依据全费用单价计算的分部分项工程费 2322 万元，单价措施项目费 65 万元，暂列金额按 85 万元计取，门窗工程暂估价 52 万元分包给某门窗供应商，专业工程分包管理费费率按 1.5% 计取，甲方自行采购材料价值 38 万元，甲供材管理按 1% 计取，计日工 8 万元。计算施工企业在全费用基价表清单计价模式下的该工程投标报价。

解　根据题意计算，计算方法和结果见表 4-11。

表 4-11　计算表

序号	费用项目	计算方法	金额 / 万元
1	分部分项工程费和单价措施项目费	1.1+1.2	2387
1.1	分部分项工程费		2322
1.2	单价措施项目费		65
2	其他项目费	2.1+2.2+2.3+2.4	146.16
2.1	暂列金额		85
2.2	暂估价		52

续表

序号	费用项目	计算方法	金额/万元
2.3	计日工		8
2.4	总承包服务费	2.4.1+2.4.2	1.16
2.4.1	专业工程分包管理费	52万元×1.5%	0.78
2.4.2	甲供材管理费	38万元×1%	0.38
3	单位工程造价	1+2	2533.16

 小结

　　装饰工程费用由分部分项工程费、措施项目费、其他项目费、规费、税金组成。分部分项工程费、措施项目费、其他项目费包含人工费、材料费（含工程设备）、施工机具使用费、企业管理费和利润。

　　分部分项工程费是指各专业工程的分部分项工程应予列支的各项费用。

分部分项工程费 = Σ（分部分项工程量 × 相应分部分项综合单价）

　　措施项目费指为完成建设工程施工，发生于该工程施工前和施工过程中的技术、生活、安全、环境保护等方面的费用。措施项目费分为总价措施项目费和单价措施项目费。

措施项目费 = Σ（各措施项目费）

其他项目费 = 暂列金额 + 暂估价 + 计日工 + 总承包服务费

　　规费是指按国家法律、法规规定，由省级政府和省级有关权力部门规定必须缴纳或计取的费用。内容包括社会保险费、住房公积金、工程排污费。

　　税金是指国家税法规定的应计入建筑安装工程造价内的增值税。增值税的计税方法分为一般计税法和简易计税法。

　　招标工程量清单指招标人依据国家标准、招标文件、设计文件以及施工现场的实际情况编制的，随招标文件发布供投标报价的载明建设工程分部分项工程项目、措施项目、其他项目的名称和相应数量等内容的明细清单。

　　工程量清单计价指投标人结合企业自身的实际技术水平和管理水平，完成招标人提供的招标工程量清单所需的能体现的全部费用。

　　以湖北省为例，定额计价、全费用基价表清单计价都是以全费用基价表中的全费用为基础，依据《湖北省建筑安装工程费用定额（2018版）》计算工程造价。

职业资格考试真题（单选题）精选

　　1.（2021年注册造价工程师考试真题）生产性建设项目工程费用为15000万元，设备费用为5000万元，工程建设其他费用为3000万元，预备费为1000万元，建设期利息为1000万元，铺底流动资金为500万元，则该项目的工程造价为（　　）万元。

A. 19000   B. 20000   C. 20500   D. 25000

2.（2021 年注册造价工程师考试真题）投标人投标时要仔细研究招标文件，忽视以下做法将影响投标文件的完整性的是（　　）。

A. 忽视监理作用   B. 忽视合同条款中工程变更的规定

C. 忽视合同条款中工期奖罚   D. 忽视技术标准的要点

3.（2020 年注册造价工程师考试真题）关于最高投标限价的编制，下列说法正确的是（　　）。

A. 国有企业的建设工程招标可以不编制最高投标限价

B. 对招标文件中可以不公开最高投标限价

C. 最高投标限价与标底的本质是相同的

D. 政府投资的建设工程招标时，应设最高投标限价

4.（2020 年注册造价工程师考试真题）投标人在编制建设工程投标报价时，下列事项中应重点关注的是（　　）。

A. 施工现场市政设施条件   B. 商业经理的业务能力

C. 投标人的组织架构   D. 暂列金额的准确性

5.（2019 年注册造价工程师考试真题）在工程量清单计价中，关于暂估价，下列说法正确的是（　　）。

A. 材料设备暂估价是指用于尚未确定或不可预见的材料、设备采购的费用

B. 纳入分部分项工程项目清单综合单价中的材料暂估价包括暂估单价及数量

C. 专业工程暂估价与分部分项工程综合单价在费用构成方面应保持一致

D. 专业工程暂估价由投标人自主报价

6.（2019 年注册造价工程师考试真题）投标报价时，投标人需严格按照招标人所列项目明细进行自主报价的是（　　）。

A. 总价措施项目   B. 专业工程暂估价

C. 计日工   D. 规费

能力训练题

一、填空题

1. 分部分项工程费是指各专业工程的分部分项工程应予列支的各项费用。

$$ 分部分项工程费 = \sum (\underline{\qquad} \times \underline{\qquad}) $$

2. 措施项目费指为完成建设工程施工，发生于该工程施工前和施工过程中的技术、生活、安全、环境保护等方面的费用。措施项目费分为＿＿＿＿＿和＿＿＿＿＿。

3. 增值税的计税方法分为＿＿＿＿＿和＿＿＿＿＿。

4. ＿＿＿＿＿指招标人依据国家标准、招标文件、设计文件以及施工现场的实际情况编制的，随招标文件发布供投标报价的载明建设工程分部分项工程项目、措施项目、其他项目的名称和相应数量等内容的明细清单。

5. 工程量清单计价模式下综合单价包括＿＿＿＿＿、＿＿＿＿＿、＿＿＿＿＿和＿＿＿＿＿、＿＿＿＿＿以及一定范围内的风险费用。

6. 全费用基价表清单计价模式下综合单价由＿＿＿＿＿、＿＿＿＿＿、＿＿＿＿＿、＿＿＿＿＿和增值税组成。

二、问答题

1. 什么是分部分项工程费、措施项目费、其他项目费、规费、税金？包括哪些内容？如何计算？

2. 什么是工程量清单计价？由哪几部分组成？与传统的定额计价有何区别？

3. 什么是全费用基价表清单计价？由哪几部分组成？与工程量清单计价有何区别？

三、计算题

1. 已知某会议室装饰工程分部分项工程费为 62000 元，其中：人工费与施工机具使用费之和为 15000 元；措施项目费合计为 3200 元，其中：人工费与施工机具使用费之和为 580 元；其他项目清单计价合计为 2000 元，其中：人工费与施工机具使用费之和为 320 元。规费费率为 10.15%，增值税税率为 9%。试求清单计价模式下该工程含税工程造价。

2. 某办公楼装饰工程，依据全费用单价计算的分部分项工程费 3085 万元，单价措施项目费 68 万元，暂列金额按 78 万元计取，门窗工程暂估价 50 万元分包给某门窗供应商，总承包服务费率按 1.5% 计取，甲方自行采购材料价值 29 万元，甲供材管理按 1% 计取，计日工 10 万元。试求全费用基价表清单计价模式下该工程含税工程造价。

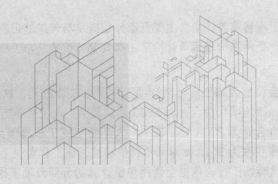

第五章
装饰工程定额
工程量计算

 知识目标

- 了解工程量的概念和作用，熟悉工程量的计算原则和方法，掌握工程量的计算步骤；
- 熟悉楼地面等各分部工程的定额组成；
- 掌握楼地面等各分部工程的定额工程量计算方法。

 能力目标

- 能够理解工程量的计算原则和方法，掌握工程量的计算步骤；
- 能够熟练地计算楼地面等各分部工程的定额工程量。

 素质目标

- 理解企业是市场经济活动的主要参与者，尊重价值规律，关注国家颁布的关于工程造价改革的相关政策。

第一节　装饰工程量概述

一、装饰工程量的概念

装饰工程量是以物理计量单位或自然计量单位表示的各分项工程或结构构件的实物数量。

物理计量单位是指须经量度的具有物理属性的单位，如立方米、平方米、米、吨等。当物体的长、宽、高三个方向的尺寸都不固定时，常用立方米（m^3）作为计量单位，如土方、混凝土、砌体等分项工程量的单位。当物体的长、宽、高中有一个尺寸能固定，另两个经常发生变化时，常用平方米（m^2）作为计量单位，如楼地面、内墙抹灰、外墙贴面等。当物体的长、宽、高中有两个尺寸能固定，即物体有一定的截面形状，另一个方向的尺寸经常发生变化时，常采用米（m）作为计量单位，如楼梯、栏杆扶手等。当物体体积变化不大，质量差异较大时，常用吨（t）为计量单位。无法以物理单位计量的具有自然属性的单位，如个、台、套、组等自然计量单位。

二、装饰工程量的作用

计算装饰工程量是计算装饰工程造价的首要工作，也是施工企业安排施工作业计划、组织材料、构配件等物资的供应，进行财务管理和成本核算的依据。工程量计算的快慢和准确程度，将直接影响工程计价的速度和质量。

三、装饰工程量计算的原则与方法

（一）装饰工程量计算的原则

在工程量计算过程中，为了防止错算、漏算和重算，应遵循下列原则。

1. 工程量计算应与预算定额一致

（1）计算口径要一致　计算工程量时，根据施工图列出的分项工程所包括的工作内容和范围，必须与所套预算定额中相应分项工程的口径一致。有些项目内容单一，一般不会出错，有些项目综合了几项内容，则应加以注意。例如楼地面卷材防水项目中，已包括了刷冷底子油一遍的工作内容，计算工程量时，就不能再列刷冷底子油的项目。

（2）计量单位要一致　计算工程量时，所采用的单位必须与定额相应项目中的计量单位一致。而且定额中有些计量单位常为普通计量单位的整倍数，如 $10m$、$10m^2$、$10m^3$ 等，计算时还应注意计量单位的换算。

（3）计算规则与定额规定一致　预算定额的各分部都列有工程量计算规则，计算中必须严格遵循这些规则，才能保证工程量的准确性。例如楼地面整体面层按主墙间净空面积计算，而块料面积按饰面的实铺面积计算。

2. 工程量计算必须与设计图纸相一致

设计图纸是计算工程量的依据，工程量计算项目应与图纸规定的内容保持一致，不得随意修改内容去高套或低套定额。

3. 工程量计算必须准确

在计算工程量时，必须严格按照图纸所示尺寸计算，不得任意加大或缩小。如不能以轴线长作为内墙净长。各种数据在工程量计算过程中一般保留三位小数，计算结果通常保留两位小数，以保证计算的精度。

（二）装饰工程量计算的方法

装饰工程的分项繁多，少则几十个分项，多则几百个，甚至更多些，而且很多分项类同，相互交叉。如果不按科学的顺序进行计算，就有可能出现漏算或重复计算工程量的情况。因此计算工程量必须按一定顺序进行，以免差错。常用的计算顺序有以下几种。

（1）按装饰工程预算定额分部分项顺序计算　一般装饰工程分部分项顺序为：楼地面工程、墙柱面工程、幕墙工程、天棚工程、油漆工程、其他装饰工程、拆除工程以及措施项目等分部，再按一定的顺序列工程分项子目。

（2）从下到上逐层计算　对不同楼层来说，可先底层后上层。对同一楼层或同一房间来说，可以先楼地面，再墙柱面，后顶棚；先主要，后次要。对室内外装饰，可先室内后室外，按一定次序计算。

（3）按顺时针顺序计算　在一个平面上，先从平面图的左上角开始，按顺时针方向自左向右，由上而下逐步计算，环绕一周后再回到起始点。这一方法适用于楼地面、墙柱面、踢脚线、顶棚等。

（4）按先横后竖计算　这种方法是依据图纸，按先横后竖，先上后下，先左后右依次计算工程量。这种方法适用于计算内墙或隔墙装饰，先计算横向墙，从上而下进行，同一横线上的，按先左后右，横向计算完后再计算竖向，同一竖线上的按先上后下，然后自左而右地直至计算完毕。

（5）按构件编号顺序计算　此法是按图纸所标各构件、配件的编号顺序进行计算。例如，门窗、内墙装饰立面等均可按其编号顺序逐一计算。

运用以上各种方法计算工程量，应结合工程大小、复杂程度以及个人经验，灵活掌握、综合运用，以使计算全面、快速、准确。

四、装饰工程量计算的步骤

1. 收集相关基础资料

相关基础资料主要包括经过交底会审后的施工图纸、施工组织设计、国家和地区主管部门颁发的装饰工程预算定额、市场信息价、预算工作手册、标准图集、工程施工合同和现场情况等资料。

2. 审核施工图纸

施工图纸是计算工程量的主要依据。造价人员在计算工程量之前应充分、全面地审核施工图纸，了解设计意图，掌握工程全貌，这是准确、迅速地计算工程量的关键。只有对设计图纸进行全面详细的了解，并结合预算定额项目划分原则正确全面地分析该工程中各分部分项工程，才能准确无误地对工程项目进行划分，以保证计算出准确的工程量。

3. 熟悉施工组织设计

施工组织设计是承包商根据施工图纸、组织施工的基本原则、现场的实际情况等资料编制的，用以指导拟建工程施工过程中各项活动的综合性文件。它具体规定了拟建工程各分项工程的施工方法、施工进度和技术组织措施等。因此，计算装饰工程量前应熟悉施工组织设计中影响工程造价的有关内容，严格按照施工组织设计所确定的施工方法和技术组织措施等要求，准确计算工程量，反映工程的客观实际。

4. 熟悉预算定额

预算定额是计算装饰工程量的主要依据之一，因此在计算工程量之前，熟悉装饰工程预算定额的内容，是结合施工图纸迅速、准确地确定工程项目和计算工程量的根本保证。

5. 确定工程量的计算项目

在装饰工程量计算的步骤中，准确完成项目划分可使工程量计算有条不紊，避免漏项和重项。对装饰工程的分部及分项工程相应子目进行列项，可按照下列步骤进行。

（1）认真阅读工程施工图纸，了解施工方案、施工条件及建筑用料说明，参照预算定额，先列出各分部工程的名称，再列出分项工程的名称，最后逐个列出与该工程相关的定额子目名称。

（2）确定分部工程名称。一般装饰工程包括楼地面工程、墙柱面工程、幕墙工程、天棚工程、油漆工程、其他装饰工程、拆除工程以及措施项目等分部工程。

（3）确定分项工程名称。分项工程名称的确定需要根据具体的施工图纸来进行，不同的工程其分项工程也不同。例如，有的工程在楼地面工程中会列出垫层、找平层和整体面层等分项工程；有的工程在楼地面工程中会列出垫层、找平层、块料面层等分项工程。

（4）确定定额子目。根据具体的施工图纸中各分项工程所用材料种类、规格及使用机械的不同情况，对照定额在各分项工程中列出具体的相关定额子目。例如，在墙面工程中的块料面层分项工程中，根据材料的种类进行划分有石材、陶瓷锦砖等定额子目；根据施工工艺进行划分有干挂、粘贴、挂贴等定额子目。

（5）通常情况下列项的方法，按照对施工过程与定额的熟悉程度一般可分为以下两种。

a. 如果对施工过程和定额只是一般了解，根据图纸按分部工程和分项工程的顺序，逐个按照定额子目的编号顺序查找列出定额子目。若施工图纸中有该内容，则按照定额子目名称列出；若施工图中无该内容，则不列。

b. 如果对施工过程和定额非常熟悉，根据图纸按照工程施工过程，对应列出发生的定额子目，即从工程开工到工程竣工，每发生一定施工内容对应列出一个定额子目。

（6）特殊情况下列项的方法。

a. 如果施工图中涉及的内容与定额子目内容不一致，在定额规定允许的情况下，应列出一个调整子目的名称。在这种情况下，在调整的定额子目编号前应加一个"换"字。

b. 如果施工图中设计的内容在定额上根本就没有相关的类似子目，可按当地颁发的有关补充定额来列子目。若当地也无该补充定额，则应按照造价管理部门有关规定制定补充定额，并须经管理部门批准。在这种情况下，在该定额子目编号前应加一个"补"字。

6. 计算工程量

确定分部分项定额子目名称，经检查无误后，便可以此为主线进行相关工程量的计算。计算工程量的具体原则与方法见前述内容。

7. 工程量汇总

各分项工程量计算完毕后并经仔细复核无误后，应根据预算定额的内容，按分部分项工程的顺序逐项汇总并整理，避免工程量的遗漏或重复，为套用预算定额、计算装饰工程造价做好充分准备。

第二节　建筑面积计算规则

一、建筑面积的概念

建筑面积是指建筑物（包括墙体）所形成的楼地面面积。建筑面积包括使用面积、辅助

二维码5.1

面积和结构面积。

1. 使用面积

使用面积是指建筑物各层平面布置中可直接为生产或生活使用的净面积总和，在民用建筑中亦称"居住面积"。例如，住宅建筑中的起居室、客厅、书房、卫生间、厨房及储藏室等都属于使用面积。

2. 辅助面积

辅助面积是指建筑物各层平面布置中为辅助生产或生活所必需的净面积总和，例如建筑物中的楼梯、走道、电梯间、杂物间等。

3. 结构面积

结构面积指建筑物各层平面中的墙、柱等结构所占面积之和。

二、建筑面积的作用

建筑面积的计算是工程计量的最基础工作，它在工程建设中起着非常重要的作用。首先，在工程建设的众多技术经济指标中，大多以建筑面积为基数，它是核定估算、概算、预算工程造价的一个重要基础数据，是计算和确定工程造价，并分析工程造价和工程设计合理性的一个基础指标。其次，建筑面积是国家进行建设工程数据统计、固定资产宏观调控的重要指标；同时，建筑面积还是房地产交易、工程承发包交易、建筑工程有关运营费用核定等的一个关键指标。

因此，建筑面积的计算不仅是工程计价的需要，也在加强建设工程科学管理等方面起着非常重要的作用。

三、建筑面积计算规则及举例

《建筑工程建筑面积计算规范》（GB/T 50353—2013）对建筑工程建筑面积的计算做了具体的规定和要求，具体包括以下内容。

1. 计算建筑面积的规定

（1）建筑物的建筑面积应按自然层外墙结构外围水平面积之和计算。结构层高在 2.20m 及以上的，应计算全面积；结构层高在 2.20m 以下的，应计算 1/2 面积。

理解此项条款时应注意：

① 自然层是指按楼地面结构分层的楼层。

② 结构层高是指楼面或地面结构层上表面至上部结构层上表面之间的垂直距离。

（2）建筑物内设有局部楼层时，对于局部楼层的二层及以上楼层，有围护结构的应按其围护结构外围水平面积计算，无围护结构的应按其结构底板水平面积计算，且结构层高在 2.20m 及以上的，应计算全面积；结构层高在 2.20m 以下的，应计算 1/2 面积。建筑物局部楼层如图 5-1 所示。

理解此项条款时应注意：围护结构是指围合建筑空间的墙体、门、窗。

（3）对于形成建筑空间的坡屋顶，结构净高在 2.10m 及以上的部位应计算全面积；结构净高在 1.20m 及以上至 2.10m 以下的部位应计算 1/2 面积；结构净高在 1.20m 以下的

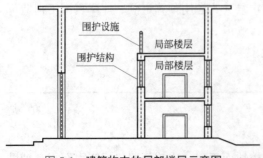

图 5-1　建筑物内的局部楼层示意图

部位不应计算建筑面积。

理解此项条款时应注意：

① 建筑空间是指以建筑界面限定的，供人们生活和活动的场所。具备可出入、可利用条件（设计中可能标明了使用用途，也可能没有标明使用用途或使用用途不明确）的围合空间，均属于建筑空间。

② 结构净高是指楼面或地面结构层上表面至上部结构层下表面之间的垂直距离。

【例 5-1】 求图 5-2 所示的建筑面积。

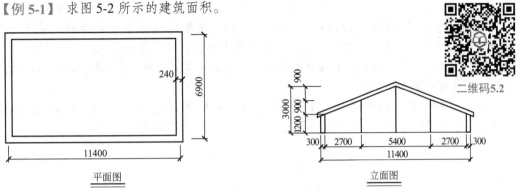

二维码5.2

平面图   立面图

图 5-2　建筑物坡屋顶示意图

解　$S=5.4\times(6.9+0.24)+2.7\times(6.9+0.24)\times0.5\times2=57.83（m^2）$

（4）对于场馆看台下的建筑空间，结构净高在 2.10m 及以上的部位应计算全面积；结构净高在 1.20m 及以上至 2.10m 以下的部位应计算 1/2 面积；结构净高在 1.20m 以下的部位不应计算建筑面积。室内单独设置的有围护设施的悬挑看台，应按看台结构底板水平投影面积计算建筑面积。有顶盖无围护结构的场馆看台应按其顶盖水平投影面积的 1/2 计算面积。

理解此项条款时应注意：

① 场馆看台下的建筑空间因其上部结构多为斜板，所以采用净高的尺寸划定建筑面积的计算范围和对应规则。

② 室内单独设置的有围护设施的悬挑看台，因其看台上部设有顶盖且可供人使用，所以按看台板的结构底板水平投影计算建筑面积。

③ "有顶盖无围护结构的场馆看台"所称的"场馆"为专业术语，指各种"场"类建筑，如：体育场、足球场、网球场、带看台的风雨操场等。

【例 5-2】 求图 5-3 利用的建筑物场馆看台下的建筑面积。

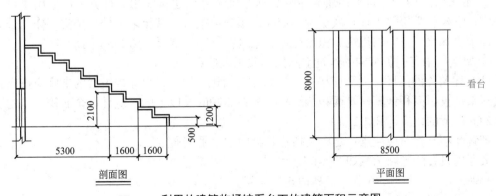

剖面图   平面图

图 5-3　利用的建筑物场馆看台下的建筑面积示意图

解　$S=8\times(5.3+1.6\times0.5)=48.8$（$m^2$）

（5）地下室、半地下室应按其结构外围水平面积计算。结构层高在 2.20m 及以上的，应计算全面积；结构层高在 2.20m 以下的，应计算 1/2 面积。

理解此项条款时应注意：

① 地下室是指室内地平面低于室外地平面的高度超过室内净高的 1/2 的房间。

② 半地下室是指室内地平面低于室外地平面的高度超过室内净高的 1/3，且不超过 1/2 的房间。

③ 地下室作为设备、管道层按下文第（26）项执行；地下室的各种竖向井道按下文第（19）项执行；地下室的围护结构不垂直于水平面的按下文第（18）项规定执行。

（6）出入口外墙外侧坡道有顶盖的部位，应按其外墙结构外围水平面积的 1/2 计算面积。

理解此项条款时应注意：

① 出入口坡道分有顶盖出入口坡道和无顶盖出入口坡道，出入口坡道顶盖的挑出长度，为顶盖结构外边线至外墙结构外边线的长度。地下室出入口如图 5-4 所示。

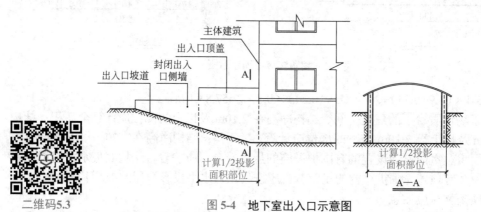

二维码5.3　　　　　　　　图 5-4　地下室出入口示意图

② 顶盖以设计图纸为准，对后增加及建设单位自行增加的顶盖等，不计算建筑面积。

③ 顶盖不分材料种类（如钢筋混凝土顶盖、彩钢板顶盖、阳光板顶盖等）。

（7）建筑物架空层及坡地建筑物吊脚架空层，应按其顶板水平投影计算建筑面积。结构层高在 2.20m 及以上的，应计算全面积；结构层高在 2.20m 以下的，应计算 1/2 面积。

理解此项条款时应注意：

① 架空层是指仅有结构支撑而无外围护结构的开敞空间层。

② 本条既适用于建筑物吊脚架空层、深基础架空层建筑面积的计算，也适用于目前部分住宅、学校教学楼等工程在底层架空或在二楼或以上某个甚至多个楼层架空，作为公共活动、停车、绿化等空间的建筑面积的计算。建筑物吊脚架空层如图 5-5 所示。

③ 架空层中有围护结构的建筑空间按相关规定计算。

（8）建筑物的门厅、大厅应按一层计算建筑面积，门厅、大厅内设置的走廊应按走廊结构底板水平投影面积计算建筑面积。结构层高在 2.20m 及以上的，应计算全面积；结构层高在 2.20m 以下的，应计算 1/2 面积。

理解此项条款时应注意：走廊是指建筑物中的水平交通空间。

大厅内设置的走廊示意如图 5-6 所示。

【例 5-3】 求如图 5-6 所示回廊的建筑面积。

解　若层高不小于 2.20m，则回廊面积为：

$$S=(15-0.24)×1.6×2+(10-0.24-1.6×2)×1.6×2=68.22（m^2）$$

若层高小于2.20m，则回廊面积为：

$$S=[(15-0.24)×1.6×2+(10-0.24-1.6×2)×1.6×2]×0.5=34.11（m^2）$$

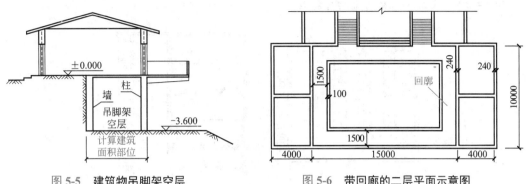

图5-5 建筑物吊脚架空层

图5-6 带回廊的二层平面示意图

（9）对于建筑物间的架空走廊，有顶盖和围护设施的，应按其围护结构外围水平面积计算全面积；无围护结构、有围护设施的，应按其结构底板水平投影面积计算1/2面积。

理解此项条款时应注意：架空走廊是指专门设置在建筑物的二层或二层以上，作为不同建筑物之间水平交通的空间。

无围护结构的架空走廊如图5-7（a）所示，有围护结构的架空走廊如图5-7（b）所示。

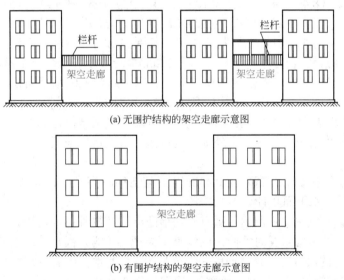

(a) 无围护结构的架空走廊示意图

(b) 有围护结构的架空走廊示意图

图5-7 架空走廊示意图

（10）对于立体书库、立体仓库、立体车库，有围护结构的，应按其围护结构外围水平面积计算建筑面积；无围护结构、有围护设施的，应按其结构底板水平投影面积计算建筑面积。无结构层的应按一层计算，有结构层的应按其结构层面积分别计算。结构层高在2.20m及以上的，应计算全面积；结构层高在2.20m以下的，应计算1/2面积。

理解此项条款时应注意：

① 结构层是指整体结构体系中承重的楼板层，包括板、梁等构件。结构层承受整个楼层的全部荷载，并对楼层的隔声、防火等起主要作用。

② 本条主要规定了图书馆中的立体书库、仓储中心的立体仓库、大型停车场的立体车库等建筑的建筑面积计算规定。起局部分隔、存储等作用的书架层、货架层或可升降的立体钢结构停车层均不属于结构层，故该部分分层不计算建筑面积。

【例5-4】 求如图5-8所示书库建筑面积。

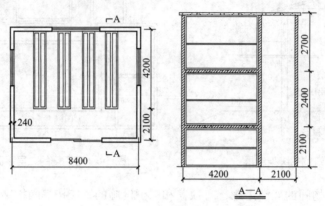

图5-8 书库示意图

解 图5-8所示书库4.2m部分有结构层3层，每层结构层有2层书架层，故4.2m部分应按3层计算其建筑面积，且第一层层高小于2.2m，所以应按一半计算建筑面积。

$$S=(8.4+0.24)\times(2.1+0.12)+(8.4+0.24)\times(4.2+0.12)\times0.5+$$
$$(8.4+0.24)\times(4.2+0.12)\times2=112.49（m^2）$$

（11）有围护结构的舞台灯光控制室，应按其围护结构外围水平面积计算。结构层高在2.20m及以上的，应计算全面积；结构层高在2.20m以下的，应计算1/2面积。

（12）附属在建筑物外墙的落地橱窗，应按其围护结构外围水平面积计算。结构层高在2.20m及以上的，应计算全面积；结构层高在2.20m以下的，应计算1/2面积。

理解此项条款时应注意：落地橱窗是指突出外墙面且根基落地的橱窗，一般是在商业建筑临街面设置的下槛落地、可落在室外地坪也可落在室内首层地板，用来展览各种样品的玻璃窗。

（13）窗台与室内楼地面高差在0.45m以下且结构净高在2.10m及以上的凸（飘）窗，应按其围护结构外围水平面积计算1/2面积。

理解此项条款时应注意：凸窗（飘窗）是指凸出建筑物外墙面的窗户。凸窗（飘窗）既作为窗，就有别于楼（地）板的延伸，也就是不能把楼（地）板延伸出去的窗称为凸窗（飘窗）。凸窗（飘窗）的窗台应只是墙面的一部分且距（楼）地面应有一定的高度。

（14）有围护设施的室外走廊（挑廊），应按其结构底板水平投影面积计算1/2面积；有围护设施（或柱）的檐廊，应按其围护设施（或柱）外围水平面积计算1/2面积。

理解此项条款时应注意：

① 檐廊是指建筑物挑檐下的水平交通空间，如图5-9所示。它是附属于建筑物底层外墙有屋檐作为顶盖，其下部一般有柱或栏杆、栏板等的水平交通空间。

② 挑廊是指挑出建筑物外墙的水平交通空间。

（15）门斗应按其围护结构外围水平面积计算建筑面积，且结构层高在2.20m及以上的，应计算全面积；结构层高在2.20m以下的，应计算1/2面积。

理解此项条款时应注意：门斗是指建筑物入口处两道门之间的空间，如图5-10所示。

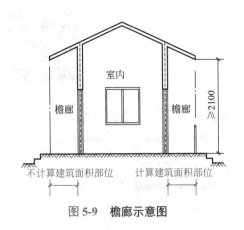

图 5-9　檐廊示意图

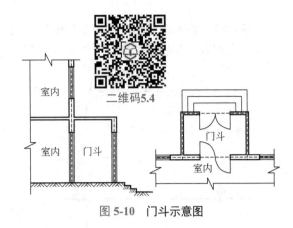

二维码5.4

图 5-10　门斗示意图

（16）门廊应按其顶板的水平投影面积的 1/2 计算建筑面积；有柱雨篷应按其结构板水平投影面积的 1/2 计算建筑面积；无柱雨篷的结构外边线至外墙结构外边线的宽度在 2.10m 及以上的，应按雨篷结构板的水平投影面积的 1/2 计算建筑面积。

理解此项条款时应注意：

① 门廊是指建筑物入口前有顶棚的半围合空间。它是在建筑物出入口，无门、三面或二面有墙，上部有板（或借用上部楼板）围护的部位。

② 雨篷是指建筑出入口上方为遮挡雨水而设置的部件。它是位于建筑物出入口上方、凸出墙面、为遮挡雨水而单独设立的建筑部件。

③ 雨篷划分为有柱雨篷（包括独立柱雨篷、多柱雨篷、柱墙混合支撑雨篷、墙支撑雨篷）和无柱雨篷（悬挑雨篷）。

④ 如凸出建筑物，且不单独设立顶盖，利用上层结构板（如楼板、阳台底板）进行遮挡，则不视为雨篷，不计算建筑面积。

⑤ 对于无柱雨篷，如顶盖高度达到或超过两个楼层时，也不视为雨篷，不计算建筑面积。

⑥ 有柱雨篷，没有出挑宽度的限制，也不受跨越层数的限制，均计算建筑面积。无柱雨篷，其结构板不能跨层，并受出挑宽度的限制，设计出挑宽度大于或等于 2.10m 时才计算建筑面积。出挑宽度，系指雨篷结构外边线至外墙结构外边线的宽度，弧形或异形时，取最大宽度。

（17）设在建筑物顶部的、有围护结构的楼梯间、水箱间、电梯机房等，结构层高在 2.20m 及以上的应计算全面积；结构层高在 2.20m 以下的，应计算 1/2 面积。

（18）围护结构不垂直于水平面的楼层，应按其底板面的外墙外围水平面积计算。结构净高在 2.10m 及以上的部位，应计算全面积；结构净高在 1.20m 及以上至 2.10m 以下的部位，应计算 1/2 面积；结构净高在 1.20m 以下的部位，不应计算建筑面积。

理解此项条款时应注意：

本条款对于向内、向外倾斜均适用。由于目前很多建筑设计追求新、奇、特，造型越来越复杂，很多时候根本无法明确区分什么是围护结构、什么是屋顶，因此对于斜围护结构与斜屋顶采用相同的计算规则，即只要外壳倾斜，就按结构净高划段，分别计算建筑面积。斜围护结构如图 5-11 所示。

（19）建筑物的室内楼梯、电梯井、提物井、管道井、通风排气竖井、烟道，应并入建筑物的自然层计算建筑面积。有顶盖的采光井应按一层计算面积，且结构净高在 2.10m 及以上的，应计算全面积；结构净高在 2.10m 以下的，应计算 1/2 面积。

室内电梯井、垃圾道剖面示意图如图 5-12 所示。

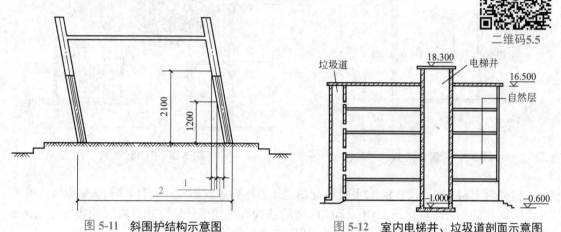

图 5-11　斜围护结构示意图

1—计算 1/2 建筑面积部位；2—不计算建筑面积部位

图 5-12　室内电梯井、垃圾道剖面示意图

理解此项条款时应注意：

① 建筑物的楼梯间层数按建筑物的层数计算。

② 有顶盖的采光井包括建筑物中的采光井和地下室采光井。地下室采光井示意图如图 5-13 所示。

（20）室外楼梯应并入所依附建筑物自然层，并应按其水平投影面积的 1/2 计算建筑面积。

理解此项条款时应注意：

① 室外楼梯作为连接该建筑物层与层之间交通不可缺少的基本部件，无论从其功能、还是工程计价的要求来说，均需计算建筑面积。

② 层数为室外楼梯所依附的楼层数，即梯段部分投影到建筑物范围的层数。利用室外楼梯下部的建筑空间不得重复计算建筑面积。

③ 利用地势砌筑的为室外踏步，不计算建筑面积。

【例 5-5】 某三层建筑物室外楼梯如图 5-14 所示，求室外楼梯的建筑面积。

解　$S=(4-0.12)\times6.8\times0.5\times2=26.38$（m²）

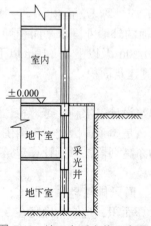

图 5-13　地下室采光井示意图

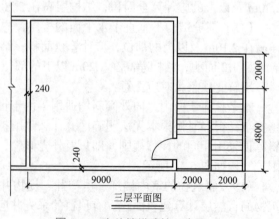

三层平面图

图 5-14　室外楼梯建筑示意图

（21）在主体结构内的阳台，应按其结构外围水平面积计算全面积；在主体结构外的阳台，应按其结构底板水平投影面积计算 1/2 面积。

理解此项条款时应注意：

① 阳台是指附设于建筑物外墙，设有栏杆或栏板，可供人活动的室外空间。

② 主体结构是指接受、承担和传递建设工程所有上部荷载，维持上部结构整体性、稳定性和安全性的有机联系的构造。

【例 5-6】 求图 5-15 某层建筑物阳台的建筑面积。

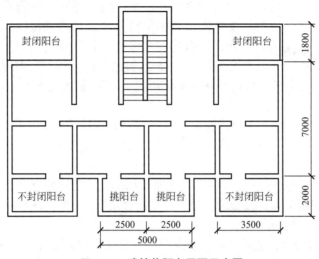

图 5-15　建筑物阳台平面示意图

解　$S=(3.5+0.24)\times(2-0.12)\times0.5\times2+3.5\times(1.8-0.12)\times0.5\times2+(5+0.24)\times$
$(2-0.12)\times0.5=17.84$（m²）

（22）有顶盖无围护结构的车棚、货棚、站台、加油站、收费站等，应按其顶盖水平投影面积的 1/2 计算建筑面积。

（23）以幕墙作为围护结构的建筑物，应按幕墙外边线计算建筑面积。

理解此项条款时应注意：幕墙以其在建筑物中所起的作用和功能来区分，直接作为外墙起围护作用的幕墙，按其外边线计算建筑面积；设置在建筑物墙体外起装饰作用的幕墙，不计算建筑面积。

（24）建筑物的外墙外保温层，应按其保温材料的水平截面积计算，并计入自然层建筑面积。

理解此项条款时应注意：

① 建筑物外墙外侧有保温隔热层的，保温隔热层以保温材料的净厚度乘以外墙结构外边线长度按建筑物的自然层计算建筑面积，其外墙外边线长度不扣除门窗和建筑物外已计算建筑面积构件（如阳台、室外走廊、门斗、落地橱窗等部件）所占长度。

② 当建筑物外已计算建筑面积的构件（如阳台、室外走廊、门斗、落地橱窗等部件）有保温隔热层时，其保温隔热层也不再计算建筑面积。

③ 外墙是斜面者按楼面楼板处的外墙外边线长度乘以保温材料的净厚度计算。

④ 外墙外保温以沿高度方向满铺为准，某层外墙外保温铺设高度未达到全部高度时（不包括阳台、室外走廊、门斗、落地橱窗、雨篷、飘窗等），不计算建筑面积。

⑤ 保温隔热层的建筑面积是以保温隔热材料的厚度来计算的，不包含抹灰层、防潮

图 5-16　建筑外墙保温示意图
1—计算建筑面积部位

层、保护层（墙）的厚度。建筑外墙外保温示意图如图 5-16 所示。

（25）与室内相通的变形缝，应按其自然层合并在建筑物建筑面积内计算。对于高低联跨的建筑物，当高低跨内部连通时，其变形缝应计算在低跨面积内。

理解此项条款时应注意：变形缝是指防止建筑物在某些因素作用下引起开裂甚至破坏而预留的构造缝。它是在建筑物因温差、不均匀沉降以及地震而可能引起结构破坏变形的敏感部位或其他必要的部位，预先设缝将建筑物断开，令断开后建筑物的各部分成为独立的单元，或者是划分为简单、规则的段，并令各段之间的缝达到一定的宽度，以能够适应变形的需要。根据外界破坏因素的不同，变形缝一般分为伸缩缝、沉降缝、抗震缝三种。

（26）对于建筑物内的设备层、管道层、避难层等有结构层的楼层，结构层高在 2.20m 及以上的，应计算全面积；结构层高在 2.20m 以下的，应计算 1/2 面积。

理解此项条款时应注意：

① 设备层、管道层虽然其具体功能与普通楼层不同，但在结构上及施工消耗上并无本质区别，且自然层的定义为"按楼地面结构分层的楼层"，因此设备、管道楼层归为自然层，其计算规则与普通楼层相同。

② 在吊顶空间内设置管道的，则吊顶空间部分不能被视为设备层、管道层。

2. 下列项目不应计算面积

（1）与建筑物内不相连通的建筑部件。

理解此项条款时应注意：与建筑物内不相连通的建筑部件指的是依附于建筑物外墙外不与户室开门连通，起装饰作用的敞开式挑台（廊）、平台，以及不与阳台相通的空调室外机搁板（箱）等设备平台部件。

（2）骑楼、过街楼底层的开放公共空间和建筑物通道。

二维码5.6

理解此项条款时应注意：

① 骑楼是指建筑底层沿街面后退且留出公共人行空间的建筑物，如图 5-17（a）所示，是沿街二层以上用承重柱支撑骑跨在公共人行空间之上，其底层沿街面后退的建筑物。

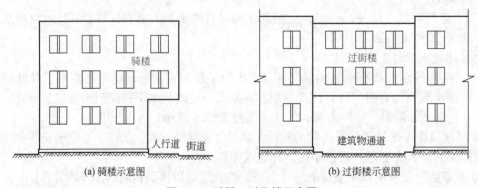

(a) 骑楼示意图　　　　(b) 过街楼示意图

图 5-17　骑楼、过街楼示意图

② 过街楼是指跨越道路上空并与两边建筑相连接的建筑物，如图 5-17（b）所示，是当

有道路在建筑群穿过时为保证建筑物之间的功能联系，设置跨越道路上空使两边建筑相连接的建筑物。

③ 建筑物通道是指为穿过建筑物而设置的空间。

（3）舞台及后台悬挂幕布和布景的天桥、挑台等。

理解此项条款时应注意：本款条文是指影剧院的舞台及为舞台服务的可供上人维修、悬挂幕布、布置灯光及布景等搭设的天桥和挑台等构件设施。

（4）露台、露天游泳池、花架、屋顶的水箱及装饰性结构构件。

理解此项条款时应注意：

① 露台是指设置在屋面、首层地面或雨篷上的供人室外活动的有围护设施的平台。

② 露台应满足四个条件：一是位置，设置在屋面、地面或雨篷顶，二是可出入，三是有围护设施，四是无盖，这四个条件必须同时满足。如果设置在首层并有围护设施的平台，且其上层为同体量阳台，则该平台应视为阳台，按阳台的规则计算建筑面积。

（5）建筑物内的操作平台、上料平台、安装箱和罐体的平台。

理解此项条款时应注意：建筑物内不构成结构层的操作平台、上料平台（包括：工业厂房、搅拌站和料仓等建筑中的设备操作控制平台、上料平台等），其主要作用为室内构筑物或设备服务的独立上人设施，因此不计算建筑面积。

（6）勒脚、附墙柱、垛、台阶、墙面抹灰、装饰面、镶贴块料面层、装饰性幕墙，主体结构外的空调室外机搁板（箱）、构件、配件，挑出宽度在 2.10m 以下的无柱雨篷和顶盖高度达到或超过两个楼层的无柱雨篷。

理解此项条款时应注意：

① 附墙柱是指非结构性装饰柱。

② 勒脚是指在房屋外墙接近地面部位设置的饰面保护构造。

③ 台阶是指联系室内外地坪或同楼层不同标高而设置的阶梯形踏步。台阶是指建筑物出入口不同标高地面或同楼层不同标高处设置的供人行走的阶梯式连接构件。室外台阶还包括与建筑物出入口连接处的平台。

（7）窗台与室内地面高差在 0.45m 以下且结构净高在 2.10m 以下的凸（飘）窗，窗台与室内地面高差在 0.45m 及以上的凸（飘）窗。

（8）室外爬梯、室外专用消防钢楼梯。

理解此项条款时应注意：

室外钢楼梯需要区分具体用途，如专用于消防楼梯，则不计算建筑面积，如果是建筑物唯一通道，兼用于消防，则需要按上文第（20）项计算建筑面积。

（9）无围护结构的观光电梯。

（10）建筑物以外的地下人防通道，独立的烟囱、烟道、地沟、油（水）罐、气柜、水塔、贮油（水）池、贮仓、栈桥等构筑物。

第三节　楼地面工程

一、楼地面工程分部说明

楼地面工程一般包括垫层、找平层、整体面层、块料面层、地板、踢脚线等内容。

楼地面工程包括找平层及整体面层、块料面层、橡塑面层、木地板、复合地板、其他材料面层、踢脚线、楼梯面层、台阶装饰、零星装饰项目、分格嵌条、防滑条、酸洗打蜡及结晶。

由于楼面和地面的基本层次不同，所以应按楼面与地面分别列项，如图 5-18 所示。

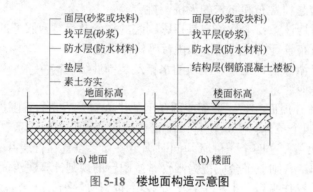

二维码5.7

图 5-18　楼地面构造示意图

1. 找平层

找平层是指为铺设楼地面面层所做的起找平、找坡和加强作用的构造层。找平层一般铺设在填充材料和硬基层或混凝土表面上，以填平孔眼、抹平表面，使面层和基层结合牢固。常用的有干混砂浆找平层、细石混凝土找平层和沥青砂浆找平层。

2. 整体面层

整体面层是指在找平层上大面积整体浇筑、连续施工而成的现浇地面或楼面。面层无接缝，具有经济、施工方便等特点。常见的有干混砂浆楼地面、水泥基自流坪砂浆楼地面、环氧地坪楼地面、现浇水磨石楼地面等。

3. 块料面层

块料面层是指用一定规格的块状材料，采用相应的胶结料或水泥砂浆结合层镶铺而成的面层。常见的铺地块料有石材料、陶瓷地砖、陶瓷锦砖、预制水磨石、水泥花砖、玻璃地砖缸砖、广场砖等。

4. 橡塑面层

橡塑面层是指在找平层上直接铺贴各种塑料和橡胶的面层，具有良好的弹性、防滑、耐磨等特点。常见的铺贴材料有橡胶板、橡胶卷材、塑料板、塑料卷材。

5. 其他面层

其他面层是指铺贴木地板、复合地板、不锈钢地板、地毯等的面层，主要用于室内装饰。以木地板为例，按照结构构造形式不同，可分为架空式木地板和实铺式木地板两种，如图 5-19 所示。

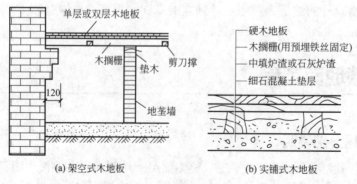

图 5-19　木地板构造

二、楼地面分部工程量计算规则及举例

（1）楼地面找平层及整体面层按设计图示尺寸以面积计算。扣除凸出地面构筑物、设备基础、室内铁道、地沟等所占面积，不扣除间壁墙及单个面积≤0.3m²柱、垛、附墙烟囱及孔洞所占面积。门洞、空圈、暖气包槽、壁龛的开口部分不增加面积。

【例5-7】某建筑物一层干景区域楼地面铺装如图5-20所示，中间区域局部设有高度为200mm的降板，地面做法：①30mm厚1∶3水泥砂浆找平层；②20mm厚彩色镜面水磨石楼地面。试计算该区域找平层工程量。

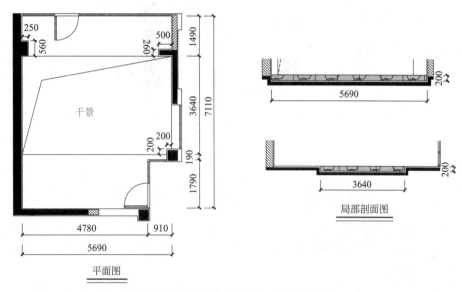

图5-20　干景区域平面图、局部剖面图

解　干景区域局部设有降板，找平层按设计图示尺寸面积计算，需考虑降板处做法。

柱1=0.25×0.56=0.14（m²）

柱2=0.5×0.26=0.13（m²）

柱3=0.2×（0.2+0.19）=0.08（m²）

找平层工程量 = 水平投影面积 + 降板垂直投影面积=4.78×1.79+5.69×（7.11-1.79）-0.14【柱1】-
0.13【柱2】-0.08【柱3】+（5.69+3.64）×0.2×2【降板】=42.21（m²）

（2）块料面层、橡塑面层。

① 块料面层、橡塑面层及其他材料面层按设计图示尺寸以面积计算。门洞、空圈、暖气包槽、壁龛的开口部分并入相应的工程量内。

② 石材排花按最大外围尺寸以矩形面积计算。有拼花的石材地面，按设计图示尺寸扣除拼花的最大外围矩形面积计算面积。

③ 点缀按"个"计算，计算主体铺贴地面面积时，不扣除点缀所占面积。

④ 石材底面刷养护液包括侧面涂刷，工程量按设计图示尺寸以底面积加侧面面积计算。

⑤ 石材表面刷保护液按设计图示尺寸以表面积计算。

⑥ 块料、石材勾缝区分规格按设计图示尺寸以面积计算。

（3）踢脚线按设计图示长度乘高度以面积计算。

【例5-8】某建筑物一层天井区域楼地面铺装如图5-21所示，地面铺装为20mm厚预制灰色水磨石饰面，构造做法如下：

① 30mm 厚 1：3 水泥砂浆找平；

② 5mm+5mm 厚黏贴剂（地面一道，背面一道）；

③ 20mm 厚水磨石饰面，专用填缝剂填缝、无缝打磨、结晶处理。

试计算该区域灰色水磨石地面面层工程量。

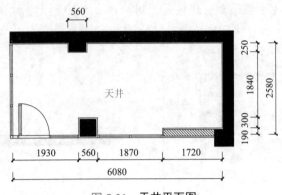

图 5-21　天井平面图

解　该灰色水磨石为预制水磨石，属于块料面层，工程量按设计图示尺寸面积计算。

灰色水磨石地面的工程量 =6.08×2.58-1.72×0.19-0.56×0.25-0.56×(0.19+0.3)

=14.95（m²）

（4）楼梯面层按设计图示尺寸以楼梯（包括踏步、休息平台及宽度≤500mm 的楼梯井）水平投影面积计算。楼梯与楼地面相连时，算至梯口梁内侧边沿：无梯口梁者，算至最上一层踏步边沿加 300mm。

【例 5-9】　如图 5-22 所示，楼梯地面设计为水泥砂浆面层，建筑物 5 层，楼梯不上屋面，梯井宽度 200mm，计算楼梯面层工程量。

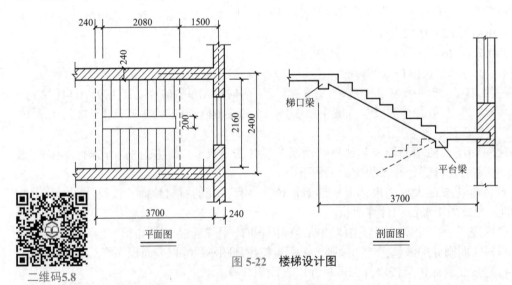

图 5-22　楼梯设计图

二维码 5.8

解　楼梯面层工程量按水平投影面积计算，200mm 宽的楼梯井不需要扣除。由于楼梯不上屋面，因而只需要计算 4 层面积。

$$S=（2.4-0.24）×（0.24+2.08+1.5-0.12）×（5-1）=31.97（m²）$$

【例 5-10】　某建筑物室内旋转楼梯区域如图 5-23 所示，楼梯地面铺贴磨光大理石，构造做法如下：

① 30mm 厚 1 ：3 水泥砂浆找平；

② 5mm+5mm 厚黏贴剂（地面一道，背面一道）；

③ 20mm 厚磨光大理石，水泥浆擦缝。

试计算该区域大理石楼梯面层工程量。

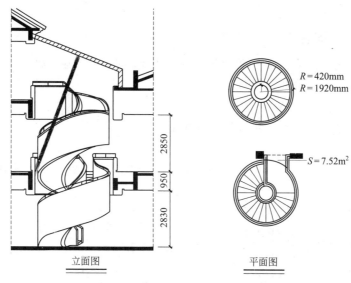

图 5-23　旋转楼梯立面图、平面图

解　大理石楼梯面层工程量 = 楼梯水平投影面积 $=3.14\times(1.92^2-0.42^2)\times2+7.52=29.56$（$m^2$）

（5）台阶面层按设计图示尺寸以台阶（包括最上层踏步边沿加 300mm）水平投影面积计算。

（6）零星项目按设计图示尺寸以面积计算。

（7）防滑条如无设计要求时，按楼梯、台阶踏步两端距离减 300mm 以长度计算。

（8）分格嵌条按设计图示尺寸以"延长米"计算。

（9）块料楼地面做酸洗打蜡或结晶者，按设计图示尺寸以表面积计算。

【例 5-11】 某建筑物室外侧门台阶如图 5-24 所示，台阶面层及翼墙部位均铺砌 430mm×600mm×70mm 荔枝面芝麻灰花岗岩，最上层踏步与两侧墙面齐平，面层做法如下：

① 430mm×600mm×70mm 荔枝面芝麻灰花岗岩面层；

② 430mm×600mm×70mm 荔枝面芝麻灰花岗岩翼墙。

试计算台阶面层和零星项目的工程量。

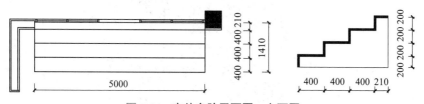

图 5-24　室外台阶平面图、立面图

解　荔枝面芝麻灰花岗岩属于石材台阶面层，以水平投影面积计算工程量，而翼墙工程量按零星项目即实铺面积计算工程量，本项目翼墙需与侧墙齐平位置起算。

台阶面层工程量 = 水平投影面积 =5×（0.4×3+0.21）=7.05（m²）

零星项目工程量 =（0.4×0.2×3+0.4×0.2×2+0.4×0.2）×2=0.96（m²）

第四节　墙柱面工程

一、墙柱面工程分部说明

墙柱面工程包括墙、柱（梁）面抹灰，零星抹灰，墙、柱（梁）面块料面层，镶贴零星块料面层，墙、柱（梁）饰面，隔断。

（一）墙、柱（梁）面抹灰

墙、柱（梁）面抹灰包括一般抹灰和装饰抹灰。

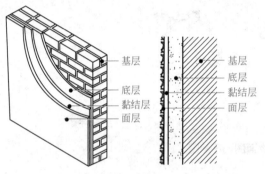

图 5-25　抹灰类墙面构造示意图

1. 一般抹灰

一般抹灰主要是为了满足建筑物的使用要求，使用干混抹灰砂浆对墙、柱（梁）面进行最基本的装饰处理。施工时需要分层抹灰，一般分为底层抹灰、中层抹灰和面层抹灰，如图 5-25 所示。

2. 装饰抹灰

装饰抹灰是指除对墙、柱（梁）面作一般抹灰之外，利用不同施工方法将其进行装饰性处理，从而呈现具有不同的质感、纹理和色泽的装饰效果。常见的装饰抹灰有水刷石、干粘白石子、斩假石、石膏砂浆等。

（二）墙、柱（梁）面块料面层

墙、柱（梁）面块料面层指以粘贴、干挂等形式将天然或人造的块材固定在墙、柱的表面而形成的墙体饰面。常见的材料为大理石、花岗岩、陶瓷锦砖、凹凸假麻石、面砖等，按照材料的特点不同，构造方法有一定的差异，可分为挂贴法、粘贴法、干挂法。如图 5-26、图 5-27 所示。

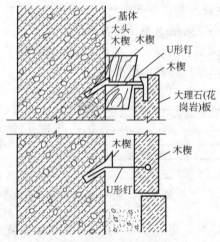

图 5-26　挂贴法安装石板示意图

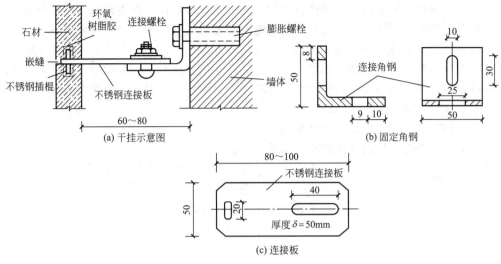

图 5-27　干挂大理石板示意图

（三）墙、柱（梁）饰面

　　墙、柱（梁）饰面的工作内容主要包括固定龙骨基层，在龙骨基层上钉基层板，粘贴面层。墙、柱（梁）饰面龙骨分木龙骨、轻钢龙骨、型钢龙骨、铝合金龙骨。墙面木龙骨构造如图 5-28 所示。墙、柱（梁）面基层是指在龙骨与面层之间设置的一层隔离层，常见基层有玻璃棉毡隔离层、胶合板基层、石膏板基层、油毡隔离层、细木工板基层。墙、柱（梁）面层包括墙面、墙裙、柱面、梁面、柱帽、柱脚等的饰面层，常见面层有镜面玻璃、不锈钢面板、人造革、丝绒、塑料面板、石膏板、岩棉吸音板等。

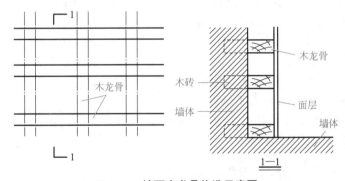

图 5-28　墙面木龙骨构造示意图

二维码5.9

二、墙柱面分部工程量计算规则及举例

　　1. 抹灰

　　（1）内墙面、墙裙抹灰面积应扣除设计门窗洞口和单个面积 $0.3m^2$ 以上的空圈所占的面积，不扣除踢脚线、挂镜线及单个面积 $\leqslant 0.3m^2$ 的孔洞和墙与构件交接处的面积。且门窗洞口、空圈、孔洞的侧壁面积亦不增加，附墙柱的侧面抹灰应并入墙面、墙裙抹灰工程量计算。

　　（2）内墙面、墙裙的长度以主墙间的图示净长计算，墙面高度按室内地面至天棚底面净高计算，墙面抹灰面积应扣除墙裙抹灰面积。如墙面和墙裙抹灰种类相同者，工程量合并计算。钉板天棚的内墙面抹灰，其高度按室内地面或楼地面至天棚底面另加 100mm 计算。

（3）外墙抹灰面积，按垂直投影面积计算，应扣除门窗洞口、外墙裙（墙面和墙裙抹灰种类相同者应合并计算）和单个面积 > 0.3m² 的孔洞所占面积，不扣除单个面积 ≤ 0.3m² 的孔洞所占面积，门窗洞口及孔洞侧壁面积亦不增加。附墙柱、梁、垛、烟囱侧面抹灰面积应并入外墙面抹灰工程量内。

（4）柱抹灰按结构断面周长乘抹灰高度计算。

（5）装饰线条抹灰按设计图示尺寸以长度计算。

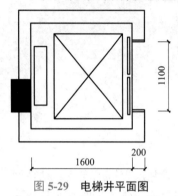

图 5-29 电梯井平面图

（6）装饰抹灰分格嵌缝按抹灰面积计算。

（7）"零星项目"按设计图示尺寸以展开面积计算。

【例 5-12】某三层建筑物室内设有一部电梯，电梯井的平面图如图 5-29 所示，内墙面抹 15mm 厚 1：3 水泥砂浆。各楼层层高分别为 3.5m、3.6m、3.65m，电梯门洞高度为 2.1m，各楼层门洞尺寸均一致，具体做法如下。

① 15mm 厚 1：3 水泥砂浆；

② 5mm 厚 1：2 水泥砂浆；

③ 满刮腻子一遍。

试计算该电梯井内墙抹灰工程量。

解　内墙抹灰工程量 = 电梯井内墙净长 × 层高 - 门洞面积

$$=1.6×4×(3.5+3.6+3.65)-1.1×2.1×3=61.87（m^2）$$

2. 块料面层

（1）挂贴石材零星项目中柱墩、柱帽是按圆弧形成品考虑的，按其圆的最大外径以周长计算；其他类型的柱帽、柱墩工程量按设计图示尺寸以展开面积计算。

（2）镶贴块料面层，按镶贴表面积计算。

（3）柱镶贴块料面层按设计图示饰面外围尺寸乘以高度按面积计算。

【例 5-13】某建筑物室内三层男卫生间平面图、立面图如图 5-30 所示，男卫生间墙面贴 400mm×800mm 浅色水磨石，具体做法如下。

① 浅色 400mm×800mm 水磨石墙面；

② 石材专用填缝剂填缝、打磨抛光、结晶处理。

试计算该面墙块料面层工程量。

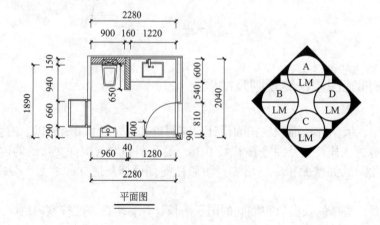

平面图

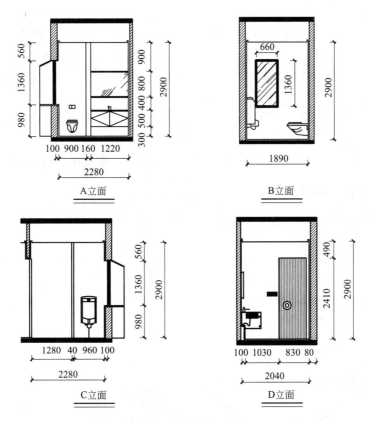

图 5-30 男卫生间平面图、立面图

解 块料面层铺贴工程量按镶贴表面积计算，门窗洞口、坐便器与墙面连接位置面积不计入。

块料面层工程量 =（2.28+0.65×2+0.15）×2.9【A】+1.89×2.9【B】+（2.28+0.4×2）×2.9【C】+2.04×2.9【D】+（0.66+1.36）×2×0.1【窗台四周】-0.66×1.36【窗户】-0.83×2.41【门洞】=28.65（m²）

3. 墙饰面

（1）龙骨、基层，面层墙饰面项目按设计图示饰面尺寸以面积计算，扣除门窗洞口及单个面积＞0.3m²以上的空圈所占的面积，不扣除单个面积≤0.3m²的孔洞所占面积。

（2）柱（梁）饰面的龙骨、基层、面层按设计图示饰面尺寸以面积计算，柱帽、柱墩并入相应柱面积计算。

4. 隔断

隔断按设计图示框外围尺寸以面积计算，扣除门窗洞及单个面积＞0.3m²的孔洞所占面积。

第五节 天棚工程

一、天棚工程分部说明

天棚工程包括天棚抹灰、天棚吊顶、采光天棚、天棚其他装饰。

（一）天棚抹灰

天棚抹灰是直接在屋面板或楼板的板底进行基层清理分层抹灰的简易装饰做法，可分为混凝土天棚抹灰、钢板网天棚抹灰、板条天棚抹灰、装饰线抹灰，如图 5-31 所示。楼梯底板抹灰可按天棚抹灰项目执行。

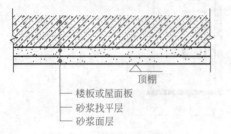

图 5-31　天棚抹灰示意图

（二）天棚吊顶

天棚吊顶由天棚龙骨、基层、面层组成，天棚面层不在同一标高，高差在 200mm 以上 400mm 以下，且满足以下条件者为跌级天棚：木龙骨、轻钢龙骨错台投影面积大于 18% 或弧形、折形投影面积大于 12%；铝合金龙骨错台投影面积大于 13% 或弧形、折形投影面积大于 10%。

1. 平面、跌级天棚

平面、跌级天棚一般指直线型天棚，天棚龙骨分为木龙骨、装配式 U 形轻钢龙骨、铝合金龙骨，如图 5-32 ～图 5-34 所示。天棚基层分为胶合板基层、石膏板基层，天棚面层材料常见为宝丽板、玻璃纤维板、埃特板、铝塑板、矿棉板、木质装饰板、吸音板、铝合金板、空腹 PVC 扣板、不锈钢板等。

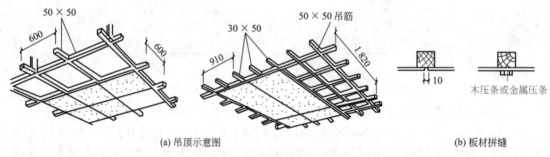

(a) 吊顶示意图　　　　　　　　　　　　　　　(b) 板材拼缝

图 5-32　木龙骨板材面天棚构造（单位：mm）

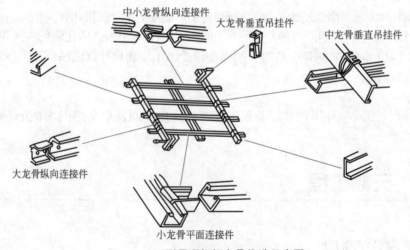

图 5-33　U 形吊顶轻钢龙骨构造示意图

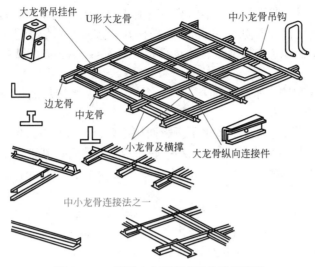

图 5-34　T 形铝合金吊顶龙骨构造示意图

2. 艺术造型天棚

天棚面层高差在 400mm 以上或跌级超过三级以及圆弧形、拱形等造型天棚，按艺术造型天棚项目执行。

（三）采光天棚

采光天棚是指建筑物的屋顶、雨篷等的全部或部分材料被玻璃、塑料、玻璃钢等透光材料所代替，形成具有装饰和采光功能的建筑顶部结构构件。可用于宾馆、医院、大型商业中心、展览馆以及建筑物的入口雨篷等。

采光天棚主要由透光材料、骨架材料、连接件、粘接嵌缝材料等组成。骨架材料主要有铝合金型材、型钢等。透光材料有夹丝玻璃、中空玻璃、钢化玻璃、透明塑料片、有机玻璃等。连接件一般有钢质和铝质两种。

（四）天棚其他装饰

天棚其他装饰包括格栅吊顶、吊筒吊顶、藤条造型悬挂吊顶、织物软雕吊顶、装饰网架吊顶。如图 5-35 所示。

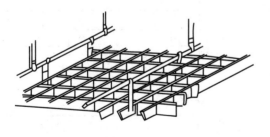

(a) 间接固定法　　　　　　　　(b) 直接固定法

图 5-35　格栅吊顶固定方法

二维码5.10

二、天棚分部工程量计算规则及举例

1. 天棚抹灰

（1）天棚抹灰按设计结构尺寸以展开面积计算，不扣除间壁墙、垛、柱、附墙烟囱、检查口和管道所占的面积，带梁天棚的梁两侧抹灰面积并入天棚面积内，板式楼梯底面抹灰面积（包括踏步、休息平台以及宽≤500mm 的楼梯井）按水平投影面积乘以系数 1.15 计算，锯齿形楼梯底板抹灰面积（包括踏步、休息平台以及宽≤500mm 的楼梯井）按水平投影面积乘以系数 1.37 计算。

（2）阳台底面抹灰按水平投影面积计算，并入相应天棚抹灰面积内。阳台如带悬臂梁者，工程量应乘以系数 1.30。

（3）雨棚底面或顶面抹灰分别按水平投影面积计算，并入相应天棚抹灰面积内。雨棚顶面带反沿或反梁者，其工程量乘以系数 1.20；底面带悬臂梁者，其工程量乘以系数 1.2。

【例 5-14】 某钢筋混凝土天棚如图 5-36 所示。已知板厚 100mm，试计算该天棚抹灰工程量。

解 天棚抹灰面积按水平投影面积计算，不扣除间壁墙、垛、柱、附墙烟囱等所占面积。带梁天棚两侧的抹灰面积，并入天棚抹灰工程量内计算。

则 水平投影面积 =（2.5×3-0.24）×（2×3-0.24）=41.82（m²）

L1 的侧面抹灰面积 =[（2.5-0.12-0.125）×2+（2.5-0.125×2）]×（0.6-0.1）×2×2=13.52（m²）

L2 的侧面抹灰面积 =[（2-0.12-0.125）×2+（2-0.125×2）]×（0.5-0.1）×2×2=8.42（m²）

天棚抹灰工程量 = 水平投影面积 +L1、L2 的侧面抹灰面积 =41.82+13.52+8.42=63.76（m²）

2. 天棚吊顶

（1）天棚龙骨按主墙间水平投影面积计算，不扣除间壁墙、垛、柱、附墙烟囱、检查口和管道所占面积，扣除单个 >0.3m² 的孔洞、独立柱及与天棚相连的窗帘盒所占的面积，斜面龙骨按斜面计算。

（2）天棚吊顶的基层和面层按设计图示尺寸以展开面积计算。天棚面中的灯槽及跌级式、锯齿形、吊挂式、藻井式天棚面积按展开计算，不扣除间壁墙、垛、柱、附墙烟囱、检查口和管道所占面积，扣除单个 >0.3m² 的孔洞、独立柱及与天棚相连的窗帘盒所占的面积。

（3）格栅吊顶、藤条造型悬挂吊顶、织物软雕吊顶和装饰网架吊顶，按设计图示尺寸以水平投影面积计算。吊筒吊顶以最大外围水平投影尺寸，以矩形面积计算。

【例 5-15】 某工程有一套三室一厅商品房，其客厅为不上人型轻钢龙骨石膏板吊顶，如图 5-37 所示。

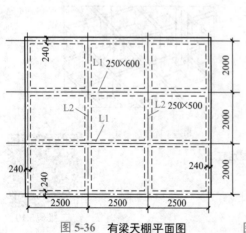

图 5-36 有梁天棚平面图　　图 5-37 某工程不上人型轻钢龙骨石膏板吊顶平面及剖面图

1—金属墙纸；2—织锦缎贴面

解　依据其吊顶做法，应列为两项，即轻钢龙骨和石膏板面层两项，所粘贴的墙纸和织锦缎应依据油漆、涂料、裱糊工程相应项目列项。

$$轻钢龙骨 =6.96×7.16=49.83（m^2）$$
$$石膏板面层 = (5.36+5.56)×2×0.4+6.96×7.16=58.57（m^2）$$

【例 5-16】　某建筑物一层沙龙区天棚如图 5-38 所示，其天棚吊顶为石膏板面层，构造做法如下。

① 12mm 厚纸面石膏板；

② 主龙骨采用 CB60mm×27mm；

③ 立放次龙骨采用 CB60mm ×27mm。

试计算该区域天棚吊顶面层工程量。

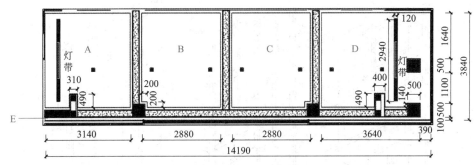

图 5-38　沙龙区天棚平面图

解　独立柱面积 =0.5×0.5=0.25（m²），独立柱面积小于 0.3m²，不扣除。

天棚吊顶面层工程量 = (3.14+2.88×2+3.64+0.39)×(3.84−0.5−0.1+0.14)【A+B+C+ 局部D】+0.39×(0.5−0.14)【局部 D】+14.19×0.1【E】−0.31×0.49【柱】−0.2×0.2×2【柱】−0.4×0.49【柱】−0.5×0.14【柱】−2.94×0.12×2【灯槽】=44.06（m²）

3. 采光天棚

（1）成品采光天棚工程量按成品组合后的外围投影面积计算，其余采光天棚工程量均按展开面积计算。

（2）采光天棚的光槽按水平投影面积计算，并入采光天棚工程量。

（3）采光廊架天棚安装按天棚展开面积计算。

4. 天棚其他装饰

灯带（槽）按设计图示尺寸以框外围面积计算。

第六节　幕墙工程

一、幕墙工程分部说明

幕墙是指悬挂在建筑物结构框架外表面的非承重墙。幕墙打破了传统的建筑构造模式，窗与墙在外形上没有了明显的界限，不仅丰富了建筑造型，而且也减轻了围护结构的自重。同时，由于幕墙构件大部分是在工厂加工而成的，减少了现场安装操作的工序，缩短了建设工期。按照材料种类不同，幕墙可分为玻璃幕墙、金属幕墙、非金属板幕墙。玻璃幕墙主要是应用玻璃这种饰面材料，覆盖在建筑物表面的幕墙。采用玻璃幕墙作为外墙面的建筑物，显得光亮、明快、挺拔，有较好的统一感。金属幕墙是利用铝合金、不锈钢等轻质金属，加工而成的各种压型薄板。这些薄板经表面处理后，作为建筑外墙的装饰面层。金属幕墙美观新颖、装饰效果好，而且自重轻、连接牢靠、耐久性也较好。非金属板幕墙包括铝塑板幕墙、石材幕墙、轻质混凝土挂板幕墙等。

按照结构形式不同，幕墙可分为点支撑玻璃幕墙、单元式幕墙、框支撑玻璃幕墙。点支撑玻璃幕墙是由玻璃面板、点支撑装置和支撑结构构成的玻璃幕墙。单元式幕墙是指由各种墙面板与支承框架在工厂制成完整的幕墙结构基本单位，直接安装在主体结构上的建筑幕墙。框支撑玻璃幕墙是玻璃面板周边由金属框架支撑的玻璃幕墙，包括明框玻璃幕墙、隐框玻璃幕墙，如图 5-39 所示。

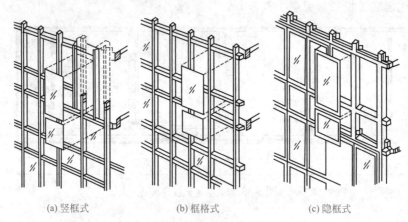

(a) 竖框式　　　　　(b) 框格式　　　　　(c) 隐框式

图 5-39　框架支撑玻璃幕墙结构示意图

二、幕墙分部工程量计算规则及举例

（1）点支撑玻璃幕墙，按照设计图示尺寸以四周框外围展开面积计算。肋玻结构点式幕墙玻璃肋工程量不另计算，作为材料项进行含量调整。点支撑玻璃幕墙索结构辅助钢桁架制作安装，按质量计算。

（2）全玻璃幕墙，按设计图示尺寸以面积计算。带肋全玻璃幕墙，按设计图示尺寸以展开面积计算，玻璃肋按玻璃边缘尺寸以展开面积计算并入幕墙工程量内。

（3）单元式幕墙的工程量按图示尺寸的外围面积以 "m²" 计算，不扣除幕墙区域设置的窗、洞口面积。防火隔断安装的工程量按设计图示尺寸垂直投影面积以 "m²" 计算。槽型预埋件及 T 形转接件螺栓安装的工程量按设计图示数量以 "个" 计算。

（4）金属板幕墙，按设计图示尺寸以外围展开面积计算。凹或凸出的板材折边不另计算，计入金属板材料单价中。

（5）框支撑玻璃幕墙，按照设计图示尺寸以框外围展开面积计算。与幕墙同材质的窗所占面积不扣除。

（6）幕墙防火隔断，按设计图示尺寸以展开面积计算。

（7）幕墙防雷系统，金属成品装饰压条均按延长米计算。隔断按设计图示框外围尺寸以面积计算，扣除门窗洞及单个面积 > 0.3m² 的孔洞所占面积。

二维码5.11

（8）雨篷按设计图示尺寸以外围展开面积计算。有组织排水的排水沟槽按水平投影面积计算并入雨篷工程量内。

【例 5-17】某银行营业大楼正立面设计为铝合金玻璃幕墙，幕墙上带铝合金窗，如图 5-40

所示，求铝合金玻璃幕墙工程量。

解 铝合金玻璃幕墙工程量 =45.0×12.3+5.0×2.3-2.2×1.4×32=466.44（m²）

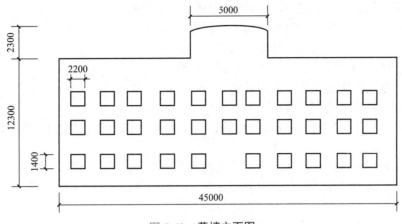

图 5-40 幕墙立面图

第七节 门窗工程

一、门窗工程分部说明

门窗工程一般包括木门、金属门、金属窗、防盗栅（网）、门窗套等项目。装饰工程中，常见的门窗开启方式为平开式、推拉式，如图 5-41 所示。木门在室内装饰中应用范围较广，但由于不耐潮，所以不宜用于浴室及厨房。木门常按带门套成品木门列项，平开门可分单开和双开，推拉门可分为吊装式和落地式；金属门常见类型为铝合金门、塑钢门、彩钢板门、钢质防火防盗门、金属卷帘门。金属窗常见类型为隔热断桥铝合金窗、塑钢窗、塑料节能窗、彩钢板窗、防盗钢窗、防火钢窗。门窗套可按门窗套龙骨、门窗套基层、门窗套面层分别列项，也可按成品门窗套列项，常见成品门窗套材料为木板、石材。门窗套构造示意图如图 5-42 所示。

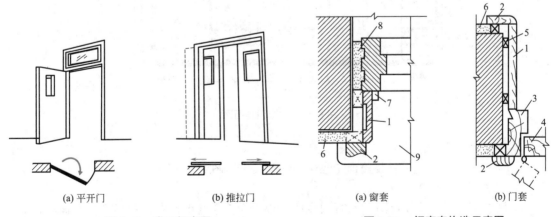

(a) 平开门　　　　　　(b) 推拉门

图 5-41 常见门窗图

(a) 窗套　　　　　(b) 门套

图 5-42 门窗套构造示意图

1—筒子板；2—贴脸板；3—木门框；4—木门扇；
5—木块或木条；6—抹灰面；7—盖缝条；8—沥青
麻丝；9—窗台

二、门窗分部工程量计算规则及举例

1. 木门

（1）成品木门框安装按设计图示框的中心线长度计算。

（2）成品木门扇安装按设计图示扇面积计算。

（3）成品套装木门安装按设计图示数量计算。

（4）木质防火门安装按设计图示洞口面积计算。

（5）纱门按设计图示扇外围面积计算。

2. 金属门窗、防盗栅（网）

（1）铝合金门窗（飘窗，阳台封闭窗除外）、塑钢门窗、塑料节能门窗均按设计图示门、窗洞口面积计算。

（2）彩钢板门窗按设计图示门窗洞口面积计算。彩钢板门窗框按框中心线长度计算。

（3）门连窗按设计图示洞口面积分别计算门、窗面积，其中窗的宽度算至门框外边线。

（4）纱窗扇按设计图示扇外围面积计算。

（5）飘窗、阳台封闭窗按设计图示框型材外边线尺寸以展开面积计算。

（6）钢质防火门、防盗门按设计图示门洞口面积计算。

（7）不锈钢格栅防盗门、电控防盗门按设计图示门洞口面积计算。

（8）电控防盗门控制器按设计图示套数计算。

（9）防盗窗按设计图示窗洞口面积计算。

（10）钢质防火窗按设计图示窗洞口面积计算。

（11）金属防盗栅（网）制作安装按洞口尺寸以面积计算

二维码5.12

【例5-18】某建筑物二层阳台正门区域采用推拉门，如图5-43所示，配置灰色金属边框、8G+20A+8G 中空超白钢化玻璃，构造做法如下。

① 8G+20A+8G 中空超白钢化玻璃；

② 灰色铝合金边框。

试计算该推拉门的工程量。

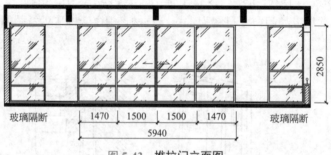

图 5-43　推拉门立面图

解　推拉门的工程量应按设计图示洞口面积计算。

$$推拉门的工程量 =5.94×2.85=16.93（m^2）$$

3. 金属卷帘（闸）

金属卷帘（闸）按设计图示卷帘门宽度乘以卷帘高度（包括卷帘箱高度）以面积计算。电动装置安装按设计图示套数计算。

4. 厂库房大门、特种门

厂库房大门、特种门按设计图示门洞口面积计算。百叶钢门的安装工程量按设计尺寸以重量计算。不扣除孔眼、切肢、切片、切角的重量。

5. 其他门

（1）全玻有框门扇按设计图示扇边框外边线尺寸以扇面积计算。

（2）全玻无框（条）门扇按设计图示扇面积计算，高度算至条夹外边线、宽度算至玻璃外边线。

（3）全玻无框（点夹）门扇按设计图示玻璃外边线尺寸以扇面积计算。

（4）无框亮子按设计图示门框与横梁或立柱内边缘尺寸玻璃面积计算。

（5）全玻转门按设计图示数量计算。

（6）不锈钢伸缩门按设计图示延长米日算。

（7）电子感应门安装按设计图示数量计算。

（8）全玻转门传感装置、伸缩门电动装置和电子感应门电磁感应装置按设计图示套数计算。

（9）金属子母门安装按设计图示洞口面积计算。

6. 门钢架、门窗套、包门框（扇）

（1）门钢架按设计图示尺寸以质量计算。

（2）门钢架基层、面层按设计图示饰面外围尺寸展开面积计算。

（3）门窗套（简子板）龙骨、面层、基层均按设计图示饰面外围尺寸展开面积计算。

（4）成品门窗套按设计图示饰面外围尺寸展开面积计算。

（5）包门框按展开面积计算。包门扇及木门扇镜贴饰面板按门扇垂直投影面积计算。

【例5-19】 某建筑物二层电梯的平面图、入口处立面图如图5-44所示，电梯门套采用1.2mm厚黑色拉丝不锈钢，面层刷白色氟碳漆，具体做法如下。

① 基层：木龙骨+9mm厚阻燃板；

② 面层材料品种：金属门套（黑色拉丝不锈钢304#1.2mm厚），刷白色氟碳漆。

试计算该金属门套工程量。

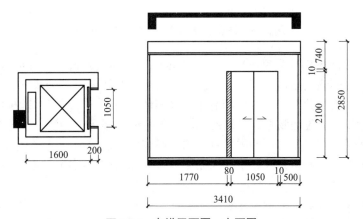

图5-44 电梯平面图、立面图

解 金属门套的工程量按设计图示饰面外围尺寸展开面积计算。

金属门套的工程量=（0.08+0.2×2+0.01）×2.1+（0.08+1.05+0.01）×0.01+1.05×0.2=1.25（m²）

7. 窗台板、窗帘盒、窗帘轨

（1）窗台板按设计图示长度乘宽度以面积计算。图纸未注明尺寸的，窗台板长度可按窗框的外围宽度两边共加100mm计算。窗台板凸出墙面的宽度按墙面外加50mm计算。

（2）窗帘盒、窗帘轨按设计图示长度计算。

8. 其他

（1）包橱窗框以橱窗洞口面积计算。

（2）门、窗洞口安装玻璃按洞口面积计算。

（3）玻璃黑板按边框外围尺寸以垂直投影面积计算。

（4）玻璃加工：划圆孔、划线按面积计算，钻孔按个计算。

（5）铝合金踢脚板安装按实铺面积计算。

第八节　油漆、涂料、裱糊工程

一、油漆、涂料、裱糊工程分部说明

油漆、涂料、裱糊工程包括油漆、涂料、裱糊三个部分的内容。油漆按基层分为木材面油漆、金属面油漆、抹灰面油漆，如图 5-45 所示。

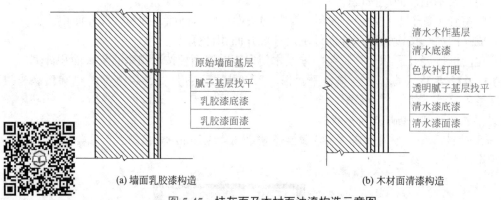

二维码5.13

图 5-45　抹灰面及木材面油漆构造示意图

木材面油漆按油漆构件类型不同，可分为木门、木窗、木扶手、其他木材面、木地板、木龙骨等项目，常用油漆品种为调和漆、醇酸磁漆、硝基清漆、醇酸清漆、聚酯清漆、聚酯色漆等。金属面油漆品种常见为改性沥清漆、冷固环氧树脂漆、环氧呋喃树脂漆、氯磺化聚乙烯漆、聚氨酯漆、氯化橡胶漆、过氧乙烯漆、红丹防锈漆等，做法一般包括底漆和面漆两部分。抹灰面油漆品种常见为调和漆、真石漆、氟碳漆、裂纹漆、过氧乙烯漆、乳胶漆、耐磨漆等，适用于内墙、墙裙、柱、梁、天棚等抹灰面以及阳台雨篷、隔板等小面积的装饰性油漆。

喷刷涂料种类比较多，如内墙涂料、仿瓷涂料、凹凸型涂料、多彩涂料、外墙丙烯酸酯涂料、石灰油浆等。裱糊包括在墙面、天棚面裱糊壁纸或织锦段。常用的裱糊壁纸材料有普通壁纸和金属壁纸。

二、油漆、涂料、裱糊分部工程量计算规则及举例

1. 木门油漆工程

执行单层木门油漆的项目，其工程量计算规则及相应系数见表 5-1。

表 5-1　工程量计算规则和系数表

项目	系数	工程量计算规则 （设计图示尺寸）
单层木门	1.00	洞口面积
单层半玻门	0.85	
单层全玻门	0.75	
半截百叶门	1.50	
全百叶门	1.70	
厂库房大门	1.10	
纱门扇	0.80	
特种门（包括冷藏门）	1.00	
装饰门扇	0.90	扇外尺寸面积
间壁、隔断	1.00	单面外围面积
玻璃间壁露明墙筋	0.80	
木栅栏、木栏杆（带扶手）	0.90	

2. 木扶手及其他板条、线条油漆工程

（1）执行木扶手（不带托板）油漆的项目，其工程量计算规则及相应系数见表 5-2。

表 5-2　工程量计算规则和系数表

项目	系数	工程量计算规则 （设计图示尺寸）
木扶手（不带托板）	1.00	延长米
木扶手（带托板）	2.50	
封檐板、博风板	1.70	
黑板框、生活园地框	0.50	

（2）木线条油漆按设计图示尺寸以长度计算。

3. 其他木材面油漆工程

（1）执行其他木材面油漆的项目，其工程量计算规则及系数见表 5-3。

表 5-3　工程量计算规则和系数表

项目	系数	工程量计算规则 （设计图示尺寸）
木板、胶合板天棚	1.00	长 × 宽
屋面板带檐条	1.10	斜长 × 宽

续表

项目	系数	工程量计算规则 （设计图示尺寸）
清水板条檐口天棚	1.10	
吸音板（墙面或天棚）	0.87	
鱼鳞板墙	2.40	
木护墙、木墙裙、木踢脚	0.83	长 × 宽
窗台板、窗帘盒	0.83	
出入口盖板、检查口	0.87	
壁橱	0.83	展开面积
木屋架	1.77	跨度（长）× 中高 ×1/2
以上未包括的其余木材面油漆	0.83	展开面积

（2）木地板油漆按设计图示尺寸以面积计算，空洞、空圈、暖气包槽、壁龛的开口部分并入相应的工程量内。

（3）木龙骨刷防火、防腐涂料按设计图示尺寸以龙骨架投影面积计算。

（4）基层板刷防火、防腐涂料按实际涂刷面积计算。

（5）油漆面抛光打蜡按相应刷油部位油漆工程量计算规则计算。

4. 金属面油漆工程

（1）执行金属面、油漆涂料项目，其工程量按设计图示尺寸以展开面积计算。质量在 500kg 以内的单个金属构件，可参考表 5-4 中的系数，将质量（t）折算为面积。

表 5-4　质量折算面积参考系数表　　　　　　　　　　单位：m²/t

项目	系数
钢栅栏门、栏杆、窗栅	64.98
钢爬梯	44.84
踏步式钢扶梯	39.90
轻型屋架	53.20
零星铁件	58.00

（2）执行金属平板屋面、镀锌铁皮面（涂刷磷化、锌黄底漆）油漆的项目，其工程量计算规则及系数见表 5-5。

表 5-5　工程量计算规则和系数表

项目	系数	工程量计算规则 （设计图示尺寸）
平板屋面	1.00	斜长 × 宽
瓦垄板屋面	1.20	

续表

项目	系数	工程量计算规则 （设计图示尺寸）
排水、伸缩缝盖板	1.05	展开面积
吸气罩	2.20	水平投影面积
包镀锌薄钢板门	2.20	门窗洞口面积

5. 抹灰面油漆、涂料工程

（1）抹灰面油漆、涂料（另做说明的除外）按设计图示尺寸以面积计算。

（2）踢脚线刷耐磨漆按设计图示尺寸长度计算。

（3）槽型板底、混凝土折瓦板、有梁板底、密肋梁板底、井字梁板底刷油、涂料按设计图示尺寸展开面计算。

（4）墙面及天棚面刷石灰油浆、白水泥、石灰浆、石灰大白浆、普通水泥浆、可赛银浆、大白浆等涂料工量按抹灰面积工程量计算规则。

（5）混凝土花格窗、栏杆花饰刷（喷）油漆、涂料按设计图示洞口面积计算。

（6）天棚、墙、柱基层板缝粘贴胶带纸按相应天棚、墙、柱面基层板面积计算。

6. 裱糊工程

墙面、天棚面裱糊按设计图示尺寸以面积计算。

【例5-20】　某建筑物三层宴会厅平面图如图5-46所示，墙面装饰为壁布硬包，构造做法如下：壁布粘贴高度为2.9m，100mm高不锈钢金属踢脚线总长度为23.86m，平开门高度2.9m，推拉门高度2.58m，窗户尺寸为0.8m×1.42m，具体做法如下。

① 墙纸配套底胶＋壁布；

② 墙纸专用基膜一遍；

③ 满刮三遍腻子。

试计算该区域墙面裱糊工程量。

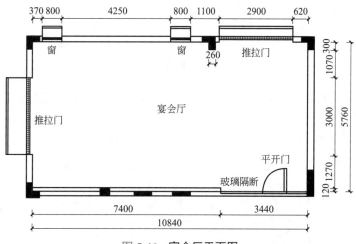

图5-46　宴会厅平面图

解　裱糊的工程量按照设计图示尺寸以面积计算，踢脚线、门窗洞口、玻璃隔断面积不计入。

墙面裱糊工程量＝（10.84×2+5.76×2+0.12+0.3×2）×2.9-3.44×2.9【玻璃隔断】-（2.9+3）×2.58【推拉门】-0.8×1.42×2【窗】-23.86×0.1【踢脚线】=68.51（m²）

第九节　其他装饰工程

一、其他装饰工程分部说明

其他工程一般包括柜类、货架，压条、装饰线，扶手、栏杆、栏板装饰，暖气罩，浴厕配件，雨篷，旗杆，招牌、灯箱，美术字，石材、瓷砖加工，建筑外遮阳，其他。

柜类、货架一般包括铝合金柜台、铝合金货架、不锈钢柜台、木质柜台、酒吧台、酒马吊柜、嵌入式木壁柜、酒吧台、附墙柜、厨房矮柜、壁橱等项目，可现场制作，也可购置成品。

压条、装饰线是用于各种交接面、分界面、层次面、封边封口线等的压顶线和装饰线，起封口、封边、压边、造型和连接的作用。目前压条和装饰条的种类很多，按材质分，主要有木装饰线、金属装饰线、石材装饰线等，按用途分，有大花角线、天花线、压边线、挂镜线、封边角线、造型线、槽条等。

栏杆、栏板、扶手适用于楼梯、走廊、回廊等位置，其中，栏杆、栏板是梯段与平台临空一边的安全维护构件，也是建筑中装饰性较强的构件之一，应有足够的强度，须能经受一定的水平推力，并要求美观大方。栏杆、栏板的顶部设扶手供人们行走时扶用，当梯段较宽时，应在靠墙一边设靠墙扶手，如图 5-47 所示。按材质不同，栏杆可分为不锈钢栏杆、铁栏杆、木栏杆，栏板可分为玻璃栏板、大理石栏板，扶手可分为木扶手、塑料扶手、不锈钢扶手、铝合金扶手。

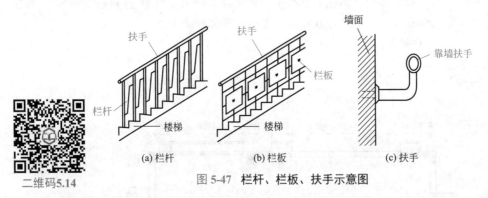

二维码5.14

(a) 栏杆　　(b) 栏板　　(c) 扶手

图 5-47　栏杆、栏板、扶手示意图

浴厕配件包括大理石洗漱台、大理石面盆、卫生间镜面玻璃、盥洗室镜箱、毛巾杆、毛巾环等，如图 5-48 所示。招牌、灯箱的做法一般包括基层和面层两部分，美术字按材质不同可分为木质字、金属字、石材字、亚克力字、聚氯乙烯字等。

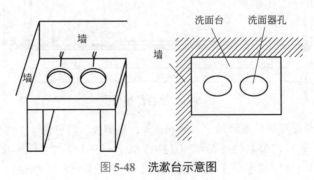

图 5-48　洗漱台示意图

二、其他装饰工程分部工程量计算规则及举例

1.柜类、货架

（1）柜类、货架工程量按各项目计量单位计算。其中以"m²"为计量单位的项目，其工程量均按正立面的高度（包括脚的高度在内）乘以宽度计算。

（2）成品橱柜安装工程量按设计图示尺寸的柜体中线长度以"m"计算，成品台面板安装工程量按设计图示尺寸的板面中线长度以"m"计算；成品洗漱台柜、成品水槽安装工程量按设计图示数量以"组"计算。

2.压条、装饰线

（1）压条、装饰线条按线条中心线长度计算。

（2）石膏角花、灯盘按设计图示数量计算。

3.扶手、栏杆、栏板装饰

（1）扶手、栏杆、栏板、成品栏杆（带扶手）均按其中心线长度计算，不扣除长度。如遇木扶手、大理石扶手为整体弯头时，扶手消耗量须扣除整体弯头的长度，设计不明确者，每只整体弯头按400mm扣除。

（2）单独弯头按设计图示数量计算。

【例5-21】 某建筑室内直形楼梯为钢楼梯，其立面图、平面图如图5-49所示。楼梯栏杆为10mm厚钢板，宽度为50mm，试计算该楼梯栏杆工程量。

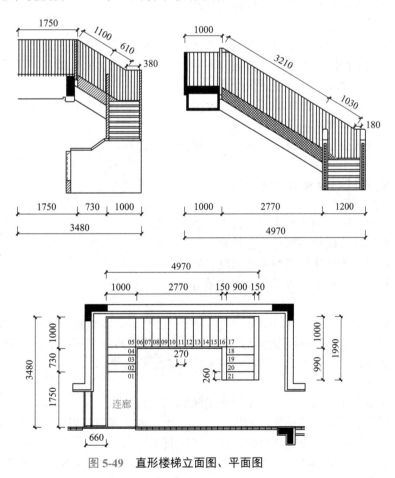

图 5-49　直形楼梯立面图、平面图

解 由立面图可知，17 阶台阶右侧无栏杆，18～21 阶台阶两侧无栏杆。

栏杆工程量 =1.75×2+1.1×2+0.61+0.38+1【01～05 阶】+3.21×2+1.03+0.18【06～17 阶】+0.66【二层连接处】=15.98（m）

4. 暖气罩

暖气罩（包括脚的高度在内）按边框外围尺寸垂直投影面积计算，成品暖气罩安装按设计图示数量计算。

5. 浴厕配件

（1）大理石洗漱台按设计图示尺寸以展开面积计算，挡板、吊沿板面积并入其中，不扣除孔洞、挖弯、削角所占面积。

（2）大理石台面面盆开孔按设计图示数量计算。

（3）盥洗室台镜（带框）、盥洗室木镜箱按边框外围面积计算。

（4）盥洗室塑料镜箱、毛巾杆、毛巾环、浴帘杆、浴缸拉手、肥皂盒、卫生纸盒、晒衣架、晾衣绳等按设计图示数量计算。

（5）镜面玻璃安装以正立面面积计算。

6. 雨篷、旗杆

（1）雨篷按设计图示尺寸水平投影面积计算。

（2）不锈钢旗杆按设计图示数量计算。

（3）电动升降系统和风动系统按套计算。

7. 招牌、灯箱

（1）柱面、墙面灯箱基层，按设计图示尺寸以展开面积计算。

（2）一般平面广告牌基层，按设计图示尺寸以正立面边框外围面积计算，复杂平面广告基层，按设计图示尺寸以展开面积计算。

（3）箱（竖）式广告牌基层，按设计图示尺寸以基层外围体积计算。

（4）广告牌钢骨架以"吨"计算。

（5）广告牌面层，按设计图示尺寸以展开面积计算。

8. 美术字

美术字按设计图示数量计算。

9. 石材、瓷砖加工

（1）石材、瓷砖倒角按块料设计倒角长度计算。

（2）石材磨边按成型圆边长度计算。

（3）石材开槽按块料成型开槽长度计算。

（4）石材、瓷砖开孔按成型孔洞数量计算。

10. 建筑外遮阳

（1）卷帘遮阳、织物遮阳按设计图示卷帘宽度乘以高度（包括卷帘盒高度）以面积计算。

（2）百叶帘遮阳按设计图示叶片帘宽度乘以叶片帘高度（包括帘片盒高度）以面积计算。

（3）露片遮阳、格栅遮阳按设计图示尺寸以面积计算。

11. 其他

（1）窗帘布制作与安装工程量以垂直投影面积计算。

（2）壁画、国画、平面雕塑按图示尺寸，无边框分界时，以能包容该图形的最小矩形或多边形的面积计算；有边框分界时，按边框间面积计算。

【例 5-22】 如图 5-50 所示，单间客房卫生间内为大理石洗漱台，同种材料挡板、吊沿，有镜面玻璃及毛巾架等配件。尺寸如下：大理石台板 1400mm×500mm×20mm，挡板宽度

120mm，吊沿180mm，开单孔；台板磨半圆边；玻璃镜1400mm（宽）×1120mm（高），不带框；毛巾架为不锈钢架，1只/间。试计算15个标准间客房卫生间上述配件的工程量。

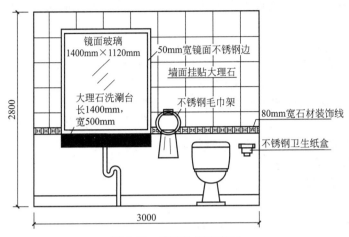

图5-50　某卫生间示意图

　　解　依据该客房卫生间装饰做法，应列3项，即大理石洗漱台、镜面玻璃和不锈钢毛巾架三项。大理石洗漱台应按台面投影面积计算（不扣除孔洞面积）。但挡板和吊沿应并入台面面积。镜面玻璃应按其立面面积计算。毛巾架按数量以"副"计算。

　　大理石洗漱台工程量=[1.4×0.5+（1.4+0.5×2）×0.18+1.4×0.12]×15=17.07（m²）

　　镜面玻璃工程量=1.4×1.12×15=23.52（m²）

　　毛巾架=15（副）

第十节　拆除工程

一、拆除工程分部说明

　　拆除工程指房屋工程加固及二次装修前的拆除工程，包括墙体拆除、混凝土及钢筋混凝土构件拆除、木构件拆除、抹灰层铲除、块料面层铲除、龙骨及饰面拆除、屋面拆除、铲除油漆涂料裱糊面、栏杆扶手拆除、门窗拆除以及楼层运出垃圾、建筑垃圾外运等内容。

二、拆除分部工程量计算规则及举例

　　1.墙体拆除

　　各种墙体拆除按实拆墙体体积以"m³"计算，不扣除0.30m²以内孔洞和构件所占的体积。隔墙及隔断的拆除按实拆面积以"m²"计算。

二维码5.15

　　2.混凝土及钢筋混凝土构件拆除

　　混凝土及钢筋混凝土的拆除按实拆体积以"m³"计算，楼梯拆除按水平投影面积以"m²"计算，无损切割按切割构件断面以"m²"计算，钻芯按实钻孔数以"孔"计算。

　　3.木构件拆除

　　各种屋架、半屋架拆除按跨度分类以榀计算，檩、椽拆除不分长短按实拆根数计算。望板、油毡、瓦条拆除按实拆屋面面积以"m²"计算。

4. 抹灰层铲除

楼地面面层按水平投影面积以"m²"计算，踢脚线按实际铲除长度以"m"计算，各墙、柱面面层的拆除或铲除均按实拆面积以"m²"计算，天棚面层拆除按水平投影面积以"m²"计算。

5. 块料面层铲除

各种块料面层铲除均按实际铲除面积以"m²"计算。

6. 龙骨及饰面拆除

各种龙骨及饰面拆除均按实拆投影面积以"m²"计算。

7. 屋面拆除

屋面拆除按屋面的实拆面积以"m²"计算。

8. 铲除油漆涂料裱糊面

油漆涂料裱糊面层铲除均按实际铲除面积以"m²"计算。

9. 栏杆扶手拆除

栏杆扶手拆除均按实拆长度以"m"计算。

10. 门窗拆除

拆整樘门、窗均按樘计算，拆门、窗扇以"扇"计算。

11. 建筑垃圾外运

按虚方体积计算。

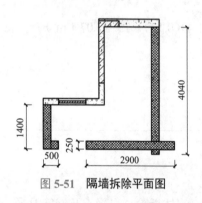

图 5-51　隔墙拆除平面图

【例 5-23】　某建筑物为更改空间布局，设计拆除原二层局部隔墙，平面图如图 5-51 所示，隔墙材质为 GRC 板，墙高 3.5m、墙厚 0.25m，试计算隔墙拆除的工程量。

解　(1) 定额算量

隔墙及隔断的拆除按实拆面积以"m²"计算，墙长以墙体中线计算。

隔墙拆除工程量 = (1.4+0.5+2.9+4.04−0.25×2)×3.5
$$= 29.19 \ (\text{m}^2)$$

(2) BIM 模型算量

① 建模。BIM 拆改模型对比表见表 5-6。

表 5-6　BIM 拆改模型对比表

BIM 模型	拆前	拆后
平面图		
三维图		

② 一键提量。软件工程量截图见图 5-52。

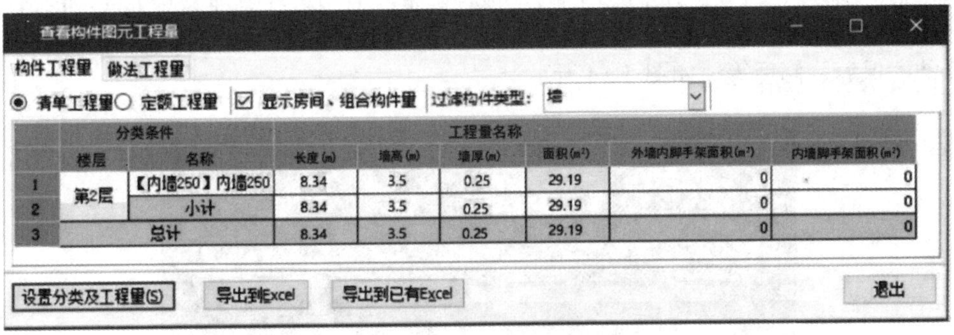

	分类条件		工程量名称					
	楼层	名称	长度(m)	墙高(m)	墙厚(m)	面积(m²)	外墙内脚手架面积(m²)	内墙脚手架面积(m²)
1	第2层	【内墙250】内墙250	8.34	3.5	0.25	29.19	0	0
2		小计	8.34	3.5	0.25	29.19	0	0
3		总计	8.34	3.5	0.25	29.19	0	0

图 5-52　软件工程量截图

隔墙拆除工程量 =29.19（m²）

第十一节　装饰工程施工技术措施项目

一、脚手架工程

1. 脚手架工程分部说明

脚手架是专为高空施工操作、堆放和运送材料、保证施工过程工人安全而设置的架设工具或操作平台。脚手架虽不是工程实体，但也是施工中不可缺少的设施之一，其费用也是构成工程造价的一个组成部分。装饰脚手架一般分为外脚手架、里脚手架、满堂脚手架及吊篮脚手架。

外脚手架是为完成外墙局部的个别部位和个别构件的施工（砌筑、混凝土浇灌、装修等）及安全所搭设的脚手架。

里脚手架是指沿室内墙面搭设的脚手架，常用于内墙砌筑、室内装修和框架外墙砌筑等。里脚手架一般为工具式脚手架，常用的有折叠式里脚手架、支柱式里脚手架和马凳式里脚手架。

满堂脚手架是指在工作范围内满设的脚手架，形如棋盘井格。主要用于室内顶棚安装、装饰，如图 5-53 所示。

图 5-53　满堂脚手架示意图

吊篮脚手架,通称吊脚手架、悬吊脚手架,简称吊篮,是通过特设的支撑点,利用吊索来悬吊吊篮(或称吊架)进行施工操作的一种脚手架。适用于外装饰装修工程,包括用于玻璃和金属玻璃幕墙的安装、维修及清理,外墙钢窗及装饰物的安装,外墙面料施工,以及墙面的清洁、保养、修理等,如图 5-54 所示。

图 5-54 吊篮示意图

2. 脚手架分部工程量计算规则及举例

(1)外脚手架、整体提升架,按外墙外边线长度(含墙垛及附墙井道)乘以外墙高度以面积计算。

【例 5-24】 试计算图 5-55 所示建筑物的装饰外脚手架。

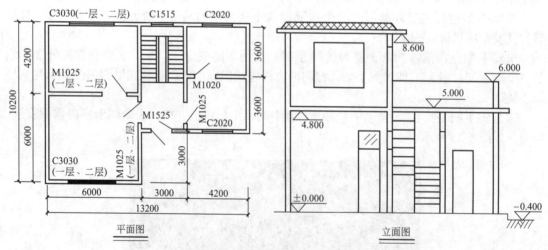

图 5-55 某建筑平面图、立面示意图

解 装饰外脚手架,按外墙的外边线乘墙高以平方米计算,注意不扣除门窗洞口所占的面积,同一建筑物高度不同时,应按不同高度分别计算。

外墙脚手架工程量 $=[(13.2+10.2)\times2+0.24\times4]\times(4.8+0.4)+(7.2\times3+0.24)\times1.2+[(6+0.2)\times2+0.24\times4]\times(8.6-4.8)=401.33$(m²)

(2)计算内、外墙脚手架时,均不扣除门、窗、洞口、空圈等所占面积。同一建筑物高度不同时，应按不同高度分别计算。

（3）里脚手架，按墙面垂直投影面积计算，均不扣除门、窗、洞口、空圈等所占面积。

【例 5-25】 试计算图 5-55 所示建筑物二层的内墙粉饰脚手架工程量。

解　内墙面粉饰脚手架，按内墙面垂直投影面积计算，以及按内墙净长 × 内墙净高进行计算，主要不需扣除门窗洞口的面积。

二层内墙净长 $=[(6-0.24)+(6-0.24)]\times2+[(6-0.24)+(4.2-0.24)]\times2=23.04+19.44$

　　　　　　$=42.48$（m）

二层内墙净高 $=8.6-5=3.6$（m）

二层内墙面粉饰脚手架工程量 $=42.48\times3.6=152.93$（m²）

（4）满堂脚手架，按室内净面积计算，其高度在 3.6 ～ 5.2m 之间时计算基本层；5.2m以外，每增加 1.2m 计算一个增加层，达到 0.6m 按一个增加层计算，不足 0.6m 按一个增加层乘以系数 0.5 计算。计算公式如下：满堂脚手架增加层 =（室内净高 -5.2）/1.2m。

（5）吊篮脚手架，按外墙垂直投影面积计算，不扣除门窗洞口所占面积。

（6）内墙面粉饰脚手架，按内墙面垂直投影面积计算，不扣除门窗洞口所占面积。

【例 5-26】 某建筑物三层的室内层高为 3.8m，装饰工程搭设满堂脚手架，已知该层建筑面积为 265.19m²、墙体所占面积为 53.29m²、柱体所占面积为 1.46m²，试计算该层楼满堂脚手架的工程量。

解　满堂脚手架工程量按室内净面积计算，其高度在 3.6 ～ 5.2m 之间时计算基本层，本项目室内层高小于 5.2m，工程量按基本层的室内净面积计算。

满堂脚手架的工程量 $=265.19-53.29-1.46=210.44$（m²）

二、垂直运输工程

1. 垂直运输工程分部说明

垂直运输工作内容包括单位工程在合理工期内完成全部工程项目内容所需要的垂直运输机械台班，不包括机械的场外运输费、一次安拆及路基铺垫和轨道铺拆等的费用。

2. 垂直运输工程量计算规则及举例

建筑物垂直运输，区分不同建筑物檐高按建筑面积计算。同一建筑物有不同檐高且上层建筑面积小于下层建筑面积 50% 时，纵向分割，分别计算建筑面积，并按各自的檐高执行相应项目。地下室垂直运输按地下室建筑面积计算。

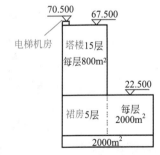

图 5-56　建筑物示意图

【例 5-27】 某建筑物，地下室 1 层，层高 4.2m，建筑面积2000m²；裙房共 5 层，层高 4.5m，裙房室外地坪标高 -0.600m，每层建筑面积 2000m²，裙房屋面标高 22.500m；塔楼共 15 层，层高 3m，每层建筑面积 800m²，塔楼屋面标高 67.500m，上有一出屋面的楼梯间和电梯机房，层高 3m，建筑面积 50m²，如图 5-56 所示。采用塔吊施工，计算该建筑物垂直运输工程量。

解　塔楼每层建筑面积 800m²，小于裙房每层建筑面积2000m² 的 50%，符合纵向分割的条件，应分别计算建筑面积，并按各自的檐高执行相应项目。因此塔楼部分的檐高为 68.1m（即 0.6+67.5），层数为 20 层；裙房部分的檐高为 23.1m（即 0.6+22.5），层数为 5 层。地下室和出屋面的电梯机房不计算层数和高度。

① 第一部分：地下室垂直运输工程量按地下室建筑面积计算。

工程量 =2000m²

② 第二部分：垂直分割后部分檐高为 68.1m 部分的垂直运输工程量。

工程量 =800×20+50=16050（m²）

③ 第三部分：垂直分割后部分檐高为 23.1m 部分的垂直运输工程量。

工程量 =（2000-800）×5=6000（m²）

二维码5.16

三、建筑物超高增加费

1. 建筑物超高增加费分部说明

建筑物超高增加人工、机械定额适用于檐口高度超过 20m 的全部工程项目。

2. 建筑物超高增加费计算规则及举例

（1）各项定额中包括的内容指建筑物檐口高度超过 20m 的全部工程项目，但不包括垂直运输、各类构件的水平运输及各项脚手架。

（2）建筑物超高增加费的人工、机械区分不同檐高，按建筑物超高部分的建筑面积计算。当上层建筑面积小于下层建筑面积 50%，进行纵向分割。

四、成品保护工程

1. 成品保护工程分部说明

在施工现场，由于工期较紧，往往造成交叉施工单位多，多处作业面需经各施工单位反复穿插才能完成的特点，因此需要对施工现场的成品作出保护措施。

木地板作业应注意施工污水的污染破坏，禁止在已完地面上，揉制油灰、油膏，调制油漆，防止地面污染受损。大理石等块料地面完成后要加以覆盖，防止色浆、油灰、油漆的污染，同时设置防护措施，防止磨、砸造成缺陷。铝合金门窗等易摩擦部位，应用塑料薄膜包扎，严禁将门窗、扶手等，作为脚手板支点或固定使用，防止被砸碰损坏和位移变形。

2. 成品保护工程量计算规则

成品保护按被保护的面积计算。台阶、楼梯成品保护按水平投影面积计算。

【例 5-28】 某建筑室内直角楼梯区域如图 5-57 所示，楼梯地面铺设浅灰色水磨石，试计算该建筑物楼地面成品保护工程量。

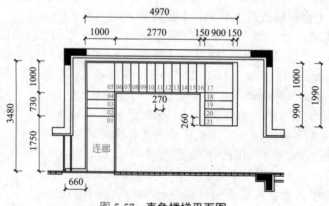

图 5-57　直角楼梯平面图

解　楼梯成品保护工程量 =1×（1.75+0.73）【01 ～ 04 阶】+4.97×1【05 ～ 17 阶】+（0.9+0.15×2）×0.99【18 ～ 21 阶】=8.64（m²）

小结

　　工程量计算是确定工程造价的关键步骤，直接关系着工程造价的计算正确与否。工程量计算是根据图纸、定额和计算规则列项计算，最后得出计算数量结果。因此，要正确计算工程量必须做到能看懂图纸，熟悉相关施工工艺和定额子目的设置，掌握相关工程量计算规则。

　　本章以《湖北省房屋建筑与装饰工程消耗量定额及全费用基价表（装饰·措施）》（2018 版）为例，介绍了定额工程量的计算规则和方法。着重介绍了楼地面工程、墙柱面工程、幕墙工程、天棚工程、门窗工程、油漆涂料裱糊工程、其他装饰工程、拆除工程、装饰工程施工技术措施项目的定额子目设置，并结合大量实例，具体介绍了各分部工程的定额工程量计算方法。

职业资格考试真题（单选题）精选

　　1.（2021 年注册造价工程师考试真题）浮雕涂饰工程中，水性涂料面层应选用的施工方法为（　　）。

　　A. 喷涂法　　　　　　B. 刷漆法　　　　　　C. 滚涂法　　　　　　D. 粘贴法

　　2.（2020 年注册造价工程师考试真题）与天然大理石板材相比，装饰用天然花岗石板材的缺点是（　　）。

　　A. 吸水率高　　　　　B. 耐酸性差　　　　　C. 耐久性差　　　　　D. 耐火性差

　　3.（2020 年注册造价工程师考试真题）根据《建筑工程建筑面积计算规范》，建筑物雨篷部位建筑面积计算正确的是（　　）。

　　A. 有柱雨篷按柱外围面积计算

　　B. 无柱雨篷不计算

　　C. 有柱雨篷按结构板水平投影面积的 1/2 计算

　　D. 外挑宽度为 1.8m 的无柱雨篷不计算

　　4.（2019 年注册造价工程师考试真题）根据《建筑工程建筑面积计算规范》，带幕墙建筑物的建筑面积计算正确的是（　　）。

　　A. 以幕墙立面投影面积计算　　　　　　B. 以主体结构外边线面积计算

　　C. 作为外墙的幕墙按围护外边线计算　　　D. 起装饰作用的幕墙按幕墙横断面的一半计算

　　5.（2019 年注册造价工程师考试真题）根据《建筑工程建筑面积计算规范》，室外楼梯的建筑面积计算正确的是（　　）。

　　A. 无顶盖、有围护结构的按其水平投影面积的 1/2 计算

　　B. 有顶盖、有围护结构的按其水平投影面积的计算

　　C. 层数按建筑物的自然层计算

　　D. 无论有无顶盖和围护结构，均不计算

　　6.（2019 年造价工程师考试真题）在投标报价确定分部分项工程综合单价时，应根据所选的计算基础计算工程内容的是工程量，该数量应为（　　）。

A. 实物工程量   B. 施工工程量
C. 定额工程量   D. 复核的清单工程量

能力训练题

一、填空题

1. 建筑面积是指建筑物（包括墙体）所形成的楼地面面积。建筑面积包括_____、_____和_____。

2. 建筑物的建筑面积应按自然层外墙结构外围水平面积之和计算。结构层高在_____及以上的，应计算全面积；结构层高在_____以下的，应计算 1/2 面积。

3. 与建筑物内不相连通的建筑部件_____、_____、_____、_____、_____、_____、_____、_____以及建筑物以外的地下人防通道，独立的烟囱、烟道、地沟、油（水）罐、气柜、水塔、贮油（水）池、贮仓、栈桥等构筑物等项目不计算建筑面积。

4. 满堂脚手架工程量按_____计算，外脚手架、整体提升架按_____计算。

5. 垂直运输工作内容包括单位工程在合理工期内完成全部工程项目内容所需要的垂直运输机械台班，不包括_____、_____等的费用。

6. 建筑物超高增加人工、机械定额适用于建筑物檐口高度超过_____的全部工程项目，但不包括垂直运输、各类构件的水平运输及各项脚手架，需要区分不同檐高，按_____计算。当上层建筑面积小于下层建筑面积_____，进行纵向分割。

二、思考题

1. 简述正确计算工程量的意义。

2. 房屋建筑中哪些部位应计算建筑面积？如何计算？哪些部位不应计算建筑面积？

3. 简述计算工程量的原则与方法。

4. 楼地面工程包括哪些定额项目？楼地面工程定额工程量应怎样计算？

5. 墙柱面工程包括哪些定额项目？墙柱面工程定额工程量应怎样计算？

6. 天棚工程包括哪些定额项目？天棚工程定额工程量应怎样计算？

7. 油漆、涂料、裱糊工程包括哪些定额项目？油漆、涂料、裱糊工程定额工程量应怎样计算？

8. 门窗工程包括哪些定额项目？门窗工程定额工程量应怎样计算？

9. 幕墙工程包括哪些定额项目？幕墙工程定额工程量应怎样计算？

10. 拆除工程包括哪些定额项目？拆除工程定额工程量应怎样计算？

11. 其他装饰工程包括哪些定额项目？其他装饰工程定额工程量应怎样计算？

12. 装饰工程施工技术措施项目包括哪些定额项目？装饰工程施工技术措施项目定额工程量应怎样计算？

三、计算题

1. 某经理室装修工程如图 5-58 所示。间壁墙厚 120mm，承重墙厚 240mm。踢脚、墙面门口侧边的工程量不计算，柱面与墙踢脚做法相同，柱装饰面层厚度 50mm。

试计算下列工程量：

（1）块料楼地面；

（2）120mm 高木质踢脚线；

（3）红桦饰面板包柱面；

（4）轻钢龙骨石膏板平面天棚。

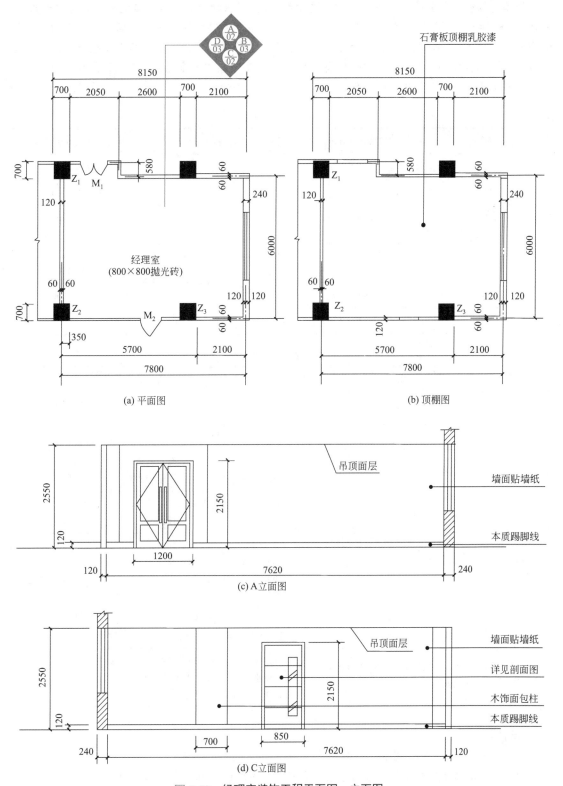

图 5-58　经理室装饰工程平面图、立面图

2. 某小高层住宅楼建筑部分设计如图 5-59、图 5-60 所示,共 12 层。每层层高均为 3m,电梯机房与楼梯间部分凸出屋面。墙体除注明者外均为 200mm 厚加气混凝土墙,轴线位于墙中。外墙采用 50mm 厚聚苯板保温。楼面做法为 20mm 厚水泥砂浆抹面压光。楼层钢筋混凝土板厚100mm,内墙做法为 20mm 厚混合砂浆抹面压光。为简化计算,首层建筑面积按标准层建筑面积计算。阳台为全封闭阳台,⑤轴和⑦轴上混凝土柱超过墙体宽度部分建筑面积忽略不计,门窗洞口尺寸见表 5-7,工程做法见表 5-8。

表 5-7　门窗表

名称	洞口尺寸 /(mm×mm)	名称	洞口尺寸 /(mm×mm)
M-1	900×2100	C-3	900×1600
M-2	800×2100	C-4	1500×1700
HM-1	1200×2100	C-5	1300×1700
GJM-1	900×2100	C-6	2250×1700
YTM-1	2400×2400	C-7	1200×1700
C-1	1800×2000	C-8	1200×1600
C-2	1800×1700		

表 5-8　工程做法

序号	名称	工程做法
1	水泥砂浆楼面	20mm 厚 1：2 水泥砂浆抹面压光 素水泥浆结合层一道 钢筋混凝土楼板
2	混合砂浆墙面	15mm 厚 1：1：6 水泥石灰砂浆 5mm 厚 1：0.5：3 水泥石灰砂浆
3	水泥砂浆踢脚线（150mm 高）	6mm 厚 1：3 水泥砂浆 6mm 厚 1：2 水泥砂浆抹面压光
4	混合砂浆天棚	钢筋混凝土板底面清理干净 7mm 厚 1：1：4 水泥石灰砂浆 5mm 厚 1：0.5：3 水泥石灰砂浆
5	聚苯板外墙外保温	砌块墙体 50mm 厚钢丝网架聚苯板 20mm 厚聚合物抗裂砂浆
6	80 系列单框中空玻璃塑钢推拉窗,洞口 1800mm×2000mm	80 系列,单框中空玻璃推拉窗 中空玻璃空气间层 12mm 厚,玻璃为 5mm 厚玻璃 拉手,风撑

问题:

（1）计算小高层住宅楼的建筑面积。

（2）计算小高层住宅楼二层卧室 1、卧室 2、主卫的楼面工程及墙面工程量的定额计价工程量。

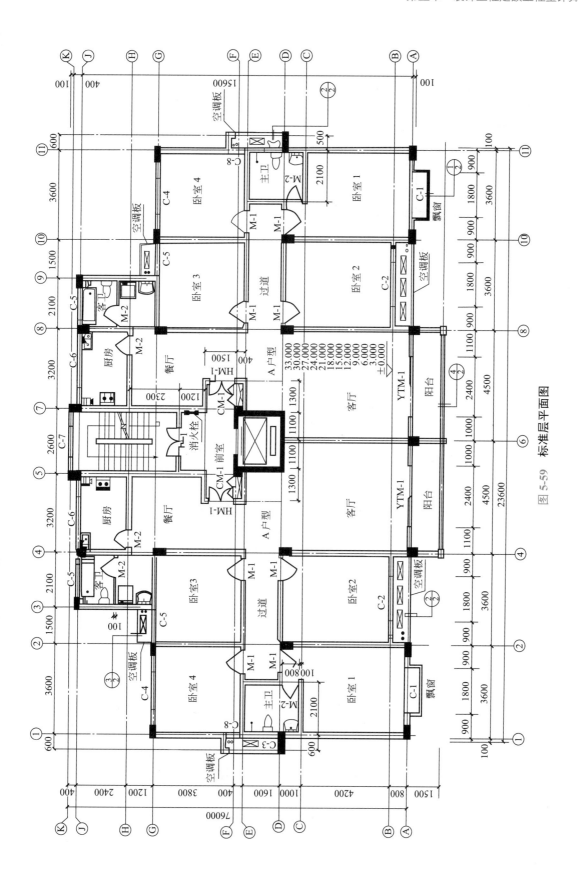

图 5-59　标准层平面图

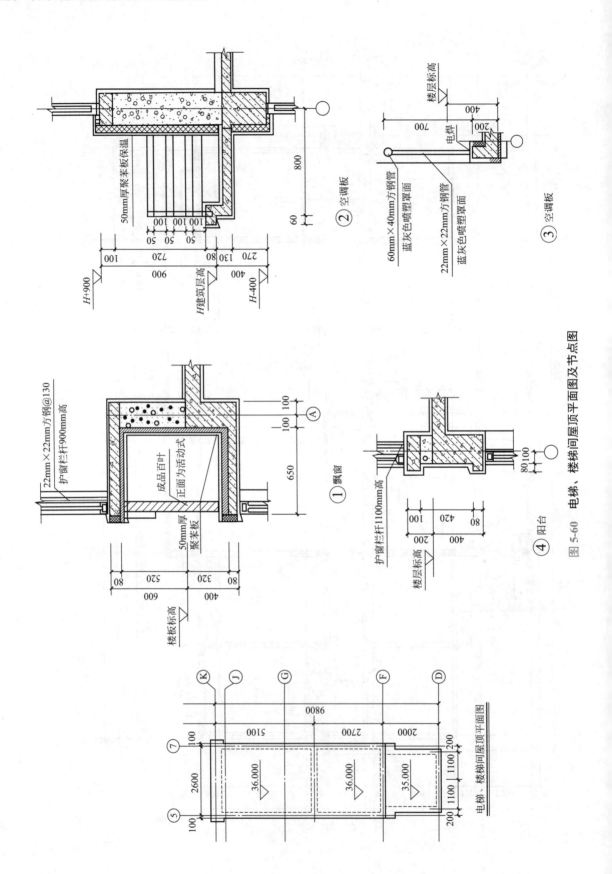

图 5-60 电梯、楼梯间屋顶平面图及节点图

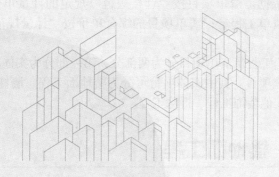

第六章
装饰工程量清单计价

📚 **知识目标**

- 了解装饰工程清单项目的划分及组成内容;
- 理解装饰工程常用清单项目的工程量计算规则;
- 掌握装饰工程清单项目综合单价的计算方法和步骤。

⚙️ **能力目标**

- 能够计算装饰工程常用清单项目的清单工程量;
- 能够应用定额和计价规范对清单项目进行综合单价的组价。

🧩 **素质目标**

- 具有工程伦理意识,具备良好的职业道德和职业精神,坚定严谨求实、恪尽职守的工作态度。

《房屋建筑与装饰工程工程量计算规范》（GB 50854—2013）（以下简称"计量规范"）列出了装饰工程的工程量清单项目及计算规则，是装饰工程工程量清单项目设置和计算清单工程量的依据。清单项目按"计量规范"规定的计量单位和工程量计算规则进行计算，计算结果为清单工程量；清单项目的综合单价按"计量规范"规定的项目特征采用定额组价来确定。

装饰工程工程量清单项目分为两部分，第一部分为实体项目，即分部分项工程项目；第二部分为措施项目。其中实体项目可分为楼地面工程、墙柱面工程、天棚工程、门窗工程、油漆工程、其他装饰工程、拆除工程。

第一节　楼地面工程

楼地面工程工程量清单项目分整体面层及找平层、块料面层、橡塑面层、其他材料面层、踢脚线、楼梯面层、台阶装饰、零星装饰项目 8 节，共 43 个项目。

一、楼地面工程清单工程量计算规则及举例

1. 整体面层及找平层（编码：011101）

按设计图示尺寸以面积计算。扣除凸出地面构筑物、设备基础、室内铁道、地沟等所占面积，不扣除间壁墙和 0.3m² 以内的柱、垛、附墙烟囱及孔洞所占面积。门洞、空圈、暖气包槽、壁龛的开口部分不增加面积。

整体面层包括：水泥砂浆面层、现浇水磨石面层、细石混凝土面层、菱苦土面层、自流平楼地面面层。

平面砂浆找平层只适用于仅做找平层的平面抹灰。

提示：间壁墙是指小于等于 120mm 的隔断墙，一般不做承重基础。

【例 6-1】　某传达室平面图如图 6-1 所示，室内地面为 20mm 厚 1：2 水泥砂浆抹面，计算室内水泥砂浆地面的清单工程量。

解　清单工程量 =（3.9-0.24）×（3+3-0.24）+（5.1-0.24）×（3-0.24）×2=21.08+26.83
　　　　　　　=47.91（m²）

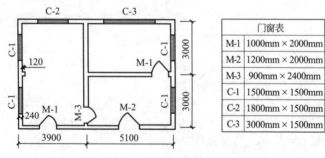

图 6-1　某传达室平面图

2. 块料面层（编码：011102）

按设计图示尺寸以面积计算。门洞、空圈、暖气包槽、壁龛的开口部分并入相应的工程量内。

块料面层包括：石材面层、碎石材楼地面和块料面层。

提示：块料面层与整体面层的清单工程量计算规则相同，但两者定额工程量计算规则不同。

3. 橡塑面层（编码：011103）

按设计图示尺寸以面积计算。门洞、空圈、暖气包槽、壁龛的开口部分并入相应的工程量内。

橡塑面层包括：橡胶板面层、橡胶板卷材面层、塑料板面层、塑料卷材面层。

4. 其他材料面层（编码：011104）

按设计图示尺寸以面积计算。门洞、空圈、暖气包槽、壁龛的开口部分并入相应的工程量内。

其他材料面层包括：地毯面层、竹木（复合）地板、防静电活动地板、金属复合地板。

【例6-2】　某建筑物三层宴会厅区域如图6-2所示，室内地面铺设实木复合木地板，构造做法如下，门洞做法同室外水磨石地面。

① 20mm厚1：2.5水泥砂浆找平层；

② 浮铺防潮垫（或9mm夹板基础垫层）；

③ 实木复合地板。

试计算该区域实木复合木地板的清单工程量。

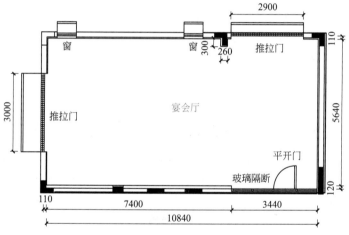

图6-2　宴会厅平面图

解　实木复合木地板清单工程量 =10.84×5.64+3.44×0.12【隔断处】+2.9×0.11【推拉门】+3×0.11【推拉门】-0.26×0.3【柱】=62.12（m²）

5. 踢脚线（编码：011105）

以平方米计量，按设计图示长度乘以高度以面积计算；以米计量，按延长米计算。

踢脚线包括：水泥砂浆、石材、块料、塑料板、木质、金属、防静电等材质的踢脚线。

【例6-3】　某建筑物三层宴会厅区域如图6-2所示，室内铺贴100mm高不锈钢金属踢脚线，两扇推拉门及玻璃隔断处不贴，具体做法如下。

① 12mm阻燃基层板，直钉固定，不锈钢踢脚线；

② 不锈钢踢脚线（高度100mm）。

试计算该区域不锈钢金属踢脚线的清单工程量。

解　金属踢脚线清单工程量 = 图示长度 × 高 =（10.84×2+5.64×2+0.12×2+0.3×2+0.26-3.34-2.9-3）× 0.1=2.48（m²）

6. 楼梯面层（编码：011106）

按设计图示尺寸以楼梯（包括踏步、休息平台及宽 500mm 以内的楼梯井）水平投影面积计算。楼梯与楼地面相连时，算至梯口梁内侧边沿；无梯口梁者，算至最上一层踏步边沿加 300mm。

楼梯面层包括：石材、块料、拼碎块料、水泥砂浆、现浇水磨石、地毯、木板、橡胶板、塑料板等面层。

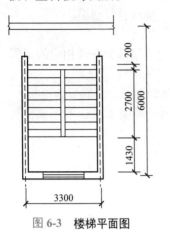

图 6-3　楼梯平面图

【例 6-4】　某建筑物内一楼梯如图 6-3 所示，采用直线双跑形式，同走廊连接，墙厚 240mm，梯井宽 300mm，楼梯及走廊铺设花岗岩面层，计算楼梯花岗岩面层的清单工程量。

解　清单工程量 =（3.3-0.24）×（0.20+2.7+1.43）

=3.06×4.33=13.25（m²）

7. 台阶装饰（编码：011107）

按设计图示尺寸以台阶（包括最上层踏步边沿加 300mm）水平投影面积计算。

台阶装饰包括石材、块料、拼碎块料、水泥砂浆、现浇水磨石、剁假石等台阶面。

【例 6-5】　某建筑物室外正门台阶如图 6-4 所示，台阶采用带防滑条的灰色防滑地砖饰面，具体做法如下。

① 20mm 厚 1∶3 水泥砂浆找平层；

② 20mm 厚 1∶4 干硬性水泥砂浆结合层；

③ 8～10mm 厚灰色优质防滑地砖。

试计算防滑地砖台阶面层的清单工程量。

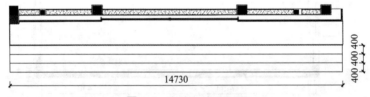

图 6-4　室外台阶平面图

解　带防滑条的防滑地砖为陶瓷地砖，属于块料台阶面层，以水平投影面积计算工程量。

台阶面层工程量 = 水平投影面积 =14.73×（0.4×3+0.3）=22.1（m²）

8. 零星装饰项目（编码：011108）

按设计图示尺寸以面积计算。

楼梯、台阶牵边和侧面镶贴块料面层，0.5m² 以内少量分散的楼地面镶贴块料面层，应按零星装饰项目列项计算。

零星装饰项目包括：石材、碎拼石材、块料零星项目以及水泥砂浆零星项目。

二、楼地面工程全费用基价表清单计价模式下综合单价的确定

（一）工程量清单计价的操作步骤

1. 熟悉相关资料

（1）熟悉招标工程量清单　招标工程量清单是计算工程造价最重要的依据，在计价时必

须全面了解每一个清单项目的特征描述，熟悉其包括的工程内容，以便在计价时不漏项、不重复计算。

（2）研究招标文件　工程招标文件的有关条款、要求和合同条件，是计算工程造价的重要依据。在招标文件中，对有关承发包工程范围、内容、期限、工程材料、设备采购供应办法等都有具体规定，只有在计价时按规定进行，才能保证计价的有效性。

（3）熟悉施工图纸　全面、系统地阅读图纸，是准确计算工程造价的重要前提。

（4）熟悉工程量计算规则　清单计价模式下，熟悉并掌握定额工程量及清单工程量的计算规则，是快速、准确地分析综合单价的重要保证。

（5）了解施工组织设计　施工组织设计或施工方案是施工单位的技术部门针对具体工程编制的施工作业指导性文件，其中对施工技术措施、安全措施、施工机械配置、是否增加辅助项目等，都应在工程计价的过程中予以注意。施工组织设计所涉及的费用主要是措施项目费。

（6）明确材料的来源情况。

2. 计算工程量

采用清单计价，工程量计算主要有两部分内容：一是核算招标工程量清单所提供的清单工程量是否准确；二是计算每一个清单主体项目及所组合的辅助项目的定额计价工程量，以便分析综合单价。

清单工程量，是按工程实体净尺寸计算；定额计价工程量（也称定额工程量），是在净值的基础上，加上施工操作（或定额）规定的预留量。

3. 确定措施项目清单内容

4. 计算综合单价及分部分项工程费

5. 计算措施项目费、其他项目费、规费、税金及风险费用

6. 计算工程造价

（二）综合单价的确定方法和计算步骤

1. 综合单价的确定方法

综合单价的确定是工程量清单计价的核心内容，常采用定额组价的方法，举例说明如下。

根据"计量规范"装饰工程的清单项目设置表（见表6-1），分析其综合单价可组合的定额项目。

表 6-1　块料面层（编码：011102）

项目编码	项目名称	项目特征	计量单位	工程量计算规则	工作内容
011102003	块料楼地面	1. 找平层厚度、砂浆配合比 2. 结合层厚度、砂浆配合比 3. 面层材料品种、规格、颜色 4. 嵌缝材料种类 5. 防护层材料种类 6. 酸洗、打蜡要求	m²	按设计图示尺寸以面积计算。门洞、空圈、暖气包槽、壁龛的开口部分并入相应的工程量内	1. 基层清理 2. 抹找平层 3. 面层铺设、磨边 4. 嵌缝 5. 刷防护材料 6. 酸洗、打蜡 7. 材料运输

　　分部分项工程量清单应根据附录规定的项目编码、项目名称、项目特征、计量单位和工程量计算规则进行编制。其中项目特征是确定综合单价的前提，由于工程量清单的项目特征决定了工程实体的实质内容，必然直接决定了工程实体的自身价值。因此，工程量清单项目特征描述得准确与否，直接关系到工程量清单项目综合单价的准确确定。

　　分析　由表 6-1 的项目特征栏可知，一个块料楼地面清单项目可能包含的内容：找平层、结合层、面层、嵌缝、面层的防护层、面层的养护等，其可以组合套用的定额子目见表 6-2。

表 6-2　块料面层的定额子目组合

	项目特征	可套用的定额子目
块料楼地面 综合单价	1. 找平层厚度、砂浆配合比	找平层
	2. 结合层厚度、砂浆配合比	面层（结合层含在面层定额子目中）
	3. 面层材料品种、规格、品牌、颜色	
	4. 嵌缝材料种类	嵌缝（指特殊的嵌缝材料）
	5. 防护层材料种类	面层的防护层
	6. 酸洗、打蜡要求	面层的养护

　　不同的工程，块料楼地面项目所包含的内容不同，项目特征描述的内容也不同，有的只包含其中的几项，有的还需包含其他的内容。如块料楼地面施工材料不在工程现场，还涉及材料运输的费用，这些内容都需要在项目特征中予以明确，以便组价时不漏项。

　　提示：在组价过程中，常将与清单项目相同的定额项目称为主体项目，其他参与组价的定额项目称为辅助项目。清单计价是辅助项目随主体项目计算，将不同工程内容的辅助项目组合在一起，计算出主体项目的综合单价。

　　2. 全费用基价表清单计价模式下综合单价的计算步骤
　　① 核算清单工程量；
　　② 计算计价工程量；
　　③ 选套定额、确定人材机单价、计算人材机费用；
　　④ 确定费率，计算总价措施项目费、管理费、利润、规费、增值税；
　　⑤ 计算综合单价。

二维码6.1

　　（三）全费用基价表清单计价模式下综合单价的编制依据
　　采用清单计价，当编制人是招标人（或招标人委托的具有相应资质的工程造价咨询人）时，编制对象为招标控制价；当编制人是投标人（或投标人委托的具有相应资质的工程造价咨询人）时，编制对象为投标报价。在编制招标控制价与投标报价中，确定综合单价所采用的编制依据是不同的。招标控制价的综合单价与投标报价中的综合单价在人材机消耗量、人材机单价、费率和风险系数四个方面是有区别的，见表 6-3.

　　1. 招标控制价的编制依据
　　① 国家现行标准《建设工程工程量清单计价规范》（GB 50500—2013）与专业工程计量规范；
　　② 国家或省级、行业建设主管部门颁发的计价定额和计价办法；
　　③ 建设工程设计文件及相关资料；
　　④ 拟定的招标文件及招标工程量清单；
　　⑤ 与建设项目相关的标准、规范、技术资料；
　　⑥ 施工现场情况、工程特点及常规施工方案；

⑦工程造价管理机构发布的工程造价信息；工程造价信息没有发布的参照市场价；

⑧其他的相关资料。

2. 投标报价的编制依据

①国家现行标准《建设工程工程量清单计价规范》（GB 50500—2013）与专业工程计量规范；

②国家或省级、行业建设主管部门颁发的计价办法；

③企业定额，国家或省级、行业建设主管部门颁发的计价定额；

④招标文件、工程量清单及其补充通知、答疑纪要；

⑤建设工程设计文件及相关资料；

⑥施工现场情况、工程特点及拟定的投标施工组织设计或施工方案；

⑦与建设项目相关的标准、规范等技术资料；

⑧市场价格信息或工程造价管理机构发布的工程造价信息；

⑨其他的相关资料。

3. 全费用基价表清单计价模式下确定综合单价的含义

根据全费用基价表清单计价模式下综合单价的定义，综合单价包含人工费、材料费、施工机械使用费、总价措施项目费、企业管理费、利润、规费、增值税。

表 6-3　招标控制价与投标报价中综合单价的主要区别

综合单价的组成要素	招标控制价	投标报价
人材机消耗量	执行国家或省级、行业建设主管部门颁发的计价定额	企业定额或参照国家、省级、行业建设主管部门颁发的计价定额
人材机单价	工程造价管理机构发布的工程造价信息	市场价格信息或参照工程造价管理机构发布的工程造价信息
费率	执行《建筑安装工程费用定额》	参照《建筑安装工程费用定额》
风险系数	按照国家或省级、行业主管部门制定的风险系数	参照相应的风险系数

（四）举例

【例 6-6】 某建筑物一层天井区域地面铺装预制灰色水磨石，构造做法见招标工程量清单表 6-4，根据《湖北省建筑安装工程费用定额（2018 版）》，可知装饰工程总价措施项目费费率为 5.99%（其中安全文明施工费费率 5.39%、其他总价措施项目费费率 0.6%），企业管理费费率为 14.19%，利润率为 14.64%，规费费率为 10.15%，增值税税率为 9%。假设市场价与定额价相同，试计算该分项工程在全费用基价表清单计价模式下的综合单价。

表 6-4　分部分项工程量清单与计价表

序号	项目编码	项目名称	项目特征描述	计量单位	工程量	金额 / 元 综合单价	合价
1	011102001004	灰色水磨石地面	1. 楼板清理，清水冲洗干净晾干，刷水泥浆一道（内掺建筑胶） 2. 20mm 厚 1：3 干硬性水泥砂浆结合层进行找平，表面撒干水泥粉 3. 5mm+5mm 厚胶黏剂（地面一道，背面一道） 4. 20mm 厚水磨石饰面，专用填缝剂填缝、无缝打磨、结晶处理	m²	14.95		

解　（1）核算清单工程量

根据施工图纸核算，清单工程量为 14.95m²。

（2）计算计价工程量

按照定额组价的方法，需计算主体项目和辅助项目。

主体项目：预制灰色水磨石面层 =14.95m²；

辅助项目：20mm 厚 1 ： 3 干硬性水泥砂浆找平层 =14.95m²

水磨石饰面结晶处理 =14.95m²

二维码6.2

（3）综合单价的确定

第六章所涉及例题及第七章所涉及案例均以 BIM 计价软件完成综合单价的组价。

面层及找平层的人材机消耗量按《湖北省房屋建筑与装饰工程消耗量定额及全费用基价表（装饰·措施）》（2018 版）中 A9-57、A9-1 确定，结晶处理需要单列补充定额，假设市场价与定额价相同。

① 预制灰色水磨石面层的人材机消耗量及单价见表 6-5。

表 6-5　预制灰色水磨石面层人工、材料、机械消耗量

	编码		名称			项目特征		单位		工程量
	— A9-57		预制水磨石　胶黏剂					100m²		0.1495

	编码	类别	名称	规格及型号	单位	损耗率	含量	数量	定额价/元	市场价/元	合价/元
1	00010101	人	普工		工日		2.952	0.441	92	92	40.57
2	00010102	人	技工		工日		5.166	0.772	142	142	109.62
3	00010103	人	高级技工		工日		6.642	0.993	212	212	210.52
4	CL17066220006	材	灰色水磨石	800×800	m²		102	15.249	30.8	30.8	469.67
5	CL17018710	材	粉状型建筑胶黏剂		kg		400	59.8	1.71	1.71	102.26
6	CL17052360	材	水		m³		2.6	0.389	3.39	3.39	1.32
7	CL17032090	材	锯木屑		m³		0.6	0.09	15.4	15.4	1.39
8	CL17040900	材	棉纱		kg		1	0.15	10.27	10.27	1.54
9	CL17001910	材	白水泥		kg		20	2.99	0.53	0.53	1.58
10	CLNJX008	材	电【机械】		kW·h		1.92	0.287	0.75	0.75	0.22
11	⊞ JX17060690	机	灰浆搅拌机	拌筒容量…	台班		0.223	0.033	156.45	156.45	5.16

a. 人工费 =14.95×（2.952×92+5.166×142+6.642×212）÷100=360.78（元）

b. 材料费 =14.95×（102×30.8+400×1.71+2.6×3.39+0.6×15.4+10.27+20×0.53+1.92×0.75）÷100=577.96（元）

c. 机械费 =14.95×0.223×156.45÷100=5.22（元）

② 20mm 厚 1 ： 3 干硬性水泥砂浆找平层的人材机消耗量及单价见表 6-6。

表 6-6　找平层人工、材料、机械消耗量

	编码		名称			项目特征		单位		工程量
	— A9-1		平面砂浆找平层　混凝土或硬基层上20mm					100m²		0.1495

	编码	类别	名称	规格及型号	单位	损耗率	含量	数量	定额价/元	市场价/元	合价/元
1	00010101	人	普工		工日		1.783	0.267	92	92	24.56
2	00010102	人	技工		工日		3.62	0.541	142	142	76.82
3	CL17019480	砂浆	干混地面砂浆 DS M20		t		3.468	0.518	308.64	308.64	159.88
4	CL17052360	材	水		m³		0.91	0.136	3.39	3.39	0.46
5	CLNJX008	材	电【机械】		kW·h		9.693	1.449	0.75	0.75	1.09
6	⊞ JX17060720	机	干混砂浆罐式搅拌机	公称储量…	台班		0.34	0.051	187.32	187.32	9.55

a. 人工费 $=14.95×（1.783×92+3.62×142）÷100=101.37$（元）

b. 材料费 $=14.95×（3.468×308.64+0.91×3.39+9.639×0.75）÷100=161.56$（元）

c. 机械费 $=14.95×0.34×187.32÷100=9.52$（元）

③ 结晶处理需单列补充定额，见表6-7。

表 6-7 结晶处理人工、材料、机械消耗量

编码		名称			项目特征		单位	工程量	单价/元
	补子目3	结晶处理					m²	14.95	51.33
编码	类别	名称	规格及型号	单位	损耗率	含量	数量	定额价/元	市场价/元	合价/元
1	BCCLF21	材	结晶处理		m²		1	14.95	51.33	51.33	767.38

材料费 $=14.95×51.33=767.38$（元）

（4）计算企业管理费、利润、总价措施项目费、规费、增值税，按照《湖北省建筑安装工程费用定额（2018版）》装饰工程的取费标准，企业管理费、利润、总价措施项目费、规费的取费基数为人工费+机械费，计算可知

人工费合计：$360.78+101.37=462.15$（元）

材料费合计：$577.96+161.56+767.38=1506.9$（元）

机械费合计：$5.22+9.52=14.74$（元）

① 企业管理费 $=（人工费+机械费）×14.19\%=（462.15+14.74）×14.19\%=67.67$（元）

② 利润 $=（人工费+机械费）×14.64\%=（462.15+14.74）×14.64\%=69.82$（元）

③ 总价措施项目费 $=（人工费+机械费）×5.99\%=（462.15+14.74）×5.99\%=28.57$（元）

④ 规费 $=（人工费+机械费）×10.15\%=（462.15+14.74）×10.15\%=48.40$（元）

⑤ 增值税 $=（人工费+材料费+机械费+企业管理费+利润+总价措施项目费+规费）×9\%$
$=（462.15+1506.9+14.74+67.67+69.82+28.57+48.40）×9\%=197.84$（元）

（5）综合单价计算

由《湖北省建筑安装工程费用定额（2018版）》可知，全费用基价表清单计价模式下综合单价由人工费、材料费、机械费、费用（企业管理费+利润+总价措施项目费+规费）、增值税组成，则计算可知：

综合单价 $=（462.15+1506.9+14.74+67.67+69.82+28.57+48.40+197.84）÷14.95$
$=2396.09÷14.95=160.27$（元/m²）

提示：

① 综合单价中人材机价格的取定。清单计价时，综合单价中所有的人工、材料、机械台班单价应为动态的市场信息价，为简化计算步骤和方便举例，本章其余各节涉及综合单价计算时，人材机的市场信息价均假定与《湖北省房屋建筑与装饰工程消耗量定额及全费用基价表（装饰·措施）》（2018版）中的定额取定价相同。

② 投标报价时综合单价的确定。企业投标报价时，主体项目、辅助项目的消耗量可按照企业定额或参照省预算定额来确定；价格可进行市场询价，按当时的市场价格来确定；企业管理费费率、利润率、总价措施项目费费率均可结合一定的风险因素及企业的实际情况进行调整。本章其余各节仅以实例说明综合单价的确定方法，暂不计算风险费用。

③ 投标报价的综合单价常比招标控制价的综合单价低，而招标控制价是对招标工程限定的最高工程造价。

第二节　墙柱面工程

墙柱面工程工程量清单项目设置分为墙面抹灰、柱（梁）面抹灰、零星抹灰、墙面块料面层、柱（梁）面镶贴块料、零星镶贴块料、墙饰面、柱（梁）饰面、幕墙工程、隔断10节，共35个项目。

一、墙柱面工程清单工程量计算规则及举例

1.墙面抹灰（编码：011201）

按设计图示尺寸以面积计算。扣除墙裙、门窗洞口及单个面积 >0.3m² 的孔洞面积，不扣除踢脚线、挂镜线和墙与构件交接处的面积，门窗洞口和孔洞的侧壁及顶面不增加面积。附墙柱、梁、垛、烟囱侧壁并入相应的墙面面积内。

（1）外墙抹灰面积　按外墙垂直投影面积计算。

（2）外墙裙抹灰面积　按其长度乘以高度计算。

（3）内墙抹灰面积　按主墙间的净长乘以高度计算。

① 无墙裙的，高度按室内楼地面至天棚底面之间的距离计算。

② 有墙裙的，高度按墙裙顶至天棚底面之间的距离计算。

③ 有吊顶天棚抹灰，高度算至天棚底。

（4）内墙裙抹灰面积　按内墙净长乘以高度计算。

墙面抹灰包括：墙面一般抹灰、墙面装饰抹灰、墙面勾缝、立面砂浆找平层。

【例6-7】某传达室平面、立面图如图6-5所示，内墙面为干混抹灰砂浆 DP M10，外墙面为干粘白石子，门窗洞口尺寸见表6-8，计算外墙及内墙抹灰的清单工程量。

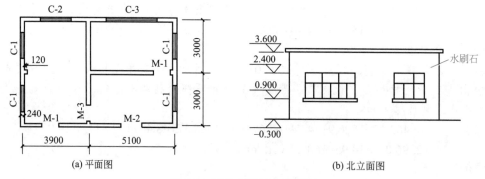

(a) 平面图　　　　　　　　　　　　　(b) 北立面图

图 6-5　传达室平面、立面图

表 6-8　门窗洞口表

	编号	洞口尺寸 /(mm×mm)	数量		编号	洞口尺寸 /(mm×mm)	数量
门	M-1	900×2000	2	窗	C-1	1500×1500	4
	M-2	1200×2000	1		C-2	1800×1500	1
	M-3	1000×2000	1		C-3	3000×1500	1

解　（1）外墙面装饰抹灰工程量＝外墙面面积−门窗洞口面积＝(3.9+5.1+0.24+3×2+0.24)×2×(3.6+0.3)−(1.5×1.5×4+1.8×1.5+3×1.5+0.9×2+1.2×2)=15.48×2×3.9−(9+2.7+4.5+1.8+2.4)=100.34（m²）

（2）内墙面抹灰工程量＝内墙面面积＋柱侧面面积−门窗洞口面积＝[（3.9−0.24+3×2−

0.24）×2+（5.1-0.24+3-0.24）×2×2+0.12×2]×3.6-（0.9×2×3+1.2×2+1×2×2+1.5×1.5×4+1.8×1.5+3×1.5）=[18.84+30.48+0.24]×3.6-28.00=178.42-28.00=150.42（m²）

2. 柱（梁）面抹灰（编码：011202）

（1）柱面抹灰　按设计图示柱断面周长乘以高度以面积计算。

（2）梁面抹灰　按设计图示梁断面周长乘以长度以面积计算。

柱面抹灰包括：柱梁面一般抹灰、柱梁面装饰抹灰、柱梁面砂浆找平、柱面勾缝。

【例6-8】　某建筑物室外一层侧门入口处设有三个正方形立柱，其平面图如图6-6所示，柱高为2.78m，柱面抹灰采用水刷石，试计算该柱面装饰抹灰清单工程量。

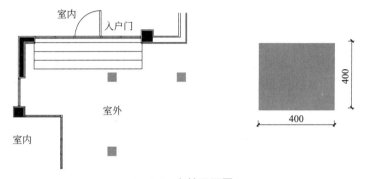

图6-6　立柱平面图

解　柱面装饰抹灰清单工程量=柱断面周长×高度=0.4×4×2.78×3=13.34（m²）

3. 零星抹灰（编码：011203）

按设计图示尺寸以面积计算。

零星抹灰包括零星项目一般抹灰、零星项目装饰抹灰、零星项目砂浆找平。

4. 墙面块料面层（编码：011204）

按镶贴表面积计算。

墙面镶贴块料包括石材墙面、碎拼石材墙面、块料墙面、干挂石材钢骨架。

5. 柱（梁）面镶贴块料（编码：011205）

按镶贴表面积计算。

柱面镶贴块料包括石材柱面、拼碎块柱面、块料柱面、石材梁面、块料梁面。

【例6-9】　某建筑物内一根钢筋混凝土柱，柱构造如图6-7所示，柱面挂贴花岗岩面板，计算挂贴花岗岩面板的清单工程量。

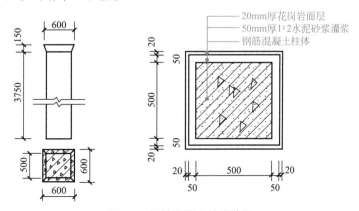

图6-7　钢筋混凝土柱构造图

解　柱身工程量 = (0.6+0.02×2)×4×3.75=9.6 (m^2)

柱帽工程量 = (0.64+0.74)×0.15÷2×4=0.41 (m^2)

挂贴花岗岩面板的清单工程量 =9.6+0.41=10.01 (m^2)

6. 零星镶贴块料 (编码：011206)

按镶贴表面积计算。零星镶贴块料包括石材零星项目、拼碎块料零星项目、块料零星项目。

7. 墙饰面 (编码：011207)

按设计图示墙净长乘以净高以面积计算。扣除门窗洞口及单个 0.3m^2 以上的孔洞所占的面积。

8. 柱 (梁) 饰面 (编码：011208)

柱 (梁) 面装饰按设计图示饰面外围尺寸以面积计算。柱帽、柱墩并入相应柱饰面工程量内。成品装饰柱以根计量，按设计数量计算；以米计量，按设计长度计算。

9. 幕墙工程 (编码：011209)

幕墙包括带骨架幕墙、全玻幕墙。其中，带骨架幕墙按设计图示框外围尺寸以面积计算，与幕墙同种材质的窗所占面积不扣除；全玻幕墙按设计图示尺寸以面积计算。带肋全玻幕墙按展开面积计算。

10. 隔断 (编码：011210)

按设计图示框外围尺寸以面积计算。不扣除单个小于等于 0.3m^2 的孔洞所占面积；浴厕门的材质与隔断相同时，门的面积并入隔断面积内。

隔断包括木隔断、金属隔断、玻璃隔断、塑料隔断、成品隔断、其他隔断。

二、墙柱面工程全费用基价表清单计价模式下综合单价的确定

【例 6-10】某建筑物三层男、女卫生间墙面贴 400mm×800mm 浅色水磨石，构造做法见招标工程量清单表 6-9，根据《湖北省建筑安装工程费用定额 (2018 版)》，可知装饰工程总价措施项目费费率为 5.99% (其中安全文明施工费费率 5.39%、其他总价措施项目费费率 0.6%)，企业管理费费率为 14.19%，利润率为 14.64%，规费费率为 10.15%，增值税税率为 9%。房屋建筑工程总价措施费费率为 14.34% (其中安全文明施工费费率 13.64%、其他总价措施项目费费率为 0.7%)，企业管理费费率为 28.27%，利润率为 19.73%，规费费率为 26.85%，增值税税率为 9%。假设市场价与定额价相同，试计算该分项工程在全费用基价表清单计价模式下的综合单价。

表 6-9　分部分项工程量清单与计价表

序号	项目编码	项目名称	项目特征描述	计量单位	工程量	金额 / 元	
						综合单价	合价
1	011204003006	浅色 400mm× 800mm 水磨石墙面	1. 20mm 厚人造石板材，做好六面防浸透处理，石板背面预留穿孔 (或勾槽)，用双股 18 号铜丝与钢筋网绑扎牢固，灌 50mm 厚 1：2.5 水泥砂浆，分层灌注振捣密实，每层 150 ～ 200mm 且不大于板高 1/3 (灌注砂浆前先将板材背面和墙面浇水润湿) 　　2. 墙体基面预埋 ϕ6 钢筋 (双向间距按板材尺寸定)；ϕ6 双向钢筋网间距 300mm，与墙体预埋钢筋焊接 　　3. 石材专用填缝剂填缝、打磨抛光、结晶处理	m^2	56.28		

解　（1）核算清单工程量

根据施工图纸核算，清单工程量为 56.28m²。

（2）计算计价工程量

按照定额组价的方法，需计算主体项目和辅助项目。

主体项目：石材墙面 =56.28m²；

辅助项目：抹灰墙面 =56.28m²；墙面结晶处理 =56.28m²；

钢筋网片 =0.083t；防水涂料 =56.28m²。

（3）综合单价的确定

石材墙面、内墙抹灰的人材机消耗量按《湖北省房屋建筑与装饰工程消耗量定额及全费用基价表（装饰·措施）》（2018 版）中 A10-52、A10-1 及 A10-3 确定，结晶处理需要单列补充定额；防水涂料、钢筋网片人材机消耗量按《湖北省房屋建筑与装饰工程消耗量定额及全费用基价表（结构·屋面）》（2018 版）中 A6-100 及 A6-102、A2-86，假设市场价与定额价相同。

1）装饰工程

① 石材墙面的人材机消耗量及单价见表 6-10。

表 6-10　石材墙面人工、材料、机械消耗量

编码		名称				项目特征			单位		工程量
— A10-52		石材墙面 挂钩式干挂石材 1.0m² 以下 密缝							100m²		0.5628
	编码	类别	名称	规格及型号	单位	损耗率	含量	数量	定额价/元	市场价/元	合价/元
1	00010101	人	普工		工日		7.606	4.281	92	92	393.85
2	00010102	人	技工		工日		13.311	7.491	142	142	1063.72
3	00010103	人	高级技工		工日		17.114	9.632	212	212	2041.98
4	CL17049910@3	材	浅灰色水磨石	20mm厚	m²		102	57.406	136.9	136.9	7858.88
5	CL17005440	材	不锈钢石材干挂挂件		套		318.75	179.393	7.87	7.87	1411.82
6	CL17044990	材	膨胀螺栓 M8		套		637.5	358.785	0.61	0.61	218.86
7	CL17050530	材	石料切割锯片		片		1.394	0.785	26.97	26.97	21.17
8	CL17026150	材	合金钢钻头 φ16～20		个		18.312	10.306	8.56	8.56	88.22
9	CL17066760	材	云石AB胶		kg		19.63	11.048	31.4	31.4	346.91
10	CL17040750	材	密封胶		kg		10.25	5.769	11.04	11.04	63.69
11	CL17040900	材	棉纱		kg		1	0.563	10.27	10.27	5.78
12	CL17064370	材	硬白蜡		kg		2.65	1.491	4.96	4.96	7.4
13	CL17006720	材	草酸		kg		1	0.563	3.85	3.85	2.17
14	CL17040490	材	美纹纸		m		500	281.4	0.5	0.5	140.7
15	CL17052360	材	水		m³		1.42	0.799	3.39	3.39	2.71
16	CL17010690	材	电		kW·h		24.6	13.845	0.75	0.75	10.38

人工费 =56.28×（7.606×92+13.311×142+17.114×212）÷100=3499.54（元）

材料费 =56.28×（102×136.9+318.75×7.87+637.5×0.61+1.394×26.97+18.312×8.56+19.63×31.4+10.25×11.04+10.27+2.65×4.96+3.85+500×0.5+1.42×3.39+24.6×0.75）÷100=10178.61（元）

② 抹灰墙面的人材机消耗量及单价见表 6-11。

表 6-11　抹灰墙面人工、材料、机械消耗量

编码		名称				项目特征				单位		工程量
A10-1 ＋ A10-3 ×6		墙面一般抹灰　内墙(14mm＋6mm)　实际厚度50mm								100m²		0.5628

	编码	类别	名称	规格及型号	单位	损耗率	含量	数量	定额价/元	市场价/元	合价/元
1	0001010104	人	普工		工日		5.58	3.14	92	92	288.88
2	0001010204	人	技工		工日		11.33	6.377	142	142	905.53
3	CL17019500	砂浆	干混抹灰砂浆 DP M10		t		9.57	5.386	265.05	265.05	1427.56
4	CL17052360	材	水		m³		3.107	1.749	3.39	3.39	5.93
5	CLNJX008	材	电【机械】		kW·h		27.256	15.34	0.75	0.75	11.51
6	⊞ JX170607200l	机	干混砂浆罐式搅拌机	公称储量…	台班		0.956	0.538	187.32	187.32	100.78

人工费 =56.28×（5.58×92+11.33×142）÷100=1194.39（元）

材料费 =56.28×（9.57×265.05+3.107×3.39+27.256×0.75）÷100=1444.99（元）

机械费 =56.28×0.956×187.32÷100=100.79（元）

③ 结晶处理需单列补充定额，见表 6-12。

表 6-12　结晶处理人工、材料、机械消耗量

编码		名称				项目特征				单位		工程量
补子目3		结晶处理								m²		56.28

	编码	类别	名称	规格及型号	单位	损耗率	含量	数量	定额价/元	市场价/元	合价/元
1	BCCLF21	材	结晶处理		m²		1	56.28	51.33	51.33	2888.85

材料费 =56.28×1×51.33=2888.85（元）

④ 计算企业管理费、利润、总价措施项目费、规费、增值税，按照《湖北省建筑安装工程费用定额（2018 版）》装饰工程的取费标准，企业管理费、利润、总价措施项目费、规费的取费基数为人工费＋机械费，计算可知

人工费合计：3499.54+1194.39=4693.93（元）

材料费合计：10178.61+1444.99+2888.85=14512.45（元）

机械费合计：100.79 元

a. 企业管理费 =（人工费＋机械费）×14.19%=（4693.93+100.79）×14.19%=680.37（元）

b. 利润 =（人工费＋机械费）×14.64%=（4693.93+100.79）×14.64%=701.95（元）

c. 总价措施费 =（人工费＋机械费）×5.99%=（4693.93+100.79）×5.99%=287.2（元）

d. 规费 =（人工费＋机械费）×10.15%=（4693.93+100.79）×10.15%=486.66（元）

e. 增值税 =（人工费＋材料费＋机械费＋企业管理费＋利润＋总价措施费＋规费）× 9%=（4693.93+14512.45+100.79+680.37+701.95+287.2+486.66）×9%=1931.7（元）

合计：4693.93+14512.45+100.79+680.37+701.95+287.2+486.66+1931.7=23395.05（元）

2）房屋建筑工程

① 钢筋网片的人材机消耗量及单价见表 6-13。

人工费 =0.083×（2.455×92+7.364×142）=105.54（元）

材料费 =0.083×（1.03×3422.43+172.411×0.75）=303.32（元）

机械费 =0.083×（0.23×37.59+0.12×18.93+1.07×167.44）=15.78（元）

② 防水涂料的人材机消耗量及单价见表 6-14。

表 6-13　钢筋网片人工、材料、机械消耗量

编码		名称			项目特征			单位	工程量	
── A2-66		钢筋网片						t	0.0832944	
编码	类别	名称	规格及型号	单位	损耗率	含量	数量	定额价/元	市场价/元	合价/元
00010101@4	人	普工		工日		2.455	0.204	92	92	18.77
00010102@4	人	技工		工日		7.364	0.613	142	142	87.05
CL17021610	材	钢筋网片		t		1.03	0.086	3422.43	3422.43	294.33
CLNJX008	材	电【机械】		kW·h		172.411	14.361	0.75	0.75	10.77
⊞ JX17070020	机	钢筋调直机	直径40mm	台班		0.23	0.019	37.59	37.59	0.71
⊞ JX17070030	机	钢筋切断机	直径40mm	台班		0.12	0.01	18.93	18.93	0.19
⊞ JX17090270@1	机	点焊机	75kVA	台班		1.07	0.089	167.44	167.44	14.9

表 6-14　防水涂料人工、材料、机械消耗量

编码		名称			项目特征			单位	工程量	
A6-100 + A6-102×2		聚合物水泥防水涂料1.0mm厚　立面　实际厚度 2mm						100m²	0.5628	
编码	类别	名称	规格及型号	单位	损耗率	含量	数量	定额价/元	市场价/元	合价/元
1	00010101	人	普工		工日		2.571	1.447	92	92	133.12
2	00010102	人	技工		工日		3.858	2.171	142	142	308.28
3	CL17018070	材	防水涂料 JS		kg		441.504	248.478	10.52	10.52	2613.99
4	CL17052360	材	水		m³		0.057	0.032	3.39	3.39	0.11

人工费 =56.28×（2.571×92+3.858×142）÷100=441.44（元）

材料费 =56.28×（441.504×10.52+0.057×3.39）÷100=2614.1（元）

③ 计算企业管理费、利润、总价措施项目费、规费、增值税，按照《湖北省建筑安装工程费用定额（2018 版）》房屋建筑工程的取费标准，企业管理费、利润、总价措施项目费、规费的取费基数为人工费 + 机械费，计算可知

人工费合计：105.54+441.44=546.98（元）

材料费合计：303.32+2614.1=2917.42（元）

机械费合计：15.78 元

a. 企业管理费 =（人工费 + 机械费）×28.27%=（546.98+15.78）×28.27%=159.09（元）

b. 利润 =（人工费 + 机械费）×19.73%=（546.98+15.78）×19.73%=111.03（元）

c. 总价措施费 =（人工费 + 机械费）×14.34%=（546.98+15.78）×14.34%=80.7（元）

d. 规费 =（人工费 + 机械费）×26.85%=（546.98+15.78）×26.85%=151.1（元）

e. 增值税 =（人工费 + 材料费 + 机械费 + 企业管理费 + 利润 + 总价措施费 + 规费）×9%=（546.98+2917.42+15.78+159.09+111.03+80.7+151.1）×9%=358.39（元）

合计：546.98+2917.42+15.78+159.09+111.03+80.7+151.1+358.39=4340.49（元）

3）综合单价计算

由《湖北省建筑安装工程费用定额（2018 版）》可知，全费用基价表清单计价模式下综合单价由人工费、材料费、机械费、费用（企业管理费 + 利润 + 总价措施项目费 + 规费）、增值税组成，则计算可知：

综合单价 =（装饰工程部分合计 + 房屋建筑工程部分合计）÷ 清单工程量

　　　　 =（23395.05+4340.49）÷56.28=492.81（元 /m²）

第三节 天棚工程

天棚工程工程量清单项目分天棚抹灰、天棚吊顶、采光天棚、天棚其他装饰 4 节，共 10 个项目。

一、天棚工程清单工程量计算规则及举例

1. 天棚抹灰（编码：011301001）

按设计图示尺寸以水平投影面积计算。不扣除间壁墙、垛、柱、附墙烟囱、检查口和管道所占的面积。带梁天棚，梁两侧抹灰面积并入天棚面积内，板式楼梯底面抹灰按斜面积计算，锯齿形楼梯底板抹灰按展开面积计算。

【例 6-11】 某建筑平面如图 6-8 所示，墙厚 240mm，天棚基层为混凝土现浇板，混合砂浆天棚抹灰，柱断面尺寸为 400mm×400mm，天棚梁两侧抹灰面积共 35m²，计算天棚抹灰的清单工程量。

解 天棚抹灰工程量 =（5.1×3-0.24）×（10.2-0.24）+35=15.06×9.96+35=185（m²）

2. 天棚吊顶（编码：011302）

天棚吊顶包括：天棚、格栅、吊筒、藤条造型悬挂、织物软雕、网架（装饰）等吊顶项目。

天棚吊顶按设计图示尺寸以水平投影面积计算。天棚面中的灯槽及跌级、锯齿形、吊挂式、藻井式天棚面积不展开计算。不扣除间壁墙、检查口、附墙烟囱、柱垛和管道所占面积，扣除单个 0.3m² 以上的孔洞、独立柱及与天棚相连的窗帘盒所占的面积。

其他吊顶按设计图示尺寸以水平投影面积计算。

【例 6-12】 某建筑物二层入户厅天棚如图 6-9 所示，其天棚装饰为 20mm 厚木纹成品饰面板，板面中设有 5mm×10mm 凹槽，凹槽间距 30mm，试计算该区域天棚吊顶清单工程量。

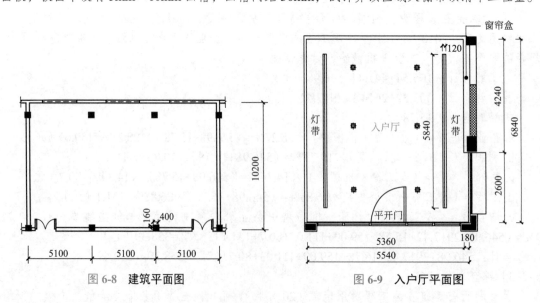

图 6-8 建筑平面图　　　图 6-9 入户厅平面图

解 天棚吊顶清单工程量 =5.54×6.84-0.18×4.24【窗帘盒】-5.84×0.12×2【灯带】=35.73（m²）

【例 6-13】 某建筑物三层阅览室局部设有天棚为金属格栅吊顶，其平面图、立面图如图 6-10 所示，试计算该区域格栅吊顶清单工程量。

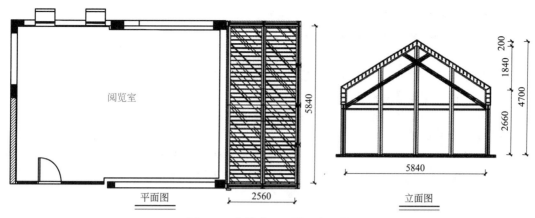

图 6-10 阅览室平面图、立面图

解 格栅吊顶清单工程量 =2.56×5.84=14.95（m²）

3.采光天棚（编码：011303）

采光天棚按框外围展开面积计算。

4.天棚其他装饰（编码：011304）

天棚其他装饰包括：灯带，送风口、回风口项目。

灯带按设计图示尺寸以框外围面积计算。

送风口、回风口按设计图示数量计算。

二、天棚工程全费用基价表清单计价模式下综合单价的确定

【例 6-14】 某建筑物三层宴会厅天棚装饰为 20mm 厚木纹成品饰面板吊顶，构造做法见招标工程量清单表 6-15，根据《湖北省建筑安装工程费用定额（2018 版）》，可知装饰工程总价措施费费率为 5.99%（其中安全文明施工费费率 5.39%、其他总价措施项目费费率 0.6%），企业管理费费率为 14.19%，利润率为 14.64%，规费费率为 10.15%，增值税税率为 9%。假设市场价与定额价相同，试计算该分项工程在全费用基价表清单计价模式下的综合单价。

表 6-15 分部分项工程量清单与计价表

序号	项目编码	项目名称	项目特征描述	计量单位	工程量	金额 / 元	
						综合单价	合价
1	011302001017	20mm 成品饰面板吊顶	1. 基层清理 2. 直径 8mm 镀锌吊杆，间距 1000mm≤x≤1200mm，M8 膨胀螺栓固定吊杆，天花杆≥1500mm；必须加转换层龙骨或做反向支撑 3. 60 型系列轻钢龙骨标准骨架：主龙骨中距≤1200mm，次龙骨中距 400mm，横撑可上人龙骨中距 900mm 4. 12mm 阻燃板，板材用专用自攻螺钉与龙骨固定，中距≤200mm，螺钉离板边长边≥10mm，短边≥15mm 5. 阻燃板平整度及表面光滑度处理 6. 20mm 成品饰面板板面 5mm×10mm 凹槽，间距 30mm	m²	60.21		

解　（1）核算清单工程量

根据施工图纸核算，清单工程量为 60.21m²。

（2）计算计价工程量

按照定额组价的方法，需计算主体项目和辅助项目。

主体项目：天棚面层 =60.21m²；

辅助项目：天棚基层 =60.21m²；天棚龙骨 =60.21m²。

（3）综合单价的确定

面层、基层、龙骨的人材机消耗量按《湖北省房屋建筑与装饰工程消耗量定额及全费用基价表（装饰·措施）》（2018 版）中 A12-104、A12-69、A12-29 确定，假设市场价与定额价相同。

① 天棚面层的人材机消耗量及单价见表 6-16。

表 6-16　面层人工、材料、机械消耗量

编码		名称		项目特征		单位		工程量
—— A12-104		木质装饰板天棚面层　方格式　分缝				100m²		0.6021

	编码	类别	名称	规格及型号	单位	损耗率	含量	数量	定额价/元	市场价/元	合价/元
1	00010101	人	普工		工日		1.775	1.069	92	92	98.35
2	00010102	人	技工		工日		4.756	2.864	142	142	406.69
3	00010103	人	高级技工		工日		2.343	1.411	212	212	299.13
4	CL17029700@7	材	20mm成品饰面板		m²		110	66.231	17.69	17.69	1171.63
5	CL17029900	材	胶黏剂		kg		32.55	19.598	18.82	18.82	368.83
6	CL17045770	材	气排钉		盒		11	6.623	4.28	4.28	28.35

a. 人工费 =60.21×（1.775×92+4.756×142+2.343×212）÷100=804.03（元）

b. 材料费 =60.21×（110×17.69+32.55×18.82+11×4.28）÷100=1568.81（元）

② 天棚基层的人材机消耗量及单价见表 6-17。

表 6-17　基层人工、材料、机械消耗量

编码		名称		项目特征		单位		工程量
—— A12-69		天棚基层　12mm阻燃板				100m²		0.6021

	编码	类别	名称	规格及型号	单位	损耗率	含量	数量	定额价/元	市场价/元	合价/元
1	00010101	人	普工		工日		1.308	0.788	92	92	72.5
2	00010102	人	技工		工日		3.505	2.11	142	142	299.62
3	00010103	人	高级技工		工日		1.726	1.039	212	212	220.27
4	CL17029700@1	材	12mm阻燃板		m²		105	63.221	17.69	17.69	1118.38
5	CL17069880	材	自攻螺钉		百个		23.676	14.255	3.17	3.17	45.19

a. 人工费 =60.21×（1.308×92+3.505×142+1.726×212）÷100=592.44（元）

b. 材料费 =60.21×（105×17.69+23.676×3.17）÷100=1163.56（元）

③ 天棚龙骨的人材机消耗量及单价见表 6-18。

a. 人工费 =60.21×（3.135×92+8.401×142+4.138×212）÷100=1420.12（元）

b. 材料费 =60.21×（144.24×6.85+341.61×2.76+269.8×2.76+0.44×3.85+170×3.85+0.007×2479.49 +100×2.99+176×1.18+1403×0.27+422×0.77+66×1.18+157×0.66+1.28×3.68+1.34×5.92 +3.61×9.15+1.81×27.38+8.688×0.75）÷100=2915.83（元）

c. 机械费 =60.21×0.09×158.9÷100=8.61（元）

表 6-18 龙骨人工、材料、机械消耗量

	编码		名称				项目特征			单位		工程量
	— A12-29		装配式U形轻钢天棚龙骨(上人型)规格 450mm×450mm 平面							100m²		0.6021

	编码	类别	名称	规格及型号	单位	损耗率	含量	数量	定额价/元	市场价/元	合价/元
1	00010101	人	普工		工日		3.135	1.888	92	92	173.7
2	00010102	人	技工		工日		8.401	5.058	142	142	718.24
3	00010103	人	高级技工		工日		4.138	2.491	212	212	528.09
4	CL17046640	材	轻钢大龙骨 h60		m		144.24	86.847	6.85	6.85	594.9
5	CL17046860	材	轻钢中龙骨 h19		m		341.61	205.683	2.76	2.76	567.69
6	CL17046890	材	轻钢中龙骨横撑 h19		m		269.8	162.447	2.76	2.76	448.35
7	CL17057330	材	铁件 综合		kg		0.44	0.265	3.85	3.85	1.02
8	CL17065640	材	预埋铁件		kg		170	102.357	3.85	3.85	394.07
9	CL17063780	材	一等枋材		m³		0.007	0.004	2479.49	2479.49	9.92
10	CL17011720	材	吊筋		kg		100	60.21	2.99	2.99	180.03
11	CL17046660	材	轻钢大龙骨垂直吊…		个		176	105.97	1.18	1.18	125.04
12	CL17046900	材	轻钢中龙骨平面连…		个		1403	844.746	0.27	0.27	228.08
13	CL17046880	材	轻钢中龙骨垂直吊…		个		422	254.086	0.77	0.77	195.65
14	CL17046760	材	轻钢龙骨主接件 上…		个		66	39.739	1.18	1.18	46.89
15	CL17046680	材	轻钢龙骨次接件		个		157	94.53	0.66	0.66	62.39
16	CL17010640	材	电焊条		kg		1.28	0.771	3.68	3.68	2.84
17	CL17028790	材	机螺钉		kg		1.34	0.807	5.92	5.92	4.78
18	CL17036990	材	螺母		百个		3.61	2.174	9.15	9.15	19.89
19	CL17011590	材	垫圈		百个		1.81	1.09	27.38	27.38	29.84
20	CLNJX008	材	电【机械】		kW·h		8.688	5.231	0.75	0.75	3.92
21	+ JX17090030	机	交流弧焊机	32kVA	台班		0.09	0.054	158.9	158.9	8.58

④ 计算企业管理费、利润、总价措施项目费、规费、增值税,按照《湖北省建筑安装工程费用定额(2018 版)》装饰工程的取费标准,企业管理费、利润、总价措施项目费、规费的取费基数为人工费+机械费,计算可知

人工费合计:804.03+592.44+1420.12=2816.59(元)

材料费合计:1568.81+1163.56+2915.83=5648.2(元)

机械费合计:8.61 元

a. 企业管理费 = (人工费+机械费)×14.19% = (2816.59+8.61)×14.19% = 400.9(元)

b. 利润 = (人工费+机械费)×14.64% = (2816.59+8.61)×14.64% = 413.61(元)

c. 总价措施费 = (人工费+机械费)×5.99% = (2816.59+8.61)×5.99% = 169.23(元)

d. 规费 = (人工费+机械费)×10.15% = (2816.59+8.61)×10.15% = 286.76(元)

e. 增值税 = (人工费+材料费+机械费+企业管理费+利润+总价措施费+规费)×9% = (2816.59+5648.2+8.61+400.9+413.61+169.23+286.76)×9% = 876.95(元)

⑤ 综合单价计算

由《湖北省建筑安装工程费用定额(2018 版)》可知,全费用基价表清单计价模式下综合单价由人工费、材料费、机械费、费用(企业管理费+利润+总价措施项目费+规费)、增值税组成,则计算可知:

综合单价 = (2816.59+5648.2+8.61+400.9+413.61+169.23+286.76+876.95)÷60.21

= 176.4(元/m²)

第四节　门窗工程

　　门窗工程工程量清单项目分木门、金属门、金属卷帘（闸）门、厂库房大门、特种门、其他门、木窗、金属窗、门窗套、窗台板、窗帘、窗帘盒、窗帘轨 10 节，共 55 个项目。

一、门窗工程清单工程量计算规则及举例

　　1. 木门（编码：010801）

　　按设计图示数量计算或设计图示洞口尺寸以面积计算，单位：樘、m²。

　　包括木质门、木质门带套、木质连窗门、木质防火门、木门框、门锁安装 6 个项目。

　　2. 金属门（编码：010802）

　　按设计图示数量计算或设计图示洞口尺寸以面积计算，单位：樘、m²。

　　包括金属平开门、金属推拉门、金属地弹门、彩板门、塑钢门、防盗门、钢质防火门 7 个项目。

　　【例 6-15】　某建筑物室内二层平面如图 6-11 所示，门见表 6-19，试计算该楼层所有门的清单工程量。

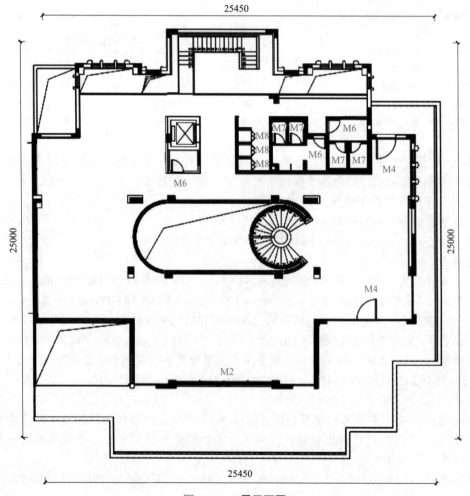

图 6-11　二层平面图

表 6-19　二层门表

编号	类型	洞口尺寸/（mm×mm）	数量
M2	铝合金连窗轨道门	5940×2850	1
M4	铝合金木饰面门	1200×2850	2
M6	铝合金平开门	730×2530	3
M7	铝合金木饰面门	630×2410	4
M8	铝合金木饰面门	700×1250	3

解　铝合金门窗的清单工程量可以按设计图示数量计算或设计图示洞口尺寸以面积计算。

方法一：按设计图示数量计算

M2=1（樘），M4=2（樘），M6=3（樘），M7=4（樘），M8=3（樘）

方法二：按设计图示洞口尺寸计算

M2=5.94×2.85=16.93（m²），M4=1.2×2.85×2=6.84（m²）；

M6=0.73×2.53×3=5.54（m²），M7=0.63×2.41×4=6.07（m²），M8=0.7×1.25×3=2.63（m²）

3. 金属卷帘（闸）门（编码：010803）

按设计图示数量计算或设计图示洞口尺寸以面积计算，单位：樘、m²。

包括金属卷闸门、金属格栅门、防火卷帘门 3 个项目。

4. 厂库房大门、特种门（010804）

木质大门、钢木大门、全钢板大门、金属格栅门、特种门按设计图示数量计算或按设计图示洞口尺寸以面积计算，单位：樘、m²。

防护铁丝门、钢质花饰大门按设计图示数量计算或按设计图示门框或扇以面积计算，单位：樘、m²。

5. 其他门（编码：010805）

按设计图示数量计算或设计图示洞口尺寸以面积计算，单位：樘、m²。

包括电子感应门、旋转门、电子对讲门、电动伸缩门、全玻自由门、镜面不锈钢饰面门、复合材料门 7 个项目。

6. 木窗（编码：010806）

木质窗、木纱窗按设计图示数量计算或设计图示洞口尺寸以面积计算，单位：樘、m²。

木飘（凸）窗、木橱窗按设计图示数量或设计图示尺寸以框外围展开面积计算，单位：樘、m²。

7. 金属窗（编码：010807）

金属（塑钢、断桥）窗、金属防火窗、金属百叶窗、金属格栅窗按设计图示数量计算或设计图示洞口尺寸以面积计算，单位：樘、m²。

金属纱窗按设计图示数量计算或框外围尺寸以面积计算，单位：樘、m²。

金属（塑钢、断桥）橱窗、金属（塑钢、断桥）飘（凸）窗按设计图示数量计算或设计图示尺寸以框外围展开面积计算，单位：樘、m²。

彩板窗、复合材料窗按设计图示数量计算或设计图示洞口尺寸以框外围展开面积计算，单位：樘、m²。

8. 门窗套（编码：010808）

木门窗套、木筒子板、饰面夹板筒子板、金属门窗套、石材门窗套、成品木门窗套按设计图示数量计算或设计图示尺寸以展开面积计算或按设计图示尺寸以延长米计算。

门窗木贴脸按设计图示数量樘计算或按设计图示尺寸以延长米计算。

【例 6-16】某门洞如图 6-12 所示,设计做门套装饰,筒子板厚 30mm,宽 300mm,贴脸宽 80mm。计算筒子板、贴脸的清单工程量。

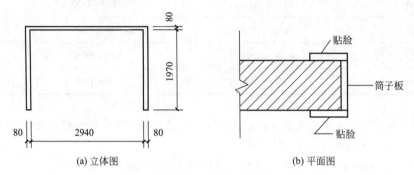

图 6-12　门洞装饰示意图

解　筒子板工程量 =(1.97×2+2.94)×0.3=6.88×0.3=2.06(m²)

贴脸工程量 =(1.97×2+2.94+0.08×2)×2=14.08(m)

9. 窗台板(编码:010809)

按设计图示尺寸以长度计算。

包括木窗台板、铝塑窗台板、石材窗台板、金属窗台板 4 个项目。

10. 窗帘、窗帘盒、窗帘轨(编码:010810)

窗帘按设计图示尺寸以成活后长度或以成活后展开面积计算。

木窗帘盒、饰面夹板塑料窗帘盒、铝合金窗帘盒以及窗帘轨按设计图示尺寸以长度计算。

二、门窗工程全费用基价表清单计价模式下综合单价的确定

【例 6-17】某建筑物二层阳台正门区域推拉门配置为:灰色金属边框、8G+20A+8G 中空超白钢化玻璃,招标工程量清单见表 6-20。由《湖北省房屋建筑与装饰工程消耗量定额及全费用基价表(结构·屋面)》(2018 版)可知,门窗工程属于房屋建筑工程,根据《湖北省建筑安装工程费用定额(2018 版)》可知房屋建筑工程总价措施费费率为 14.34%(其中安全文明施工费费率 13.64%、其他总价措施项目费费率 0.7%),企业管理费费率为 28.27%,利润率为 19.73%,规费费率为 26.85%,增值税税率为 9%。假设市场价与定额价相等,试计算该分项工程在全费用基价表清单计价模式下的综合单价。

表 6-20　分部分项工程量清单与计价表

序号	项目编码	项目名称	项目特征描述	计量单位	工程量	金额 / 元	
						综合单价	合价
1	010805005010	铝合金门(M2)	1. 名称:M2 2. 尺寸:长 5940mm× 高 2850mm 3. 材料:8G+20A+8G 中空钢化超白玻璃,含铝合金,专用地轮、专用定制锁等五金配件,喷氟碳漆	樘	1		

解　（1）核算清单工程量

根据施工图纸核算，清单工程量为 1 樘。

（2）计算计价工程量

按照定额组价的方法，需计算主体项目和辅助项目。

主体项目：铝合金门安装 =5.94×2.85=16.93（m²）；

辅助项目：门轨 =5.94m；地锁 =1 个。

（3）综合单价的确定

面层、基层、龙骨的人材机消耗量按《湖北省房屋建筑与装饰工程消耗量定额及全费用基价表（装饰·措施）》（2018 版）中 A5-11、A5-169、A5-170 确定，假设市场价与定额价相同。

① 铝合金门的人材机消耗量见表 6-21。

表 6-21　铝合金门人工、材料、机械消耗量

编码		名称			项目特征			单位		工程量
— A5-11		隔热断桥铝合金门安装　推拉						100m²		0.1693
	编码	类别	名称	规格及型号	单位	损耗率	含量	数量	定额价/元	市场价/元	合价/元
1	00010101	人	普工		工日		7.384	1.25	92	92	115
2	00010102	人	技工		工日		19.788	3.35	142	142	475.7
3	00010103	人	高级技工		工日		2.363	0.4	212	212	84.8
4	CL17038290	材	铝合金隔热断桥推…		m²		92.51	15.662	397.86	397.86	6231.28
5	CL17038550	材	铝合金窗配件 地…		个		445.913	75.493	0.54	0.54	40.77
6	CL17025240	材	硅酮耐候密封胶		kg		66.706	11.293	35.53	35.53	401.24
7	CL17032170	材	聚氨酯发泡密封胶 …		支		99.84	16.903	19.94	19.94	337.05
8	CL17054850	材	塑料膨胀螺栓		套		445.913	75.493	0.43	0.43	32.46
9	CL17010690	材	电		kW·h		7	1.185	0.75	0.75	0.89

a. 人工费 =16.93×（7.384×92+19.788×142+2.363×212）÷100=675.54（元）

b. 材料费 =16.93×（92.51×397.86+445.913×0.54+66.706×35.53+99.84×19.94+445.913×0.43+7×0.75）÷100=7043.67（元）

② 门轨的人材机消耗量见表 6-22。

表 6-22　门轨人工、材料、机械消耗量

编码		名称			项目特征			单位		工程量
— A5-169		吊装滑动门轨						m		5.94
	编码	类别	名称	规格及型号	单位	损耗率	含量	数量	定额价/元	市场价/元	合价/元
1	00010101	人	普工		工日		0.01	0.059	92	92	5.43
2	00010102	人	技工		工日		0.027	0.16	142	142	22.72
3	00010103	人	高级技工		工日		0.003	0.018	212	212	3.82
4	CL17011790	材	吊装滑动门轨		m		1.01	5.999	20.53	20.53	123.16

a. 人工费 =5.94×（0.01×92+0.027×142+0.003×212）=32.02（元）

b. 材料费 =5.94×1.01×20.53=123.17（元）

③ 地锁的人材机消耗量见表 6-23。

表 6-23　地锁人工、材料、机械消耗量

编码		名称			项目特征			单位		工程量
A5-170		地锁						10个		0.1
	编码	类别	名称	规格及型号	单位	损耗率	含量	数量	定额价/元	市场价/元	合价/元
1	00010101	人	普工		工日		0.32	0.032	92	92	2.94
2	00010102	人	技工		工日		0.858	0.086	142	142	12.21
3	00010103	人	高级技工		工日		0.102	0.01	212	212	2.12
4	CL17010560	材	地锁		把		10.1	1.01	135.87	135.87	137.23

a. 人工费 $=1×(0.32×92+0.858×142+0.102×212)÷10=17.29$（元）

b. 材料费 $=1×10.1×135.87÷10=137.23$（元）

④ 计算企业管理费、利润、总价措施项目费、规费、增值税，按照《湖北省建筑安装工程费用定额（2018 版）》房屋建筑工程的取费标准，企业管理费、利润、总价措施项目费、规费的取费基数为人工费 + 机械费，计算可知。

人工费合计：675.54+32.02+17.29=724.85（元）

材料费合计：7043.67+123.17+137.23=7304.07（元）

a. 企业管理费 =（人工费 + 机械费）×28.27%=724.85×28.27%=204.92（元）

b. 利润 =（人工费 + 机械费）×19.73%=724.85×19.73%=143.01（元）

c. 总价措施费 =（人工费 + 机械费）×14.34%=724.85×14.34%=103.94（元）

d. 规费 =（人工费 + 机械费）×26.85%=724.85×26.85%=194.62（元）

e. 增值税 =（人工费 + 材料费 + 机械费 + 企业管理费 + 利润 + 总价措施费 + 规费）×9%=
（724.85+7304.07+204.92+143.01+103.94+194.62）×9%=780.79（元）

⑤ 综合单价计算。

由《湖北省建筑安装工程费用定额（2018 版）》可知，全费用基价表清单计价模式下综合单价由人工费、材料费、机械费、费用（企业管理费 + 利润 + 总价措施项目费 + 规费）、增值税组成，则计算可知：

综合单价 =（724.85+7304.07+204.92+143.01+103.94+194.62+780.79）÷1=9456.2（元 / 樘）

第五节　油漆、涂料、裱糊工程

油漆、涂料、裱糊工程工程量清单项目分门油漆、窗油漆、木扶手及其他板条线条油漆、木材面油漆、金属面油漆、抹灰面油漆、喷刷、涂料、裱糊 8 节，共 36 个项目。

一、油漆、涂料、裱糊工程清单工程量计算规则及举例

1. 门油漆（编码：011401）
按设计图示数量计算或设计图示洞口尺寸以面积计算，单位：樘、m²。
2. 窗油漆（编码：011402）
按设计图示数量计算或设计图示洞口尺寸以面积计算，单位：樘、m²。
3. 木扶手及其他板条线条油漆（编码：011403）
按设计图示尺寸以长度计算。
木扶手及其他板条线条油漆包括木扶手、窗帘盒、封檐板、顺水板、挂衣板、黑板框、

挂镜线、窗帘棍、单独木线等油漆项目。

4. 木材面油漆（编码：011404）

木护墙、木墙裙油漆，窗台板、筒子板、盖板、门窗套、踢脚线油漆，清水板条天棚、檐口油漆，木方格吊顶天棚油漆，吸音板墙面、天棚面油漆，暖气罩油漆、其他木材面项目，按设计图示尺寸以面积计算。

木间壁、木隔断油漆，玻璃间壁露明墙筋油漆，木栅栏、木栏杆（带扶手）油漆项目，按设计图示尺寸以单面外围面积计算。

衣柜、壁柜油漆，梁柱饰面油漆，零星木装修油漆项目，按设计图示尺寸以油漆部分展开面积计算。

木地板油漆，木地板烫硬蜡面项目，按设计图示尺寸以面积计算。空洞、空圈、暖气包槽、壁龛的开口部分并入相应的工程量内。

5. 金属面油漆（编码：011405）

按设计图示尺寸以质量计算或按设计展开面积计算。

6. 抹灰面油漆（编码：011406）

抹灰面油漆、满刮腻子项目，按设计图示尺寸以面积计算；

抹灰线条油漆项目，按设计图示尺寸以长度计算。

【例6-18】 某建筑物如图6-13所示，外墙抹灰面刷过氯乙烯漆，连窗门、推拉窗居中立樘，框厚80mm，墙厚240mm，计算外墙油漆的清单工程量。

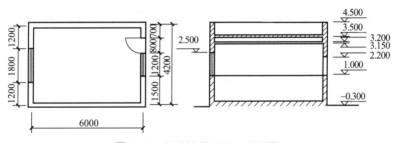

图6-13 某建筑物平面、立面图

解 外墙油漆清单工程量=（6+0.24+4.2+0.24）×2×（4.5+0.3）-（0.8×2.2+1.2×1.2+1.8×1.5）+（2.2×2+2.0+1.2+1.8×2+1.5×2）×（0.24-0.08）÷2=（6.24+4.44）×2×4.8-（1.76+1.44+2.7）+（7.6+6.6）×0.08=102.53-5.9+1.14=97.77（m²）

7. 喷刷、涂料（编码：011407）

墙面喷刷涂料、天棚喷刷涂料按设计图示尺寸以面积计算。

空花格、栏杆刷涂料按设计图示尺寸以面积外围面积计算。

线条刷涂料，按设计图示尺寸以长度计算。

【例6-19】 某建筑室内干景区域立面图如图6-14所示，墙面装饰为白色艺术涂料，金属栏杆喷涂白色氟碳漆，构造做法如下。

①墙面：白色艺术涂料；

②栏杆：横管φ30mm，立管φ15mm饰面刷白色氟碳漆。

试计算该墙面涂料清单工程量和栏杆油漆清单工程量。

解 墙面喷刷涂料的工程量按设计图示尺寸以面积计算，踢脚线所占面积不计入。栏杆为金属栏杆，金属面油漆计算规则有两种，一是按重量以吨计算，二是按设计展开面积计算，本题中栏杆以展开面积计算。

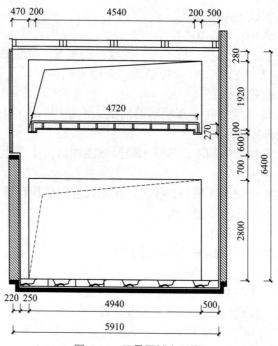

图 6-14　干景区域立面图

墙面涂料清单工程量 =5.91×6.4-0.22×（2.8+0.7）-4.94×2.8-（4.54+0.2×2）×1.92+0.2×0.1×2=13.78（m²）

栏杆油漆清单工程量 =3.14×0.03×（4.72+0.27×2）+3.14×0.015×（0.27-0.1）×9=0.57（m²）

8. 裱糊（编码：011408）

按设计图示尺寸以面积计算。

裱糊包括墙纸裱糊、织锦缎裱糊。

二、油漆、涂料、裱糊工程全费用基价表清单计价模式下综合单价的确定

【例 6-20】　某建筑物三层宴会厅墙面采用硬包壁布，构造做法见招标工程量清单表 6-24。根据《湖北省建筑安装工程费用定额（2018 版）》可知，装饰工程总价措施费费率为 5.99%（其中安全文明施工费费率 5.39%、其他总价措施项目费费率 0.6%），企业管理费费率为 14.19%，利润率为 14.64%，规费费率为 10.15%，增值税税率为 9%。假设市场价与定额价相等，试计算该分项工程在全费用基价表清单计价模式下的综合单价。

表 6-24　分部分项工程量清单与计价表

序号	项目编码	项目名称	项目特征描述	计量单位	工程量	金额 / 元	
						综合单价	合价
1	011408001001	硬包壁布墙面	1. 基层清理 2. 基层用 12mm 厚阻燃板 + 内部龙骨间距 @300+ 贴布艺硬包 3. 其他说明：含 20mm×10mm 凹槽，具体做法详见设计图纸，且应符合设计及规范要求	m²	70.42		

解　（1）核算清单工程量

根据施工图纸核算，清单工程量为 70.42m²。

（2）计算计价工程量

按照定额组价的方法，需计算主体项目和辅助项目。

主体项目：墙面壁布 =70.42m²；辅助项目：墙面基层 =70.42m²

（3）综合单价的确定

墙面壁布及基层的人材机消耗量按《湖北省房屋建筑与装饰工程消耗量定额及全费用基价表（装饰·措施）》（2018 版）中 A13-257、A10-152 确定，假设市场价与定额价相同。

① 墙面壁布的人材机消耗量见表 6-25。

表 6-25　墙面壁布的人工、材料、机械消耗量

编码		名称			项目特征			单位	工程量
A13-257		墙面 普通壁纸 对花						100m²	0.7042
	编码	类别	名称	规格及型号	单位	损耗率	含量	数量	定额价/元	市场价/元	合价/元
1	00010101	人	普工		工日		2.012	1.417	92	92	130.36
2	00010102	人	技工		工日		4.509	3.175	142	142	450.85
3	00010103	人	高级技工		工日		0.416	0.293	212	212	62.12
4	CL17002900@2	材	硬包壁布		m²		116	81.687	18.14	18.14	1481.8
5	CL17007300	材	成品腻子粉		kg		52.92	37.266	1.03	1.03	38.38
6	CL17055730	材	按甲基纤维素		kg		0.113	0.08	7.21	7.21	0.58
7	CL17029390	材	建筑胶		kg		6.237	4.392	2.22	2.22	9.75
8	CL17002910	材	壁纸专用粘贴剂		kg		27.81	19.584	25.44	25.44	498.22
9	CL17052360	材	水		m³		0.03	0.021	3.39	3.39	0.07

a. 人工费 =70.42×（2.012×92+4.509×142+0.416×212）÷100=643.34（元）

b. 材料费 =70.42×（116×18.14+52.92×1.03+0.113×7.21+6.237×2.22+27.81×25.44+0.03×3.39）÷100=2028.8（元）

② 墙面基层的人材机消耗量见表 6-26。

表 6-26　墙面基层人工、材料、机械消耗量

编码		名称			项目特征			单位	工程量
A10-152		墙饰面 胶合板基层9mm 换为【12mm阻燃板】						100m²	0.7042
	编码	类别	名称	规格及型号	单位	损耗率	含量	数量	定额价/元	市场价/元	合价/元
1	00010101	人	普工		工日		1.052	0.741	92	92	68.17
2	00010102	人	技工		工日		2.819	1.985	142	142	281.87
3	00010103	人	高级技工		工日		0.337	0.237	212	212	50.24
4	CL17029650@3	材	12mm厚阻燃板		m²		105	73.941	43.2	43.2	3194.25
5	CL17032430	材	聚醋酸乙烯乳液		kg		14.007	9.864	5.56	5.56	54.84
6	CL17045770	材	气排钉		盒		0.918	0.646	4.28	4.28	2.76
7	CL17066300	材	圆钉		kg		2.558	1.801	5.92	5.92	10.66
8	CLNJX008	材	电【机械】		kW·h		35.816	25.222	0.75	0.75	18.92
9	⊞ JX17100180	机	电动空气压缩机		台班		1.48	1.042	162.02	162.02	168.82

　　a. 人工费 =70.42×（1.052×92+2.819×142+0.337×212）÷100=400.36（元）

　　b. 材料费 =70.42×（105×43.2+14.007×5.56+0.918×4.28+2.558×5.92+35.816×0.75）÷100=3281.44（元）

　　c. 机械费 =70.42×1.48×162.02÷100=168.86（元）

　　③ 计算企业管理费、利润、总价措施项目费、规费、增值税，按照《湖北省建筑安装工程费用定额（2018 版）》装饰工程的取费标准，企业管理费、利润、总价措施项目费、规费的取费基数为人工费 + 机械费，计算可知

　　人工费合计：643.34+400.36=1043.70（元）

　　材料费合计：2028.8+3281.44=5310.24（元）

　　机械费合计：168.86（元）

　　人工费合计 + 机械费合计：1043.70+168.86=1212.56（元）

　　a. 企业管理费 =（人工费 + 机械费）×14.19%=1212.56×14.19%=172.06（元）

　　b. 利润 =（人工费 + 机械费）×14.64%=1212.56×14.64%=177.52（元）

　　c. 总价措施费 =（人工费 + 机械费）×5.99%=1212.56×5.99%=72.63（元）

　　d. 规费 =（人工费 + 机械费）×10.15%=1212.56×10.15%=123.07（元）

　　e. 增值税 =（人工费 + 材料费 + 机械费 + 企业管理费 + 利润 + 总价措施费 + 规费）×9%=（1043.70+5310.24+168.86+172.06+177.52+72.63+123.07）×9%=636.13（元）

　　④ 综合单价计算

　　由《湖北省建筑安装工程费用定额（2018 版）》可知，全费用基价表清单计价模式下综合单价由人工费、材料费、机械费、费用（企业管理费 + 利润 + 总价措施项目费 + 规费）、增值税组成，则计算可知：

　　综合单价 =（1043.70+5310.24+168.86+172.06+177.52+72.63+123.07+636.13）÷70.42
　　　　　　=7704.21÷70.42=109.4（元 /m²）

第六节　其他装饰工程

　　其他装饰工程工程量清单项目分为柜类、货架，压条、装饰线，扶手、栏杆、栏板装饰，暖气罩，浴厕配件，雨篷、旗杆，招牌、灯箱，美术字 8 节，共 62 个项目。

一、其他装饰工程清单工程量计算规则及举例

　　1. 柜类、货架（编码：011501）

　　按设计图示数量计算，或按设计图示尺寸以延长米计算或按设计图示尺寸以体积计算。

　　柜类、货架包括柜台、酒柜、衣柜、存包柜、鞋柜、书柜、厨房壁柜、木壁柜、厨房低柜、厨房吊柜、矮柜、吧台背柜、酒吧吊柜、酒吧台、展台、收银台、试衣间、货架、书架、服务台共 20 个项目。

　　2. 压条、装饰线（编码：011502）

　　按设计图示尺寸以长度计算。

　　压条、装饰线包括金属、木质、石材、石膏、镜面、铝塑、塑料、GRC 装饰线 8 个项目。

　　3. 扶手、栏杆、栏板装饰（编码：011503）

　　按设计图示尺寸以扶手中心线长度（包括弯头长度）计算。

扶手、栏杆、栏板装饰包括金属、硬木、塑料、GRC 扶手带栏杆、栏板，金属、硬木、塑料靠墙扶手，玻璃栏板。

【例 6-21】 某建筑物内楼梯如图 6-15 所示，计算栏杆、扶手的清单工程量。

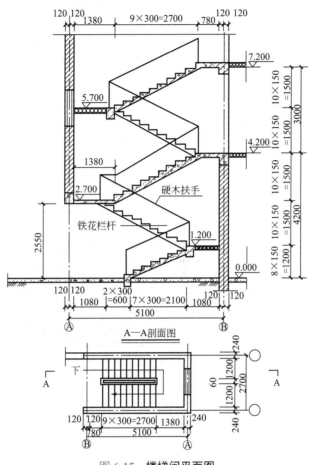

图 6-15 楼梯间平面图

解 栏杆、扶手长度＝第一、二、三、四、五跑斜长＋第三、五跑水平长＋弯头水平长

$$斜长系数 = \frac{\sqrt{0.15^2 + 0.30^2}}{0.3} = 1.118$$

清单工程量 ＝（2.1+3.0+2.7+3×2）×1.118+0.6+（1.2+0.06）+0.06×4

＝15.43+0.6+1.26+0.24

＝17.53（m）

4. 暖气罩（编码：011504）

按设计图示尺寸以垂直投影面积（不展开）计算。

暖气罩包括饰面板、塑料板及金属暖气罩 3 个项目。

5. 浴厕配件（编码：011505）

洗漱台项目，按设计图示尺寸以台面外接矩形面积计算。不扣除孔洞、挖弯、削角所占面积，挡板、吊沿板面积并入台面面积内，或按设计图示数量计算。

晒衣架、帘子杆、浴缸拉手、卫生间扶手、毛巾杆、毛巾环、卫生纸盒、肥皂盒项目，按设计图示数量计算。

镜面玻璃项目，按设计图示尺寸以边框外围面积计算。

镜箱项目，按设计图示数量计算。

【例 6-22】 某卫生间洗漱台立面如图 6-16 所示，20mm 厚大理石台面，计算大理石洗漱台的清单工程量。

解 清单工程量 = 台面面积 + 挡板面积 + 吊沿面积 =2×0.6+0.15×（2+0.6+0.6）+
2×（0.15-0.02）=1.2+0.15×3.2+2×0.13=1.94（m²）

6. 雨篷、旗杆（编码：011506）

雨篷吊挂饰面项目，按设计图示尺寸以水平投影面积计算。

金属旗杆项目，按设计图示数量计算。

玻璃雨篷，按设计图示尺寸以水平投影面积计算。

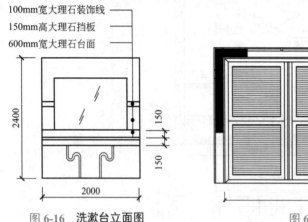

图 6-16 洗漱台立面图 　　　　图 6-17 雨篷平面图

【例 6-23】 某建筑物二层侧阳台雨篷如图 6-17 所示，雨篷为 6mm+1.14PVB+6mm 钢化夹胶玻璃雨篷，计算该玻璃雨篷的清单工程量。

解 玻璃雨篷清单工程量 =6×3=18（m²）

7. 招牌、灯箱（编码：011507）

平面、箱式招牌项目，按设计图示尺寸以正立面边框外围面积计算。复杂的凸凹造型部分不增加面积。

竖式标箱、灯箱项目，按设计图示数量计算。

8. 美术字（编码：011508）

按设计图示数量计算。

美术字包括泡沫塑料字、有机玻璃字、木质字、金属字、吸塑字 5 个项目。

二、其他装饰工程全费用基价表清单计价模式下综合单价的确定

【例 6-24】 某建筑物二层阳台共设有 2 处雨篷，构造做法为 6mm+1.14PVB+6mm 钢化夹胶玻璃雨篷，工程量清单见表 6-27。根据《湖北省建筑安装工程费用定额（2018 版）》可知，装饰工程总价措施费费率为 5.99%（其中安全文明施工费费率 5.39%、其他总价措施项目费费率 0.6%），企业管理费费率为 14.19%。利润率为 14.64%。规费费率为 10.15%，增值税税率为 9%。假设市场价与定额价相等，试计算该分项工程在全费用基价表清单计价模式下的综合单价。

表 6-27　分部分项工程量清单与计价表

序号	项目编码	项目名称	项目特征描述	计量单位	工程量	金额 / 元	
						综合单价	合价
1	011506003001	玻璃雨篷	6mm+1.14PVB+6mm 钢化夹胶玻璃雨篷	m²	41		

解　（1）核算清单工程量

根据施工图纸核算，清单工程量为 41m²。

（2）计算计价工程量

按照定额组价的方法，需计算主体项目和辅助项目。

主体项目：玻璃雨篷 =41m²。

（3）综合单价的确定

玻璃雨篷的人材机消耗量按《湖北省房屋建筑与装饰工程消耗量定额及全费用基价表（装饰·措施)》(2018 版）中 A14-175 确定，假设市场价与定额价相同。

① 玻璃雨篷的人材机消耗量见表 6-28。

表 6-28　玻璃雨篷人工、材料、机械消耗量

	编码	类别	名称			项目特征		单位	工程量
	A14-175	定	雨篷 夹层玻璃托架式					100m²	0.41
	编码	类别	名称	规格及型号	单位	损耗率	含量	数量	定额价/元	市场价/元	合价/元
---	---	---	---	---	---	---	---	---	---	---	---
1	00010102@40	人	技工		工日		59.212	24.277	142	142	3447.33
2	00010103@40	人	高级技工		工日		29.164	11.957	212	212	2534.88
3	CL17029220	材	夹胶玻璃 采光天棚…		m²		103	42.23	117.34	117.34	4955.27
4	CL17062360	材	型钢 综合		t		5.334	2.187	3090.23	3090.23	6758.33
5	CL17010010	材	低碳钢焊条 J422 …		kg		61.408	25.177	3.68	3.68	92.65
6	CL17025190	材	硅酮结构胶 300ml		支		85.72	35.145	13.65	13.65	479.73
7	CL17003780	材	玻璃胶 300ml		支		76.65	31.427	11.89	11.89	373.67
8	CL17011550	材	垫胶		kg		85.72	35.145	22.76	22.76	799.9
9	CL17018110	材	防锈漆		kg		60	24.6	12	12	295.2
10	CL17065030	材	油漆溶剂油		kg		3.1	1.271	3.76	3.76	4.78
11	CL17063640	材	氧气		m³		68.33	28.015	3.27	3.27	91.61
12	CL17063950	材	乙炔气		m³		29.71	12.181	24.81	24.81	302.21
13	CLNJX008	材	电【机械】		kW·h		486.982	199.663	0.75	0.75	149.75
14	⊞ JX17090010@2	机	交流弧焊机	21kVA	台班		8.08	3.313	157.69	157.69	522.43

a. 人工费 =41×（59.212×142+29.164×212)÷100=5982.26（元）

b. 材料费 =41×（103×117.34+5.334×3090.23+61.408×3.68+85.72×13.65+76.65×11.89+85.72×22.76+60×12+3.1×3.76+68.33×3.27+29.71×24.81+486.982×0.75)÷100=14302.92（元）

c. 机械费 =41×8.08×157.69÷100=522.4（元）

人工费 + 机械费 =5982.26+522.4=6504.66（元）

② 计算企业管理费、利润、总价措施项目费、规费、增值税，按照《湖北省建筑安装工程费用定额（2018 版)》装饰工程的取费标准，企业管理费、利润、总价措施项目费、规费的取费基数为人工费 + 机械费，计算可知：

a. 企业管理费 =（人工费 + 机械费)×14.19%=6504.66×14.19%=923.01（元）

b. 利润 =（人工费 + 机械费)×14.64%=6504.66×14.64%=952.28（元）

c. 总价措施费 =（人工费 + 机械费）×5.99%=6504.66×5.99%=389.63（元）

d. 规费 =（人工费 + 机械费）×10.15%=6504.66×10.15%=660.22（元）

e. 增值税 =（人工费 + 材料费 + 机械费 + 企业管理费 + 利润 + 风险费 + 规费）×9%=（5982.26+14302.92+522.4+923.01+952.28+389.63+660.22）×9%=2135.95（元）

③ 综合单价计算

由《湖北省建筑安装工程费用定额（2018 版）》可知，全费用基价表清单计价模式下综合单价由人工费、材料费、机械费、费用（企业管理费 + 利润 + 总价措施项目费 + 规费）、增值税组成，则计算可知：

综合单价 =（5982.26+14302.92+522.4+923.01+952.28+389.63+660.22+2135.95）÷41

=25868.67÷41=630.94（元 /m²）

第七节　拆除工程

一、拆除工程清单工程量计算规则及举例

1. 砖砌体拆除（编码：011601）

按拆除的体积或拆除的延长米计算，单位：m³、m。

2. 混凝土及钢筋混凝土构件拆除（编码：011602）

按拆除构件的体积或拆除部位的面积或拆除部位的延长米计算，单位：m³、m²、m。

包括混凝土构件拆除、钢筋混凝土构件拆除 2 个项目。

3. 木构件拆除（编码：011603）

按拆除构件的体积或拆除部位的面积或拆除部位的延长米计算，单位：m³、m²、m。

4. 抹灰面拆除（编码：011604）

按拆除部位的面积计算，单位：m²。

包括平面抹灰层拆除、立面抹灰层拆除、天棚抹灰层拆除 3 个项目。

5. 块料面层拆除（编码：011605）

按拆除部位的面积计算，单位：m²。

包括平面块料拆除、立面块料拆除 2 个项目。

6. 龙骨及饰面拆除（编码：011606）

按拆除部位的面积计算，单位：m²。

包括楼地面龙骨及饰面拆除、墙柱面龙骨及饰面拆除、天棚龙骨及饰面拆除 3 个项目。

7. 屋面拆除（编码：011607）

按铲除部位的面积计算，单位：m²。

包括刚性层拆除、防水层拆除 2 个项目。

8. 铲除油漆涂料裱糊面（编码：011608）

按铲除部位的面积或铲除部位的延长米计算，单位：m²、m。

包括铲除油漆面、铲除涂料面、铲除裱糊面 3 个项目。

9. 栏杆、轻质隔断隔墙拆除（编码：011609）

栏杆、栏板拆除按铲除部位的面积或铲除部位的延长米计算，单位：m²、m。

隔断隔墙拆除按拆除部位的面积计算，单位：m²。

【例 6-25】　某建筑物为更改空间布局，设计拆除二层天井区域的原建筑栏杆，如图 6-18

所示，试计算栏杆拆除的清单工程量。

解　栏杆拆除的清单工程量可以按拆除部位的面积或长度计算。

栏杆拆除的清单工程量 =2.4+0.05+3.9=6.35（m）

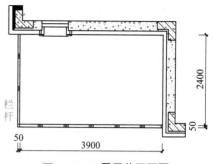

图 6-18　二层天井平面图

10. 门窗拆除（编码：011610）

按拆除面积或拆除樘数计算，单位：m²、樘。

包括木门窗拆除、金属门窗拆除 2 个项目。

11. 金属构件拆除（编码：011611）

钢梁、钢柱、钢支撑及钢墙架、其他金属构件的拆除按拆除构件的质量或拆除延长米计算，单位：t、m。

钢网架拆除按拆除构件的质量计算，单位：t。

12. 管道及卫生洁具拆除（编码：011612）

管道拆除按拆除管道的延长米计算，单位：m。

卫生洁具拆除按拆除的数量计算，单位：套、个。

13. 灯具、玻璃拆除（编码：011613）

灯具拆除按拆除的数量计算，单位：个。

玻璃拆除按拆除的面积计算，单位：m²。

14. 其他构件拆除（编码：011614）

暖气罩拆除、柜体拆除按拆除个数计算或按拆除延长米计算，单位：个、m。

窗台板拆除、筒子板拆除按拆除数量计算或按拆除延长米计算，单位：块、m。

窗帘盒拆除、窗帘轨拆除按拆除的延长米计算，单位：m。

15. 开孔（打洞）（编码：011615）

开孔（打洞）按数量计算，单位：个。

二、拆除工程全费用基价表清单计价模式下综合单价的确定

【例 6-26】　某三层建筑物为更改空间布局，设计拆除局部 GRC 板隔墙，墙厚 200mm，工程量清单见表 6-29。根据《湖北省建筑安装工程费用定额（2018 版）》可知，装饰工程总价措施费费率为 5.99%（其中安全文明施工费费率 5.39%、其他总价措施项目费费率 0.6%），企业管理费费率为 14.19%，利润率为 14.64%，规费费率为 10.15%，增值税税率为 9%。假设市场价与定额价相等，试计算该分项工程在全费用基价表清单计价模式下的综合单价。

表 6-29　分部分项工程量清单与计价表

序号	项目编码	项目名称	项目特征描述	计量单位	工程量	金额/元	
						综合单价	合价
1	011609002001	隔断隔墙拆除	GRC 板隔墙拆除	m²	152.36		

解　（1）核算清单工程量

根据施工图纸核算，清单工程量为 152.36m²。

（2）计算计价工程量

按照定额组价的方法，需计算主体项目和辅助项目。

主体项目：楼层运出垃圾 =152.36m^2；

辅助项目：楼层运出垃圾 =152.36×0.2=30.472（m^3）；垃圾外运 =152.36×0.2=30.472（m^3）。

（3）综合单价的确定

隔墙拆除、楼层运出垃圾、垃圾外运的人材机消耗量按《湖北省房屋建筑与装饰工程消耗量定额及全费用基价表（装饰·措施）》（2018 版）中 A15-56、A15-80、A15-82 确定，假设市场价与定额价相同。

① 隔墙拆除的人材机消耗量见表 6-30。

表 6-30　隔墙人工、材料、机械消耗量

编码		名称				项目特征				单位		工程量
— A15-56		龙骨及饰面拆除　墙柱面　隔断板								10m^2		15.236
	编码	类别	名称	规格及型号	单位	损耗率	含量	数量	定额价/元	市场价/元	合价/元	
1	00010101	人	普工		工日		0.415	6.323	92	92	581.72	

人工费 =152.36×0.415×92÷10=581.71（元）

② 楼层运出垃圾的人材机消耗量见表 6-31。

表 6-31　楼层运出垃圾人工、材料、机械消耗量

编码		名称				项目特征				单位		工程量
— A15-80		楼层运出垃圾　垂直运距15m以内								10m^3		3.0472
	编码	类别	名称	规格及型号	单位	损耗率	含量	数量	定额价/元	市场价/元	合价/元	
1	00010101	人	普工		工日		3.997	12.18	92	92	1120.56	
2	CLNJX008	材	电【机械】		kW·h		33.856	103.166	0.75	0.75	77.37	
3	⊞ JX17050210	机	单笼施工电梯	提升质量…	台班		0.8	2.438	285.66	285.66	696.44	

a. 人工费 =30.472×3.997×92÷10=1120.53（元）

b. 材料费 =30.472×33.856×0.75÷10=77.37（元）

c. 机械费 =30.472×0.8×285.66÷10=696.37（元）

③ 垃圾外运的人材机消耗量见表 6-32。

表 6-32　垃圾外运人工、材料、机械消耗量

编码		名称				项目特征				单位		工程量
— A15-62		建筑垃圾外运　运距1000m以内								10m^3		3.0472
	编码	类别	名称	规格及型号	单位	损耗率	含量	数量	定额价/元	市场价/元	合价/元	
1	00010101	人	普工		工日		3.747	11.418	92	92	1050.46	
2	CLNJX006	材	柴油【机械】		kg		12.279	37.417	5.26	5.26	196.81	
3	⊞ JX17040170	机	自卸汽车	8t	台班		0.3	0.914	383.96	383.96	350.94	

a. 人工费 =30.472×3.747×92÷10=1050.44（元）

b. 材料费 =30.472×12.279×5.26÷10=196.81（元）

c. 机械费 =30.472×0.3×383.96÷10=351（元）

④ 计算企业管理费、利润、总价措施项目费、规费、增值税，按照《湖北省建筑安装

工程费用定额（2018 版）》装饰工程的取费标准，企业管理费、利润、总价措施项目费、规费的取费基数为人工费＋机械费，计算可知：

人工费合计 581.71+1120.53+1050.44=2752.68（元）

材料费合计 77.37+196.81=274.18（元）

机械费合计 696.37+351=1047.37（元）

人工费合计＋机械费合计 =2752.68+1047.37=3800.05（元）

a. 企业管理费 ＝（人工费＋机械费）×14.19%=3800.05×14.19%=539.23（元）

b. 利润 ＝（人工费＋机械费）×14.64%=3800.05×14.64%=556.33（元）

c. 总价措施费 ＝（人工费＋机械费）×5.99%=3800.05×5.99%=227.62（元）

d. 规费 ＝（人工费＋机械费）×10.15%=3800.05×10.15%=385.71（元）

e. 增值税 ＝（人工费＋材料费＋机械费＋企业管理费＋利润＋风险费＋规费）×9%=（2752.68+274.18+1047.37+539.23+556.33+227.62+385.71）×9%=520.48（元）

⑤ 综合单价计算。

由《湖北省建筑安装工程费用定额（2018 版）》可知，全费用基价表清单计价模式下综合单价由人工费、材料费、机械费、费用（企业管理费＋利润＋总价措施项目费＋规费）、增值税组成，则计算可知：

综合单价 ＝（2752.68+274.18+1047.37+539.23+556.33+227.62+385.71+520.48）÷152.36
=6303.6÷152.36=41.37（元/m²）

第八节 装饰工程措施项目

一、装饰工程措施项目的编制内容

装饰工程措施项目是与实体项目相对应的，是为完成装饰工程项目的施工，发生于装饰工程施工前和施工过程中技术、生活、安全等方面的非工程实体项目。按照《建设工程工程量清单计价规范》（GB 50500—2013）的规定，装饰工程措施项目包括单价措施项目和总价措施项目。单价措施项目，如脚手架、垂直运输机械、大型机械设备进出场及安拆、施工排水、施工降水、已完工程及设备保护等。总价措施项目，如安全文明施工、夜间施工、二次搬运、冬雨季施工等。

根据装饰工程措施项目的工程量计算方法和清单编制方式的不同，其措施项目可分为两类：一是单价措施项目；二是总价措施项目。

1. 单价措施项目

装饰工程措施项目中的单价措施项目，如脚手架、垂直运输机械、已完工程及设备保护等，在《房屋建筑与装饰工程工程量计算规范》（GB 50854—2013）中列出了项目编码、项目名称、项目特征、计量单位和工程量计算规则，工程量清单的编制人（招标人）应按分部分项工程的规定执行。

2. 总价措施项目

装饰工程中的安全文明施工、夜间施工、冬雨季施工、生产工具用具使用等，在"计量规范"中仅列出了项目编码、项目名称，未列出项目特征、计量单位和工程量计算规则。编制工程量清单时，应按"计量规范"的规定确定。

二、装饰工程措施项目费的计算

1. 单价措施项目费计算

单价措施项目，应按分部分项工程项目的方式采用全费用基价表清单计价模式，按本章前七节确定综合单价的方法，计算出措施项目的综合单价，再乘以措施项目的工程量，即等于措施项目费。

2. 总价措施项目费计算

总价措施项目费应包括除规费、税金以外的全部费用。常采用按装饰工程某一项费用为基数，以基数乘以规定费率的方法来计价。

如湖北省规定：计算安全文明施工、夜间施工等措施项目费，采用"装饰工程分部分项工程和单价措施项目中的人工费＋机械费"为基数，乘以费用定额规定的相应费率。

【例 6-27】 某三层建筑物装饰工程的单价措施项目含垂直运输、已完工程成品保护、脚手架工程，工程量清单见表 6-33。根据《湖北省建筑安装工程费用定额（2018 版）》可知，装饰工程总价措施费费率为 5.99%（其中安全文明施工费费率 5.39%、其他总价措施项目费费率 0.6%），企业管理费费率为 14.19%，利润率为 14.64%，规费费率为 10.15%，增值税税率为 9%。假设市场价与定额价相等，试计算该分项工程在全费用基价表清单计价模式下的综合单价。

表 6-33　分部分项工程量清单与计价表

序号	项目编码	项目名称	项目特征描述	计量单位	工程量	金额 / 元	
						综合单价	合价
1	011703001001	垂直运输	1. 本项目檐高 20m 以内 2. 层数三层 3. 采用卷扬机施工	m²	1182.99		
2	011707007001	已完工程成品保护（楼地面）	施工图纸范围内所有楼地面块料施工期间成品保护	m²	1182.99		
3	011707007002	已完工程成品保护（墙柱面）	施工图纸范围内所有墙柱面施工期间成品保护	m²	1371.53		
4	011707007003	已完工程成品保护（门窗）	施工图纸范围内所有门窗施工期间成品保护	m²	187.69		
5	011701006001	满堂脚手架	1. 层高 3.6m ～ 5.2m 之间 2. 钢管满堂脚手架	m²	1138.22		

解　（1）核算清单工程量

根据施工图纸核算，各项清单工程量分别为：

① 垂直运输工程量为 1182.99m²；

② 楼地面成品保护工程量为 1182.99m²；

③ 墙柱面成品保护工程量为 1371.53m²；

④ 门窗成品保护工程量为 187.69m²；

⑤ 脚手架成品保护工程量为 1138.22m²。

（2）计算计价工程量

垂直运输、已完工程成品保护、脚手架的清单工程量与定额计价工程量相同。

（3）综合单价的确定

垂直运输、已完工程及设备保护、脚手架的人材机消耗量按《湖北省房屋建筑与装饰工程消耗量定额及全费用基价表（装饰·措施）》(2018 版) 中 A18-4、A21-1、A21-8、A21-7、A17-41 确定，假设市场价与定额价相同。

1）垂直运输

① 垂直运输人材机消耗量见表 6-34。

表 6-34 垂直运输人工、材料、机械消耗量

序号		类别	名称				项目特征		单位		工程量
	A18-4	定	檐高20m以内 卷扬机施工						100m²		11.8299
	编码	类别	名称	规格及型号	单位	损耗率	含量	数量	定额价/元	市场价/元	合价/元
1	CLNJX008	材	电【机械】		kW·h		143.281	1695	0.75	0.75	1271.25
2	⊞ JX17050010	机	电动单筒快速卷扬机	5kN	台班		9.747	115.306	153.49	153.49	17698.32

a. 材料费 =1182.99×143.281×0.75÷100=1271.25（元）

b. 机械费 =1182.99×9.747×153.49÷100=17698.32（元）

② 计算企业管理费、利润、总价措施项目费、规费、增值税，按照《湖北省建筑安装工程费用定额（2018 版）》装饰工程的取费标准，企业管理费、利润、总价措施项目费、规费的取费基数为人工费＋机械费，计算可知：

a. 企业管理费 =（人工费＋机械费）×14.19%=17698.32×14.19%=2511.39（元）

b. 利润 =（人工费＋机械费）×14.64%=17698.32×14.64%=2591.03（元）

c. 总价措施费 =（人工费＋机械费）×5.99%=17698.32×5.99%=1060.13（元）

d. 规费 =（人工费＋机械费）×10.15%=17698.32×10.15%=1796.38（元）

e. 增值税 =（人工费＋材料费＋机械费＋企业管理费＋利润＋总价措施费＋规费）×9%

=（1271.25+17698.32+2511.39+2591.03+1060.13+1796.38）×9%=2423.57（元）

③ 综合单价计算

由《湖北省建筑安装工程费用定额（2018 版）》可知，全费用基价表清单计价模式下综合单价由人工费、材料费、机械费、费用（企业管理费＋利润＋总价措施项目费＋规费）、增值税组成，则计算可知：

综合单价 =（1271.25+17698.32+2511.39+2591.03+1060.13+1796.38+2423.57）÷1182.99

=29352.07÷1182.99=24.81（元 /m²）

2）已完工程成品保护（楼地面）

① 已完工程成品保护（楼地面）人材机消耗量见表 6-35。

表 6-35 已完工程成品保护（楼地面）人工、材料、机械消耗量

序号		类别	名称				项目特征		单位		工程量
	A21-1	定	成品保护 花岗岩、大理石、地砖 楼地面						100m²		11.8299
	编码	类别	名称	规格及型号	单位	损耗率	含量	数量	定额价/元	市场价/元	合价/元
1	00010101	人	普工		工日		0.342	4.046	92	92	372.23
2	CL17039910	材	麻袋布		m²	22		260.258	3.07	3.07	798.99

a. 人工费 =1182.99×0.342×92÷100=372.22（元）

b. 材料费 =1182.99×22×3.07÷100=798.99（元）

② 计算企业管理费、利润、总价措施项目费、规费、增值税，按照《湖北省建筑安装工程费用定额（2018 版）》装饰工程的取费标准，企业管理费、利润、总价措施项目费、规费的取费基数为人工费＋机械费，计算可知：

a. 企业管理费 =（人工费＋机械费）×14.19%=372.22×14.19%=52.82（元）

b. 利润 =（人工费＋机械费）×14.64%=372.22×14.64%=54.49（元）

c. 总价措施费 =（人工费＋机械费）×5.99%=372.22×5.99%=22.3（元）

d. 规费 =（人工费＋机械费）×10.15%=372.22×10.15%=37.78（元）

e. 增值税 =（人工费＋材料费＋机械费＋企业管理费＋利润＋总价措施费＋规费）×9%=（372.22+798.99+52.82+54.49+22.3+37.78）×9%=120.47（元）

③ 综合单价计算。

由《湖北省建筑安装工程费用定额（2018 版）》可知，全费用基价表清单计价模式下综合单价由人工费、材料费、机械费、费用（企业管理费＋利润＋总价措施项目费＋规费）、增值税组成，则计算可知：

综合单价 =（372.22+798.99+52.82+54.49+22.3+37.78+120.47）÷1182.99

=1459÷1182.99=1.23（元 /m²）

3）已完工程成品保护（墙柱面）

① 已完工程成品保护（墙柱面）人材机消耗量见表 6-36。

表 6-36　已完工程成品保护（墙柱面）人工、材料、机械消耗量

序号	类别	名称		项目特征	单位	工程量
— A21-8	定	成品保护　大理石、花岗岩、木质墙面			100m²	13.7153

	编码	类别	名称	规格及型号	单位	损耗率	含量	数量	定额价/元	市场价/元	合价/元
1	00010101	人	普工		工日		0.82	11.247	92	92	1034.72
2	CL17053670	材	塑料薄膜		m²		28.05	384.714	1.47	1.47	565.53

a. 人工费 =1371.53×0.82×92÷100=1034.68（元）

b. 材料费 =1371.53×28.05×1.47÷100=565.53（元）

② 计算企业管理费、利润、总价措施项目费、规费、增值税，按照《湖北省建筑安装工程费用定额（2018 版）》装饰工程的取费标准，企业管理费、利润、总价措施项目费、规费的取费基数为人工费＋机械费，计算可知：

a. 企业管理费 =（人工费＋机械费）×14.19%=1034.68×14.19%=146.82（元）

b. 利润 =（人工费＋机械费）×14.64%=1034.68×14.64%=151.48（元）

c. 总价措施费 =（人工费＋机械费）×5.99%=1034.68×5.99%=61.98（元）

d. 规费 =（人工费＋机械费）×10.15%=1034.68×10.15%=105.02（元）

e. 增值税 =（人工费＋材料费＋机械费＋企业管理费＋利润＋总价措施费＋规费）×9%

=（1034.68+565.53+146.82+151.48+61.98+105.02）×9%=185.9（元）

③ 综合单价计算。

由《湖北省建筑安装工程费用定额（2018 版）》可知，全费用基价表清单计价模式下综合单价由人工费、材料费、机械费、费用（企业管理费＋利润＋总价措施项目费＋规费）、增值税组成，则计算可知：

综合单价 =（1034.68+565.53+146.82+151.48+61.98+105.02+185.9）÷1371.53

　　　　 =2251.41÷1371.53=1.64（元 /m²）

4）已完工程成品保护（门窗）

① 已完工程成品保护（门窗）人材机消耗量见表 6-37。

表 6-37　已完工程成品保护（门窗）人工、材料、机械消耗量

序号		类别	名称			项目特征	单位	工程量
A21-7		定	成品保护　铝合金门窗				100m²	1.8769
	编码	类别	名称	规格及型号	单位	损耗率	含量	数量	定额价/元	市场价/元	合价/元
1	00010101	人	普工		工日		0.684	1.284	92	92	118.13
2	CL17053670	材	塑料薄膜		m²	31		58.184	1.47	1.47	85.53
3	CL17029480	材	胶带		卷	60		112.614	6.07	6.07	683.57

a. 人工费 =187.69×0.684×92÷100=118.11（元）

b. 材料费 =187.69×（31×1.47+60×6.07）÷100=769.1（元）

② 计算企业管理费、利润、总价措施项目费、规费、增值税，按照《湖北省建筑安装工程费用定额（2018 版）》装饰工程的取费标准，企业管理费、利润、总价措施项目费、规费的取费基数为人工费 + 机械费，计算可知：

a. 企业管理费 =（人工费 + 机械费）×14.19%=118.11×14.19%=16.76（元）

b. 利润 =（人工费 + 机械费）×14.64%=118.11×14.64%=17.29（元）

c. 总价措施费 =（人工费 + 机械费）×5.99%=118.11×5.99%=7.07（元）

d. 规费 =（人工费 + 机械费）×10.15%=118.11×10.15%=11.99（元）

e. 增值税 =（人工费 + 材料费 + 机械费 + 企业管理费 + 利润 + 总价措施费 + 规费）×9%

　　　　 =（118.11+769.1+16.76+17.29+7.07+11.99）×9%=84.63（元）

③ 综合单价计算。

由《湖北省建筑安装工程费用定额（2018 版）》可知，全费用基价表清单计价模式下综合单价由人工费、材料费、机械费、费用（企业管理费 + 利润 + 总价措施项目费 + 规费）、增值税组成，则计算可知：

综合单价 =（118.11+769.1+16.76+17.29+7.07+11.99+84.63）÷187.69

　　　　 =1024.95÷187.69=5.46（元 /m²）

5）脚手架工程

① 脚手架工程人材机消耗量见表 6-38。

a. 人工费：1138.22×（4.331×92+2.887×142）÷100=9201.44（元）

b. 材 料 费：1138.22×（6.882×18.05+2.378×12.82+0.063×1884.9+0.512×76.92+29.335×4.28+2.846×5.92+0.642×12+0.073×3.76+0.002×1685.3+10.271×5.26）÷100=5925.74（元）

c. 机械费：1138.22×0.309×270.35÷100=950.85（元）

② 计算企业管理费、利润、总价措施项目费、规费、增值税，按照《湖北省建筑安装工程费用定额（2018 版）》装饰工程的取费标准，企业管理费、利润、总价措施项目费、规费的取费基数为人工费 + 机械费，计算可知：

人工费 + 机械费 =9201.44+950.85=10152.29（元）

a. 企业管理费 =（人工费 + 机械费）×14.19%=10152.29×14.19%=1440.61（元）

b. 利润 =（人工费 + 机械费）×14.64%=10152.29×14.64%=1486.3（元）

c. 总价措施费 =（人工费 + 机械费）×5.99%=10152.29×5.99%=608.12（元）

d. 规费 =（人工费 + 机械费）×10.15%=10152.29×10.15%=1030.46（元）

e. 增值税 =（人工费 + 材料费 + 机械费 + 企业管理费 + 利润 + 总价措施费 + 规费）×9%

= （9201.44+5925.74+950.85+1440.61+1486.3+608.12+1030.46）×9%=1857.92（元）

表 6-38　脚手架工程人工、材料、机械消耗量

序号		类别	名称			项目特征	单位	工程量
└─ A17-41		定	满堂脚手架 基本层(3.6m～5.2m)				100m²	11.3822
编码	类别	名称	规格及型号	单位	损耗率	含量	数量	定额价/元	市场价/元	合价/元
1	00010101	人	普工		工日		4.331	49.296	92	92	4535.23
2	00010102	人	技工		工日		2.887	32.86	142	142	4666.12
3	CL17020430	材	钢管 φ48×3.5		km·天		6.882	78.332	18.05	18.05	1413.89
4	CL17034000	材	扣件		千个·天		2.378	27.067	12.82	12.82	347
5	CL17041540	材	木脚手板		m³		0.063	0.717	1884.9	1884.9	1351.47
6	CL17020480	材	钢管底座		千个·天		0.512	5.828	76.92	76.92	448.29
7	CL17015400	材	镀锌铁丝 φ4.0		kg		29.335	333.897	4.28	4.28	1429.08
8	CL17066300	材	圆钉		kg		2.846	32.394	5.92	5.92	191.77
9	CL17026900	材	红丹防锈漆		kg		0.642	7.307	12	12	87.68
10	CL17065030	材	油漆溶剂油		kg		0.073	0.831	3.76	3.76	3.12
11	CL17009570	材	挡脚板		m³		0.002	0.023	1685.3	1685.3	38.76
12	CLNJX006	材	柴油【机械】		kg		10.271	116.907	5.26	5.26	614.93
13	⊞ JX17040060	机	载重汽车	6t	台班		0.309	3.517	270.35	270.35	950.82

③ 综合单价计算。

由《湖北省建筑安装工程费用定额（2018 版）》可知，全费用基价表清单计价模式下综合单价由人工费、材料费、机械费、费用（企业管理费 + 利润 + 总价措施项目费 + 规费）、增值税组成，则计算可知：

综合单价 = （9201.44+5925.74+950.85+1440.61+1486.3+608.12+1030.46+1857.92）÷1138.22

= 22501.44÷1138.22=19.77（元 /m²）

小结

装饰工程工程量清单项目分为两部分，第一部分为实体项目，即分部分项工程项目；第二部分为单价措施项目。实体项目分为楼地面工程、墙柱面工程、天棚工程、门窗工程、油漆涂料裱糊工程、其他装饰工程及拆除工程。清单项目按照国家标准《房屋建筑与装饰工程工程量计算规范》（GB 50854—2013）附录装饰工程的要求进行设置。

清单项目按《房屋建筑与装饰工程工程量计算规范》（GB 50854—2013）附录规定的计量单位和工程量计算规则进行计算，清单工程量计算规则与定额工程量计算规则是有区别的。清单工程量，是按工程实体净尺寸计算；计价工程量（也称定额工程量），是在净值的基础上，加上施工操作（或定额）规定的预留量。采用清单计价，工程量计算主要有两部分内容：一是核算招标工程量清单所提供的清单项目的清单工程量是否准确；二是计算每一个清单主体项目及所组合的辅助项目的计价工程量，以便分析综合单价。

1. 全费用基价表清单计价模式下综合单价的计算方法

清单项目的综合单价按《房屋建筑与装饰工程工程量计算规范》（GB 50854—2013）附录规定的项目特征采用定额组价来确定。定额组价是采用辅助项目随主体项目计算，将不同工程内容的辅助项目组合在一起，计算出主体项目的综合单价。综合单价的计算步骤如下：

①核算清单工程量；②计算计价工程量；③选套定额，确定人材机单价，计算人材机费用；④确定费率，计算总价措施费、管理费、利润、规费、增值税；⑤计算综合单价。

2. 招标控制价与投标报价的区别

两者的编制依据不同，投标报价应低于招标控制价，招标控制价是对招标工程限定的最高工程造价。

职业资格考试真题（单选题）精选

1. （2021年造价工程师考试真题）根据《房屋建筑与装饰工程工程量计算规范》（GB 50854—2013），楼地面装饰工程中，门洞、空圈、暖气包槽、壁龛的开口部分应并入相应工程量的是（   ）。

A. 碎石材楼地面　　　　　　　　B. 水磨石楼地面
C. 现浇细石混凝土楼地面　　　　D. 水泥砂浆楼地面

2. （2020年造价工程师考试真题）根据《房屋建筑与装饰工程工程量计算规范》（GB 50854—2013），墙面抹灰工程量计算正确的为（   ）。

A. 墙面抹灰中墙面勾缝不单独列项
B. 有吊顶天棚的内墙面抹灰抹至吊顶以上部分应另行计算
C. 墙面水刷石按墙面装饰抹灰编码列项
D. 墙面抹石膏灰浆按墙面装饰抹灰编码列项

3. （2020年造价工程师考试真题）根据《房屋建筑与装饰工程工程量计算规范》（GB 50854—2013），幕墙工程工程量计算正确的是（   ）。

A. 应扣除与带骨架幕墙同种材质的窗所占面积
B. 带肋全玻幕墙玻璃肋工程量应单独计算
C. 带骨架幕墙按图示框内围尺寸以面积计算
D. 带肋全玻幕墙按展开面积计算

4. （2020年造价工程师考试真题）根据《房屋建筑与装饰工程工程量计算规范》（GB 50854—2013），天棚工程量计算正确的是（   ）。

A. 采光天棚工程量按框外围展开面积计算
B. 天棚工程量按设计图示尺寸以水平投影面积计算
C. 天棚骨架并入天棚工程量，不单独计算
D. 单独列项计算工程量

5. （2019年造价工程师考试真题）下列工程量清单计算正确的是（   ）。

A. 分部分项工程费 = （分部分项工程量 × 相应分部分项的工料单价）
B. 措施项目费 = ∑（措施项目工程量 × 相应的工料单价）

C. 其他项目费 = 暂列金额 + 材料设备暂估价 + 计日工 + 总承包服务费

D. 单位工程造价 = 分部分项工程费 + 措施项目费 + 其他项目费 + 规费 + 税金

6.（2019 年造价工程师考试真题）在工程量清单计价中，下列费用项目应计入总承包服务费的是（　　）。

A. 总承包人的工程分包费

B. 总承包人的管理费

C. 总承包人对发包人自行采购材料的保管费

D. 总承包工程的竣工验收费

能力训练题

一、填空题

1. 在综合单价组价过程中，常将与清单项目相同的定额项目称为_____，其他参与组价的定额项目称为_____。

2. 采用清单计价，当编制人是_____，编制对象为招标控制价；当编制人是_____时，编制对象为投标报价。在编制招标控制价与投标报价中，确定综合单价所采用的编制依据是不同的。

3. 投标报价编制依据与招标控制价编制依据的区别是_____。

4. 确定综合单价中人工、材料、机械单价时应选择动态的_____。

5. 企业投标报价时，主体项目、辅助项目的消耗量可按照_____或参照_____确定。

6. 全费用基价表清单计价模式下综合单价的计算步骤包括_____、_____、确定人材机单价并计算人材机费用、_____、计算综合单价。

二、思考题

1. 清单工程量与计价工程量的主要区别是什么？

2. 综合单价的计算步骤包括哪些内容？

3. 全费用基价表清单计价模式下综合单价的编制依据是什么？

三、计算题

1. 某七层办公楼走道地面装饰工程，走道地面构造如下。 25mm 厚 1∶3 水泥砂浆找平；20mm 厚 1∶3 水泥砂浆（素水泥浆）结合层；600mm×600mm 诺贝尔米黄玻化砖，铺贴面积 540m²，因场地狭小，发生材料二次转运，转运费用为 3000 元，招标工程量清单见表 6-39。风险费用按材料价格的 5% 以内、机械使用费的 10% 以内考虑，计算该分部分项工程清单项目的综合单价（人材机的市场信息价均假定与定额取定价相同）。

表 6-39　分部分项工程量清单与计价表

序号	项目编码	项目名称	项目特征描述	计量单位	工程量	综合单价	合价
1	020102002001	块料楼地面	1. 25mm 厚 1∶3 水泥砂浆找平层 2. 20mm 厚 1∶3 水泥砂浆（素水泥浆）结合层 3. 600mm×600mm 诺贝尔米黄玻化砖 4. 材料运输	m²	540		

2. 已知某办公室地面铺条形复合地板的清单工程量为 80m², 要求地面先做水泥砂浆找平,然后再铺条形复合地板。根据《湖北省建筑安装工程费用定额（2018 版）》可知, 装饰工程总价措施费费率为 5.99%（其中安全文明施工费费率 5.39%、其他总价措施项目费费率 0.6%）, 企业管理费费率为 14.19%, 利润率为 14.64%, 规费费率为 10.15%, 增值税税率为 9%。假设市场价与定额价相等, 试计算该分项工程在全费用基价表清单计价模式下的综合单价, 列出详细的分析过程。已知条件见表 6-40。

表 6-40 水泥砂浆找平层、条形复合地板定额子目表

定额编号	项目名称	单位	全费用 / 元	其中 / 元				
				人工费	材料费	机械费	费用	增值税
A9-1	水泥砂浆找平层 （厚 20mm）	100m²	2393.23	678.08	1080.72	63.69	333.57	237.17
A9-88	条形复合地板 （成品）	100m²	12793.08	1483.42	9374.79	—	667.09	1267.78

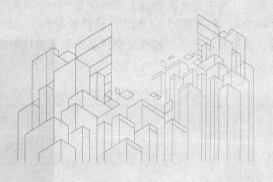

第七章
装饰工程施工图
预算编制

知识目标

- 了解施工图预算的基本概念，施工图预算包含的内容和编制依据；
- 理解施工图预算在工程造价中的作用和所涵盖的范畴；
- 掌握全费用基价表清单计价法编制施工图预算的方法和步骤。

能力目标

- 能够编制装饰工程招标工程量清单，应用全费用基价表清单计价法编制装饰工程施工图预算书。

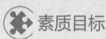

素质目标

- 具有良好的法律意识，遵守建设工程相关法律法规，在今后的工作岗位上能自觉维护企业利益和自身权益。

第一节　概述

一、装饰工程施工图预算的基本概念及作用

装饰工程施工图预算是依据施工图纸、预算定额、费用定额、市场价格信息以及其他计价文件，采用定额计价法或清单计价法编制的技术经济文件。

装饰工程施工图预算在工程建设实施过程中具有极其重要的作用。建设单位可以依据施工图预算控制工程造价、合理使用资金以及加强经济核算和施工管理，也可以依据施工图预算确定招标控制价、签订施工合同，以及拨付进度款、进行工程结算和竣工决算。施工单位可以依据施工图预算确定投标报价、签订施工合同、编制施工计划、控制工程成本。施工图预算也是工程造价管理部门等政府职能机构监督检查定额执行情况、测算造价指数、审核工程造价等的重要依据。

二、装饰工程施工图预算编制依据

由于编制施工图预算的主体或采取的计价方式不同，装饰工程施工图预算编制的依据也有所差别，但总的要求基本是一致的。例如以施工单位为编制主体，其施工图预算（以投标报价为例）编制依据主要包括以下几点。

（1）国家或省级、行业建设主管部门颁发的计价定额和计价办法　计价定额主要包括现行的预算定额或单位估价表，计价办法主要包括现行的费用定额中规定的计价程序及取费标准。采用清单计价法编制装饰工程施工图预算，应执行《建设工程工程量清单计价规范》（GB 50500—2013）以及《房屋建筑与装饰工程工程量计算规范》（GB 50854—2013）的具体要求。

（2）施工图纸、设计说明及标准图集　施工图纸应经过相关部门会审批准通过，其中"图纸会审纪要"也应作为装饰工程施工图预算编制的依据。通过对施工图纸、设计说明及标准图集分析解读，可以熟悉装饰工程的设计要点、施工内容、工艺结构等装饰工程的基本情况。

（3）施工组织设计或施工方案　通过施工组织设计或施工方案，可以充分了解装饰工程中各分部分项工程的施工方法、材料组成及应用、施工进度计划、施工机械选择、采取的措施项目等内容。施工组织设计或施工方案是确定定额项目或清单项目并计算相应工程量、计算措施项目费的重要依据。

（4）招标文件　施工单位在编制投标报价时，必须严格执行招标文件中有关报价方式、取费标准、造价构成、报价格式等方面的要求，对招标文件给予积极的响应，招投标过程中的"补充通知、答疑纪要"等也应作为装饰工程施工图预算编制的依据。以清单计价方式编制投标报价时，招标文件中的工程量清单及有关要求由建设方负责编制，是投标报价最重要的依据。

（5）企业定额　自从国家颁布《建设工程工程量清单计价规范》以来，企业定额作为编制装饰工程施工图预算的依据，越来越得到企业的重视。装饰施工企业应组织专业技术人员，参照省级、行业建设主管部门颁发的预算定额，编制与本企业技术水平和管理水平相适应的企业定额。企业定额应以确定人、材、机消耗量为核心，以综合单价为企业定额的计价方式，以达到快速准确编制装饰工程施工图预算的目的。

（6）市场价格信息　一般情况下，编制装饰工程施工图预算时，应以工程造价管理机构发布的工程造价信息为依据。由于装饰工程涉及材料品种、规格、花色较多，新材料新工艺层出不穷，更新换代频繁，所以更多情况下，编制装饰工程施工图预算以市场价格信息为依据。装饰施工企业应建立并完善企业市场询价体系，随时关注了解市场价格信息变化，为编制装饰工程施工图预算提供及时准确的市场参考价格。

（7）其他的相关资料　主要包括技术性资料和工具性资料，如与装饰工程相关的标准、规范等技术资料，装饰材料手册、装饰五金手册等。这些资料包含有各种装饰工程技术数据、常用计算公式、材料品种规格及物理参数、装饰五金种类及应用等，是编制装饰工程施工图预算必备的基础数据和应用工具，可以大大加快施工图预算编制的速度。

三、装饰工程施工图预算的文本格式

编制装饰工程施工图预算需要完成分项工程划分（预算项目或清单项目）、工程量计算、相关费用计算等内容，确定分部分项工程费、措施项目费、企业管理费、规费、利润、增值税等，然后应用定额计价法或清单计价法汇总为单位工程造价，最后按照一定的文本格式要求，编制成装饰工程招标控制价或投标报价书，本章基于全费用基价表清单计价法结合实例详细讲解。

1. 招标工程量清单的文本格式

招标工程量清单由具有编制能力的招标人或受其委托具有相应资质的工程造价咨询企业编制。《建设工程工程量清单计价规范》（GB 50500—2013）给出了下列文本格式参考样表，招标人可参照执行：

封 1　招标工程量清单

表 01　总说明

表 08　分部分项工程和单价措施项目清单与计价表

表 10　措施项目清单与计价表（一）

表 11　措施项目清单与计价表（二）

表 12　其他项目清单与计价汇总表

表 12-1　暂列金额明细表

表 12-2　材料（工程设备）暂估单价表

表 12-3　专业工程暂估价表

表 12-4　计日工表

表 12-5　总承包服务费计价表

表 13　规费、税金项目清单与计价表

（1）封面应按规定的内容填写、签字、盖章，造价员编制的工程量清单应有负责审核的造价工程师签字、盖章。

（2）总说明应按下列内容填写

① 工程概况：建设规模、工程特征、计划工期、施工现场实际情况、自然地理条件、环境保护要求等。

② 工程招标和分包范围。

③ 工程量清单编制依据。

④ 工程质量、材料、施工等的特殊要求。

⑤ 其他需要说明的问题

2. 招标控制价、投标报价书、竣工结算的文本格式

《建设工程工程量清单计价规范》（GB 50500—2013）给出了下列文本格式参考样表，招标人、投标人、施工方可参考执行：

二维码7.1

封 2　招标控制价

封 3　投标总价

封 4　竣工结算总价

表 01　总说明

表 02　工程项目招标控制价（投标报价）汇总表

表 03　单项工程招标控制价（投标报价）汇总表

表 04　单位工程招标控制价（投标报价）汇总表

表 05　工程项目竣工结算汇总表

表 06　单项工程竣工结算汇总表

表 07　单位工程竣工结算汇总表

表 08　分部分项工程和单价措施项目清单与计价表

表 09　工程量清单综合单价分析表

表 10　措施项目清单与计价表（一）

表 11　措施项目清单与计价表（二）

表 12　其他项目清单与计价汇总表

表 12-1　暂列金额明细表

表 12-2　材料（工程设备）暂估单价表

表 12-3　专业工程暂估价表

表 12-4　计日工表

表 12-5　总承包服务费计价表

表 12-6　索赔与现场签证计价汇总表

表 12-7　费用索赔申请（核准）表

表 12-8　现场签证表

表 13　规费、税金项目清单与计价表

表 14　工程款支付申请（核准）表

（1）使用表格

①招标控制价使用表格包括：封 2、表 01、表 02、表 03、表 04、表 08、表 09、表 10、表 11、表 12（不含表 12-6 ～表 12-8）、表 13。

②投标报价使用的表格包括：封 3、表 01、表 02、表 03、表 04、表 08、表 09、表 10、表 11、表 12（不含表 12-6 ～表 12-8）、表 13。

③竣工结算使用的表格包括：封 4、表 01、表 05、表 06、表 07、表 08、表 09、表 10、表 11、表 12、表 13、表 14。

（2）封面应按规定的内容填写、签字、盖章，除承包人自行编制的投标报价和竣工结算外，受委托编制的招标控制价、投标报价、竣工结算应由负责审核的造价工程师签字、盖章以及工程造价咨询人盖章。

（3）总说明应按下列内容填写

①工程概况：建设规模、工程特征、计划工期、合同工期、实际工期、施工现场及变化情况、施工组织设计的特点、自然地理条件、环境保护要求等。

②编制依据等。

（4）投标人应按招标文件的要求，附工程量清单综合单价分析表。

四、基于全费用基价表清单计价法的装饰工程施工图预算编制方法

1. 基于全费用基价表清单计价法的招标工程量清单编制方法

（1）准备资料　熟悉施工图纸、预算定额、清单计价规范、工程量计算规则等，同时要熟悉《房屋建筑与装饰工程工程量计算规范》（GB 50854—2013）内容，掌握工程量清单编制程序及应遵循的原则。另外还要准备一些装饰工程技术规范和一些工具性手册。

（2）列清单项目　根据设计图纸及装饰装修工程工艺特点和工作内容，按照《房屋建筑与装饰工程工程量计算规范》（GB 50854—2013）中清单项目设置的要求，参考预算定额的项目组成，列出清单项目。清单项目设置是以完成工程实体为基本要素，这与定额计价的预算项目设置有本质不同。清单项目设置时应细致分析其项目特征和工作内容，按装饰工程施工工艺特点和施工工序的要求，将项目特征及工作内容分解细化，必须达到能分析其综合单价构成的程度。

（3）计算工程量　根据《房屋建筑与装饰工程工程量计算规范》（GB 50854—2013）中规定的清单项目工程量计算规则，按照一定的计算顺序和方法，计算出所列清单项目的工程量，汇总整理计算数据。

（4）分部分项工程量清单　分部分项工程量清单应根据《房屋建筑与装饰工程工程量计算规范》（GB 50854—2013）规定的项目编码、项目名称、项目特征、计量单位和工程量计算规则进行编制。其中项目特征应根据装饰装修工程的实际情况，参照《房屋建筑与装饰工程工程量计算规范》（GB 50854—2013）中的项目特征和工作内容，同时做到四个统一，即统一项目编码、统一项目名称、统一计量单位和统一工程量计算规则。

（5）措施项目清单　装饰工程单价措施项目（技术措施）可包括垂直运输、脚手架和成品保护三项。总价措施项目（组织措施）包括安全文明施工（安全施工、文明施工、环境保护、临时设施）、夜间施工、二次搬运、冬雨季施工、工程定位复测费等，装饰工程可增加室内空气污染测试内容，应根据装饰工程的实际情况编制。

（6）其他项目清单　先分别列出其他项目的各个分表，包括暂列金额明细表、材料（工程设备）暂估单价表、专业工程暂估价表、计日工表、总承包服务费计价表，这些分表中的内容应根据装饰工程的实际情况明确，如果只是具体的金额，可以省略分表。

暂列金额主要考虑不可预见和不确定因素；材料（工程设备）暂估单价一般指主要材料和工程设备价格，招标人可以事先规定主要材料和工程设备价格，也可以由投标人根据市场信息确定；专业工程暂估价主要考虑工程分包因素；计日工表中人工、材料、机械均为估算的消耗量；总承包服务费主要考虑招标人进行工程分包和自购材料时需要投标单位提供相关的协助，应根据工作内容和复杂程度确定具体金额。

（7）复核审核　对每一个项目清单的内容，参照《建设工程工程量清单计价规范》（GB 50500—2013）和《房屋建筑与装饰工程工程量计算规范》（GB 50854—2013）的要求进行认真复核审核。特别对分部分项工程量清单中项目设置、项目特征、计量单位、工程量计算方法和公式、计算结果、数字的精确度等进行认真核对，避免清单项目设置中出现重项、漏项、错项的情况发生。

（8）编制工程量清单　填写封面和总说明，参照清单计价规范中规定的文本格式打印装订工程量清单，编制单位盖章，编制人（审核人）签字盖章。

具体步骤可归纳为如图 7-1 的流程图。

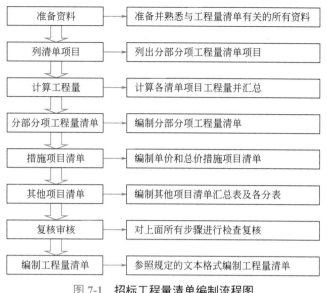

图 7-1 招标工程量清单编制流程图

二维码7.2

2. 基于全费用基价表清单计价法的投标报价书编制方法

（1）准备资料 熟悉施工图纸、施工组织设计、预算定额、企业定额、费用定额、地区市场价格信息、招标文件等，同时要了解《房屋建筑与装饰工程工程量计算规范》（GB 50854—2013）内容，掌握工程量清单计价程序及应遵循的原则。另外还要准备一些装饰工程技术规范和一些工具性手册。其中招标人提供的招标工程量清单为编制装饰工程投标报价书最重要的依据，必须透彻研究分析。

（2）核对清单项目 根据设计图纸及装饰工程工艺特点和工作内容，按照《房屋建筑与装饰工程工程量计算规范》（GB 50854—2013）中清单项目设置的要求，逐项核对工程量清单中的清单项目设置，发现不符合工程量计算规范要求的重项、漏项、错项等问题，及时向甲方质疑。

（3）核对工程量 根据《房屋建筑与装饰工程工程量计算规范》（GB 50854—2013）中规定的清单项目工程量计算规则，对工程量清单中的工程量数据逐项进行核对，发现计算程序错误、数据误差较大等问题，及时向甲方质疑。

（4）全费用综合单价分析 参照企业定额、预算定额、费用定额、市场价格等，对各清单项目的人工费、材料费、机械费、费用、增值税进行费用分析，得出该清单项目的综合单价，其中的费用包括企业管理费、利润、规费、总价措施项目费。除安全文明施工项目外的总价措施项目可作为投标报价的竞争项目，计价时可以根据装饰工程的实际情况，在招标人提供的措施项目清单基础上适当增减。

全费用综合单价 = 人工费 + 材料费 + 机械费 + 费用 + 增值税

每一个清单项目都需使用一张综合单价分析表，所以分析的工作量比较大，综合单价分析是清单计价的核心环节。为后续整理和应用计算数据更加方便，可增加一张"综合单价分析汇总表"，也可以在"分部分项工程清单与计价表"中体现综合单价分析的结果。

（5）清单项目计价 根据前面分析得出的清单项目全费用综合单价，乘以清单工程量，完成每一个清单项目的计价，汇总即为分部分项工程费。

分部分项工程费 = ∑（清单项目工程量 × 全费用综合单价）

（6）措施项目计价 单价措施项目（技术措施费）计价与清单项目计价完全一致，此处不再重述。

（7）其他项目计价　按照招标人提供的其他项目清单进行计价，先就各个分表分别计价，对于暂列金额和总承包服务费，招标人一般已经确定了具体的金额，可直接填入其他项目清单计价汇总表。材料（工程设备）暂估单价在综合单价分析表中标明。专业工程暂估价根据分包工程的具体情况估价，其中甲购主要材料部分的计价，可以根据市场价格信息确定。计日工表中人工、材料、机械单价全部采用综合单价进行计价。然后汇总整理计算数据，编制其他项目清单计价汇总表。

（8）单位工程计价　将上面分析计算的数据汇总整理并导入单位工程投标报价汇总表。

（9）复核审核　对以上每一个步骤内容进行认真复核审核，主要对每个表格中的计量单位、计算方法和公式、计算结果、取费标准、数据间相互逻辑关系、数字的精确度等进行核对，避免计算过程中计算程序、取费标准、计算方法、数据应用等错误的发生。

（10）编制投标报价书　填写封面和总说明，参照清单计价规范中规定的文本格式打印装订成投标报价书，投标单位盖章，编制人（审核人）签字盖章。

具体步骤可归纳为图 7-2 的流程图。

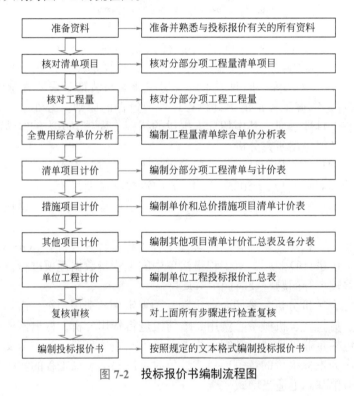

图 7-2　投标报价书编制流程图

第二节　基于 BIM 技术的装饰工程施工图预算编制实例

一、清单计价模式下装饰工程招标工程量清单编制实例

某房地产开发企业拟在其楼盘建造一栋多功能活动用房，项目的全套设计方案见施工图纸（图 7-3 ～图 7-16）以及对应门表（表 7-1）。房地产开发商采取公开招标形式选择装饰公司负责

施工，其委托某工程造价咨询公司编制该样板房的招标工程量清单，招标工程量清单是招标文件的组成部分，与招标文件一起提供给投标单位。某工程造价咨询公司造价人员根据清单计价规范的要求编制招标工程量清单。本章节实例以该项目一层为例编制招标工程量清单，相关信息见表 7-2 ～表 7-5。

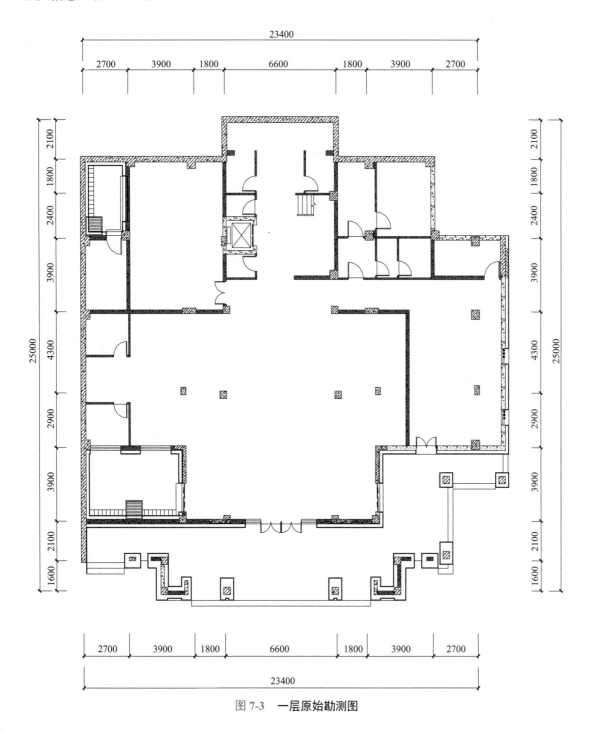

图 7-3　一层原始勘测图

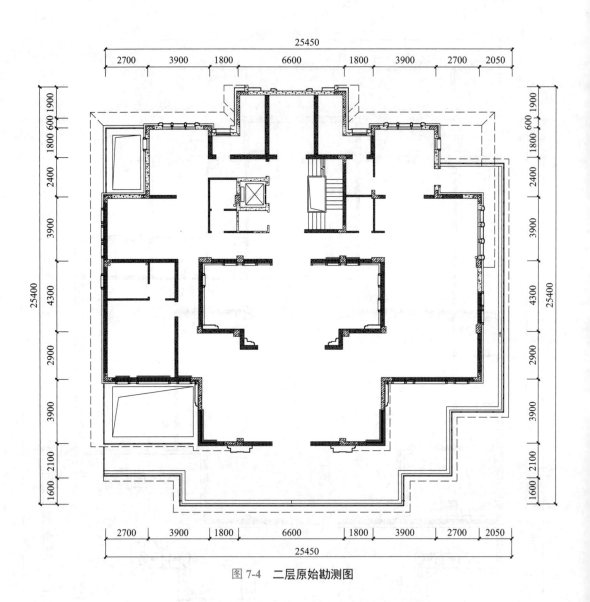

图 7-4 二层原始勘测图

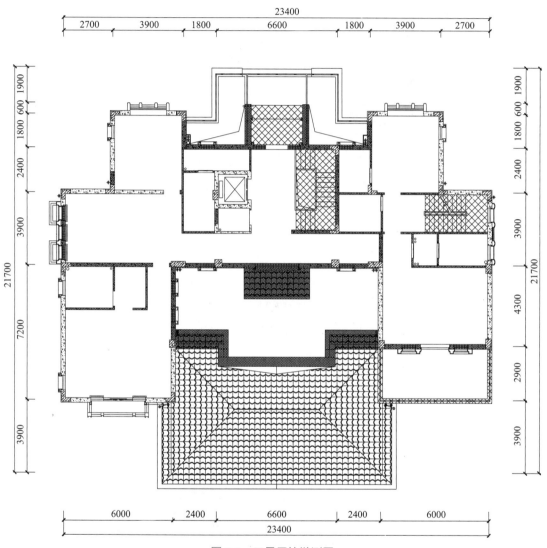

图 7-5 三层原始勘测图

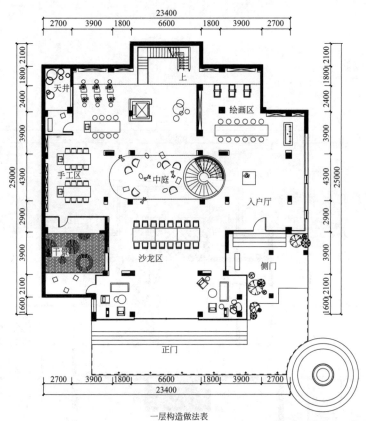

一层构造做法表

区域	位置	材料
室外台阶(侧门)	地面	430mm×600mm×70mm荔枝面芝麻灰花岗岩
室外台阶(正门)	地面	灰色防滑地面砖
室内直角楼梯	地面	浅色水磨石
	其他	白色氟碳漆栏杆
室内旋转楼梯	地面	磨光大理石
	其他	白色氟碳漆栏杆
侧门	地面	灰色水磨石
	墙面	水刷石(柱子)
	天棚	20mm×30mm实木条覆膜铝挂片吊顶
入户厅	地面	浅色水磨石
	墙面	白色艺术涂料
	天棚	20mm成品饰面板吊顶
沙龙区	地面	浅色水磨石
	墙面	白色艺术涂料
	天棚	钢龙骨石膏板吊顶
		20mm成品饰面板吊顶
干景	地面	彩色镜面水磨石
		不锈钢金属踢脚线
	墙面	白色艺术涂料
	天棚	20mm成品饰面板吊顶
中庭	墙面	大理石(柱子)
电梯井	地面	5mm厚1:3水泥砂浆
	墙面	5mm厚1:3水泥砂浆
天井	地面	灰色水磨石
	墙面	灰色水磨石
手工区	地面	浅色水磨石
		不锈钢金属踢脚线
	墙面	斩假石
	天棚	20mm成品饰面板吊顶
绘画区	地面	浅色水磨石
		不锈钢金属踢脚线
	墙面	白色艺术涂料
	天棚	20mm成品饰面板吊顶

图 7-6 一层平面布置图

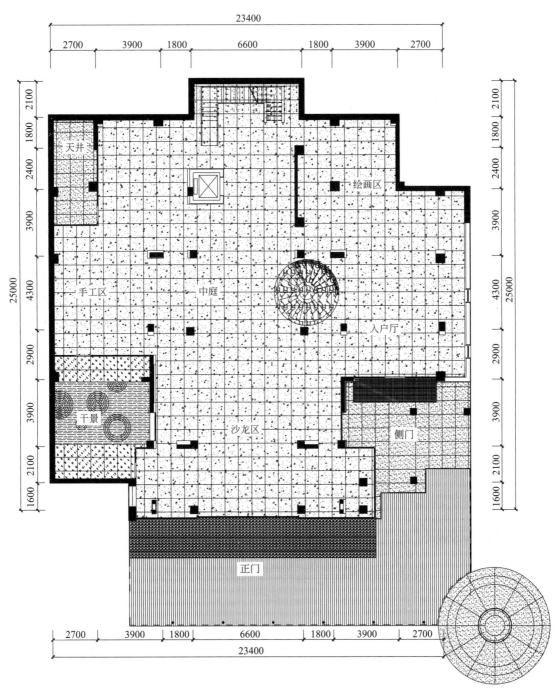

图 7-7 一层地面布置图

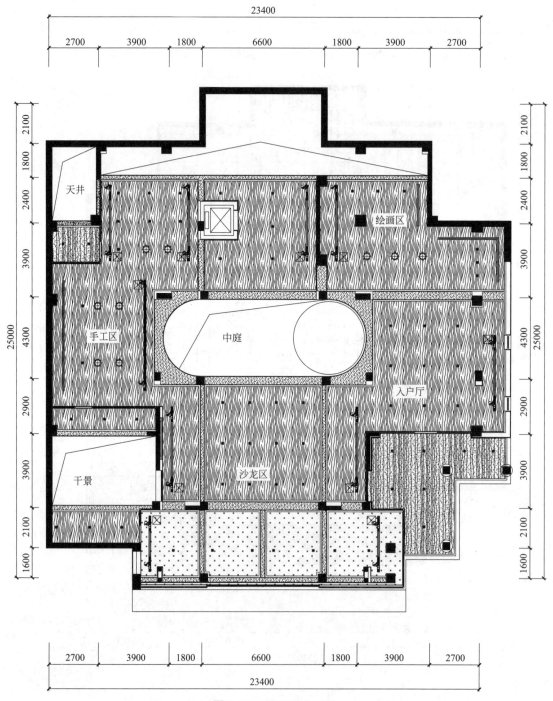

图 7-8　一层天棚布置图

二层构造做法表

区域	位置	材料
阳台侧门	地面	灰色水磨石
	天棚	玻璃雨棚
阳台正门	地面	灰色水磨石
	天棚	玻璃雨棚
入户厅	地面	浅色水磨石
		不锈钢金属踢脚线
	墙面	白色艺术涂料
		木饰面
	天棚	20mm成品饰面板吊顶
甜品区	地面	浅色水磨石
		不锈钢金属踢脚线
	墙面	白色艺术涂料
	天棚	20mm成品饰面板吊顶
中庭	墙面	大理石(柱子)
	其他	白色氟碳漆栏杆
茶水区	地面	浅色水磨石
		不锈钢金属踢脚线
	墙面	白色艺术涂料
		白色氟碳漆栏杆
	天棚	20mm成品饰面板吊顶
储物间	地面	浅色水磨石
		不锈钢金属踢脚线
	墙面	白色乳胶漆
	天棚	白色乳胶漆
电梯井	地面	5mm厚1:3水泥砂浆
	墙面	5mm厚1:3水泥砂浆
童卫	地面	浅色水磨石
		不锈钢金属踢脚线
	墙面	木饰面
		浅灰色水磨石
	天棚	20mm成品饰面板吊顶
男、女卫	地面	浅色水磨石
		不锈钢金属踢脚线
	墙面	木饰面
		浅色水磨石
	天棚	20mm成品饰面板吊顶
直角楼梯区	墙面	190mm×190mm玻璃装饰砖

图 7-9　二层平面布置图

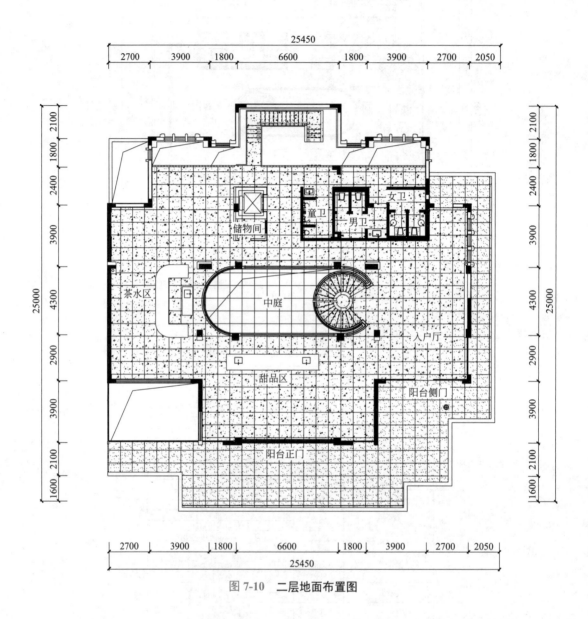

图 7-10 二层地面布置图

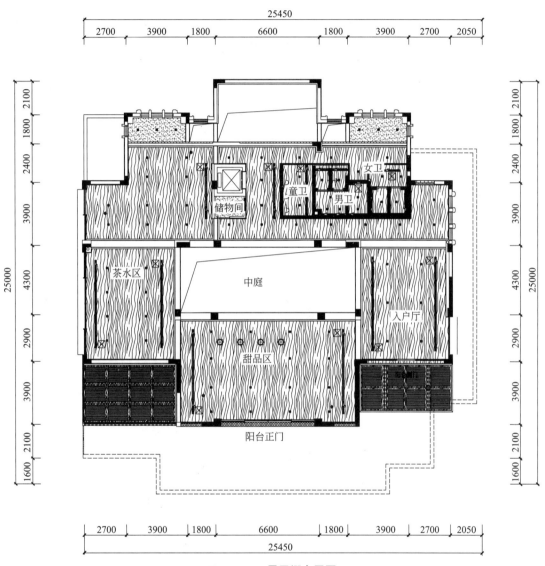

图 7-11　二层天棚布置图

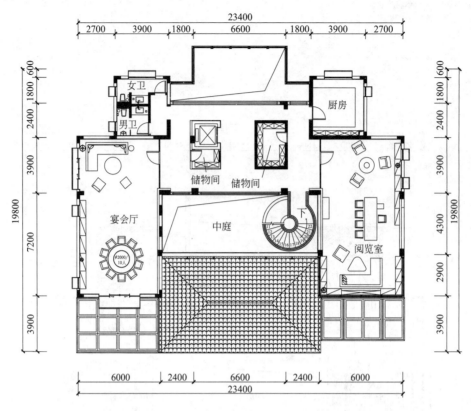

三层构造做法表

区域	位置	材料
阅览室	地面	浅色水磨石
		不锈钢金属踢脚线
	墙面	木饰面
		木饰面百叶
	天棚	20mm成品饰面板吊顶
		木纹金属格栅
厨房	地面	浅色水磨石
	墙面	浅色水磨石
	天棚	20mm成品饰面板吊顶
储物间	地面	浅色水磨石
		不锈钢金属踢脚线
	墙面	白色乳胶漆
	天棚	白色乳胶漆
电梯井	地面	20mm厚1:3水泥砂浆
	墙面	15mm厚1:3水泥砂浆
	天棚	5mm厚1:3水泥砂浆
男、女卫	地面	浅色水磨石
	墙面	浅色水磨石
	天棚	20mm成品饰面板吊顶
宴会厅	地面	实木复合木地板
		不锈钢金属踢脚线
	墙面	壁布硬包
	天棚	20mm成品饰面板吊顶

图 7-12　三层平面布置图

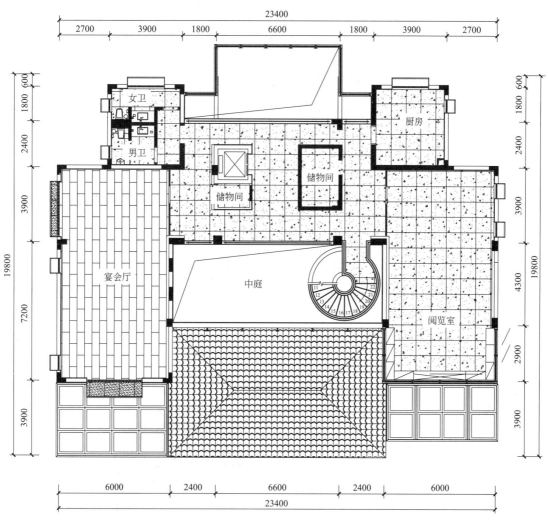

图 7-13　三层地面布置图

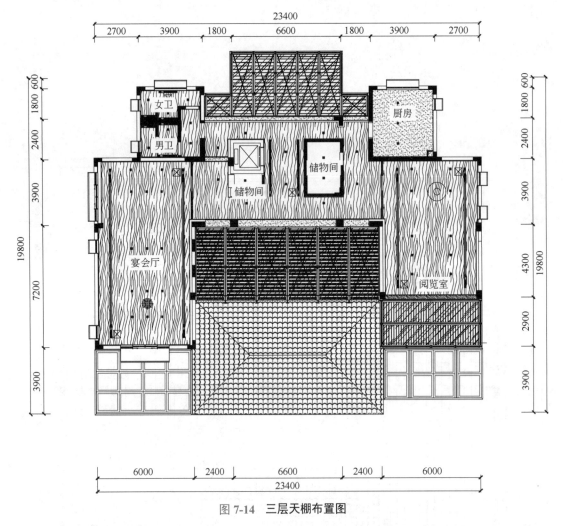

图 7-14　三层天棚布置图

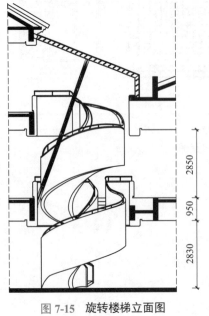

图 7-15　旋转楼梯立面图

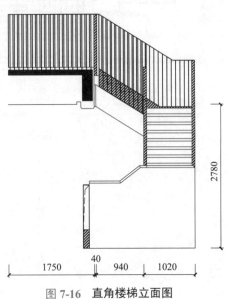

图 7-16　直角楼梯立面图

表 7-1　门表

编号	尺寸	数量		
		一层	二层	三层
铝合金门（M1）	1. 名称：M1 2. 尺寸：长 6020mm× 高 2780mm 3. 材料：8G+20A+8G 中空钢化超白玻璃，含铝合金、专用地排轮、专用定制锁等五金配件，喷氟碳漆	1		
铝合金门（M2）	1. 名称：M2 2. 尺寸：长 5940mm× 高 2850mm 3. 材料：8G+20A+8G 中空钢化超白玻璃，含铝合金、专用地排轮、专用定制锁等五金配件，喷氟碳漆		1	
铝合金门（M3）	1. 名称：M3 2. 尺寸：长 2960mm× 高 2600mm 3. 材料：8G+20A+8G 中空钢化超白玻璃，含铝合金、专用地排轮、专用定制锁等五金配件，喷氟碳漆			2
铝合金门（M4）	1. 名称：M4 2. 尺寸：长 1200mm× 高 2850mm 3. 材料：木饰面、白色金属，8mm 钢化玻璃，灰色铝合金边框，含不锈钢拉手、地弹簧等五金配件	1	2	
铝合金门（M5）	1. 名称：M5 2. 尺寸：长 900mm× 高 2780mm 3. 材料：8mm 钢化玻璃、灰色铝合金边框，含不锈钢拉手、暗合页等五金配件	3		
铝合金门（M6）	1. 名称：M6 2. 尺寸：长 730mm× 高 2530mm 3. 材料：木饰面，含不锈钢拉手、暗装闭门器等五金配件		3	2
铝合金门（M7）	1. 名称：M7 2. 尺寸：长 630mm× 高 2410mm 3. 材料：木饰面，含不锈钢拉手、合页等五金配件		4	
铝合金门（M8）	1. 名称：M8 2. 尺寸：长 700mm× 高 1250mm 3. 材料：木饰面，含定制成品扶手、合页等五金配件		3	
铝合金门（M9）	1. 名称：M9 2. 尺寸：长 900mm× 高 2900mm 3. 材料：木饰面、灰色金属，8mm 钢化玻璃，灰色铝合金边框，含不锈钢拉手、地弹簧等五金配件			2
铝合金门（M10）	1. 名称：M10 2. 尺寸：长 770mm× 高 2400mm 3. 材料：木饰面、白色金属，灰色金属包边，防撞条，含定制灰色金属拉手、暗合页等五金配件			3
合计		5	13	9

表 7-2 招标工程量清单封面

多功能活动用房项目精装修工程

招 标 工 程 量 清 单

招 标 人：＿＿＿＿＿＿＿＿＿＿（单位盖章）

造价咨询人：＿＿＿＿＿＿＿＿＿＿（单位盖章）

×××× 年 ×× 月 ×× 日

表 7-3 招标工程量清单扉页

多功能活动用房项目精装修工程

招 标 工 程 量 清 单

招 标 人：＿＿＿＿＿＿＿＿＿   造价咨询人：＿＿＿＿＿＿＿＿＿
　　　　　（单位盖章）   （单位资质专用章）

法定代表人   法定代表人
或其授权人：＿＿＿＿＿＿＿＿＿   或其授权人：＿＿＿＿＿＿＿＿＿
　　　　　（签字或盖章）   （签字或盖章）

编制人：＿＿＿＿＿＿＿＿＿   复核人：＿＿＿＿＿＿＿＿＿
　　（造价人员签字盖专用章）   （造价工程师签字盖专用章）

编制时间：×××× 年 ×× 月 ×× 日   复核时间：×××× 年 ×× 月 ×× 日

表 7-4 工程计价总说明

总 说 明

一、工程概况

本工程位于湖北省 ××× 市 ××× 区，建筑面积约 1182.99m²，装修档次要求达到中档偏上。具体施工方案见设计图纸。施工现场水、电配置条件可满足装饰施工要求，可使用电梯搬运装饰材料。

二、编制依据

（一）设计依据

多功能活动用房项目精装修工程由湖北 ×× 设计有限公司设计施工图。

（二）清单及定额依据

（1）《建设工程工程量清单计价规范》（GB 50500—2013）；

（2）《房屋建筑与装饰工程工程量计算规范》（GB 50854—2013）；

（3）《湖北省房屋建筑与装饰工程消耗量定额及全费用基价表》（2018 版）；

（4）《湖北省建筑安装工程费用定额（2018 版）》；

（5）现行省市有关解释、说明文件规定计算工程量。

三、取费方式

一般计税方式，增值税税率按 9% 计取，取费标准可参照《湖北省建筑安装工程费用定额（2018 版）》的规定。

四、编制说明

（1）投标报价格式参照清单计价规范中工程计价表格的要求，所有要求签字、盖章的地方，必须由规定的单位和人员签字、盖章；

（2）投标人的报价为完成工程量清单项目的全部费用，未填报项目的单价和合价，将视为此项费用已包含在工程量清单的其他单价和合价中；

（3）本招标工程量清单及其计价格式中的任何内容不得随意删除或涂改；

（4）投标报价金额（价格）均应以人民币表示。

表 7-5　分部分项工程和单价措施项目清单

工程名称：多功能活动用房项目精装修工程　　　　　　　标段：

序号	项目编码	项目名称	项目特征描述	计量单位	工程量	综合单价	合价	其中 暂估价
							金额/元	
一、侧门								
（一）	楼地面工程							
1	011102001001	灰色水磨石地面	1. 楼板清理、清水冲洗干净原干、刷水泥浆一道（内掺建筑胶） 2. 20mm厚1：3干硬性水泥砂浆结合层进行找平、表面撒干水泥粉 3. 5mm+5mm厚粘贴层（地面一道、背面一道） 4. 20mm厚水磨石饰面、专用填缝剂填缝、无缝打磨、结晶处理	m²	45.96			
（二）	墙柱面工程							
2	011201002003	墙面装饰抹灰	1.8mm厚1：3水泥砂浆打底、7mm厚1：3水泥砂浆找平扫毛、刷水泥浆一道 2.10mm厚1：2水泥砂浆	m²	13.34			
（三）	天棚工程							
3	011302001001	30mm×80mm覆木纹膜铝挂片吊顶	1. 基层清理 2. 直径8镀锌吊杆、间距1000mm≤x≤1200mm、M8膨胀螺栓固定吊杆，天花杆≥1500mm；必须加转换层龙骨或做反向支撑 3. 60型系列轻钢龙骨标准骨架；主龙骨中距≤1200mm，次龙骨中距400mm，横撑可上人龙骨中距900mm 4. 原顶喷浆，30mm×80mm覆木纹膜铝挂片 5. 若特殊部位为木结构，则木结构必须做防火、防腐处理	m²	30.43			

续表

序号	项目编码	项目名称	项目特征描述	计量单位	工程量	金额/元		其中
						综合单价	合价	暂估价
二、干景区域								
（一）楼地面工程								
4	011101002001	彩色镜面水磨石	1. 30mm 厚 1：3 水泥砂浆找平层 2. 20mm 厚彩色镜面水磨石楼地面	m²	42.34			
5	011105006002	金属踢脚线	1. 不锈钢踢脚线（高度 100mm） 2. 12mm 阻燃基层板，直钉固定，不锈钢踢脚线（展开长度 25mm）	m²	2.05			
6	010904002013	涂膜防水（平面）	1. 基层清理 2. 1：3 水泥砂浆或细石混凝土找坡层抹平（最薄 30mm 厚），2% 坡向地漏 3. 2mm 厚聚合物水泥防水涂料防水层周边上翻与墙面防水材料衔接，门口外铺出 300mm	m²	20.67			
7	010904002014	涂膜防水（立面）	1. 基层清理 2. 2mm 厚聚合物水泥防水涂料防水层高 200mm 与地面防水材料衔接，门口外铺出 300mm	m²	3.73			
（二）墙柱面工程								
8	011406001002	白色艺术涂料墙面（无肋板）	1. 基层清理 2. 12mm 阻燃板基础调平 3. 面封 12mm 石膏板（扶手及独立主体采用 12mm 水泥压力板）粘贴防裂布一层 4. 满刮 3 遍腻子找平（厨房采用耐水腻子），封闭底涂料一道 5. 面饰白色艺术涂料	m²	55.43			

续表

序号	项目编码	项目名称	项目特征描述	计量单位	工程量	金额/元 综合单价	金额/元 合价	其中 暂估价
(三)		天棚工程						
9	011302001002	20mm 成品饰面板吊顶	1. 基层清理 2. 直径 8mm 镀锌吊杆，间距 1000mm≤x≤1200mm，M8 膨胀螺栓固定吊杆，天花杆≥1500mm；必须加转换层龙骨或做反向支撑 3. 60 型系列轻钢龙骨标准骨架：主龙骨中距≤1200mm，次龙骨中距 400mm，横撑可上人龙骨中距 900mm 4. 12mm 阻燃板，板材用专用自攻螺钉与龙骨固定，中距≤200mm，螺钉离板边长边≥10mm，短边≥15mm 5. 阻燃板平整度及表面光滑度处理 6. 20mm 成品面板板面 5mm×10mm 凹槽，间距 30mm	m²	15.32			
10	011302001003	吊顶收边	1. 吊顶收边 2. 墙面四周预埋木楔，沿墙四周用 74mm 宽 12mm 厚阻燃板条作为基层，与预埋木楔用水泥钉固定，间距 300mm；在阻燃板基层上安装收边龙骨，面层 9.5mm 纸面石膏板，刷灰色艺术涂料三遍 3. 若特殊部位为木结构则木结构必须做防火、防腐处理	m²	0.7			
11	011302001004	包梁（9.5mm 纸面石膏板）	1. 包梁 2. 梁四周预埋木楔，12mm 阻燃板肋板间距 400mm+ 12mm 厚阻燃板条作为基层，面层 9.5mm 纸面石膏板刷白色艺术涂料三遍，侧边刷灰色艺术涂料三遍 3. 若特殊部位为木结构则木结构必须做防火、防腐处理	m²	12.14			

188 装饰工程计量计价与 BIM 造价应用

续表

序号	项目编码	项目名称	项目特征描述	计量单位	工程量	综合单价	合价	其中 暂估价
三、公共区域								
（一）楼地面工程								
12	011102001003	浅色水磨石地面	1. 楼板清理、清水冲洗干净晾干，刷水泥浆一道（内掺建筑胶） 2. 20mm厚1：3干硬性水泥砂浆结合层进行找平，表面撒干水泥粉 3. 5mm+5mm厚粘贴剂（地面一道、背面一道） 4. 20mm厚水磨石饰面、专用填缝剂填缝，无缝打磨、结晶处理	m²	425.71			
13	011105006019	金属踢脚线	1. 不锈钢踢脚线（高度100mm） 2. 12mm阻燃基层板、直钉固定，不锈钢踢脚线（展开长度25mm）	m²	7.85			
（二）墙柱面工程								
14	011201002002	墙面装饰抹灰斩假石	1. 8mm厚1：3水泥砂浆打底，两次成活，6mm厚1：3水泥砂浆找平扫毛，刷水泥浆一道 2. 11mm厚1：2.5水泥砂浆（米粒石内掺30%石膏）罩面 3. 20mm塑料条分格	m²	104.43			
15	011406001013	白色艺术涂料墙面（无助板）	1. 基层清理 2. 12mm阻燃板基础调平 3. 面封9.5mm石膏板（扶手及独立主体采用12mm水泥压力板）粘贴防裂布一层 4. 满刮3遍腻子找平（厨房采用耐水腻子）、封闭底涂料一道 5. 面饰白色艺术涂料	m²	195.35			

续表

序号	项目编码	项目名称	项目特征描述	计量单位	工程量	综合单价	合价	暂估价
							金额/元	其中
16	011205001001	大理石包柱	1. 刷界面处理剂，13mm 厚 1：3 水泥砂浆打底、7mm 厚 1：3 水泥砂浆找平 2. 粘贴层 1：1.5 水泥砂浆 5mm 3. 砂浆粘贴 4. 大理石面层 5. 原浆勾缝 6. 清洁表面	m²	37.26			
17	011406001014	原墙面白色艺术涂料	1. 墙面基层清理 2. 腻子基层两遍 3. 白色艺术涂料一底两面	m²	3.16			
18	011207001001	木饰面	1. 基层清理 2. 12mm 阻燃板基础调平，内部龙骨间距 300mm 3. 专用成品木饰面黏结胶 4. 面饰木饰面板，含 20mm 凹槽等	m²	20.56			
19	011207001002	电箱暗门（木饰面）	1. 墙面基层清理 2. 40mm×40mm 角钢骨架 3. 12mm 厚阻燃基层板 4. 木饰面 5. 综合考虑损耗等，含一切五金配件等	m²	0.49			
20	011207001003	电梯门套	1. 基层清理 2. 木龙骨 +12mm 厚阻燃板基层 3. 金属门套（黑色拉丝不锈钢 304#1.2mm 厚），刷白色氟碳漆 4. 按设计图纸完成，综合考虑折边，基层及防腐处理等一切配件及连接固定件	m²	1.25			

续表

序号	项目编码	项目名称	项目特征描述	计量单位	工程量	金额／元		其中
						综合单价	合价	暂估价
（三）	天棚工程							
21	011302001005	20mm 成品饰面板吊顶	1. 基层清理 2. 直径 8mm 镀锌吊杆，同距 1000mm ≤ x ≤ 1200mm，M8 膨胀螺栓固定吊杆，天花杆 ≥ 1500mm；必须加转换层龙骨或做反向支撑 3. 60 型系列轻钢龙骨标准骨架：主龙骨中距 ≤ 1200mm，次龙骨中距 400mm，横撑可上人龙骨中距 900mm 4. 12mm 阻燃板，板材用专用自攻螺钉与龙骨固定，中距 ≤ 200mm，螺钉离板边长边 ≥ 10mm，短边 ≥ 15mm 5. 阻燃板平整度及表面光滑度处理 6. 20mm 成品饰面板板面 5mm×10mm 凹槽，间距 30mm	m²	268.47			
22	011302001026	木质装饰板轻钢龙骨石膏板吊顶	1. 12mm 纸面石膏板 2. 主龙骨采用 CB60mm×27mm 3. 立放次龙骨采用 CB60mm×27mm 4. 吊筋 18mm 钢筋	m²	44.06			
23	011302001006	吊顶收边	1. 名称：吊顶收边 2. 施工做法：墙面四周预埋木楔，沿墙四周用 74mm 宽、12mm 厚阻燃板条作为基层，与预埋木楔用水泥钉固定，同距 300mm；在阻燃板基层上安装收边龙骨，面层 9.5mm 纸面石膏板刷灰色艺术涂料 3. 若特殊部位为木结构，则木结构必须做防火、防腐处理	m²	6.27			
24	011302001007	包梁（9.5mm 纸面石膏板）	1. 名称：包梁 2. 施工做法：梁四周预埋木楔，12mm 阻燃板助板 +12mm 厚阻燃板基层，面层 9.5mm 纸面石膏板刷白色艺术涂料，侧边刷灰色艺术涂料 3. 若特殊部位为木结构则木结构必须做防火、防腐处理	m²	130			

续表

序号	项目编码	项目名称	项目特征描述	计量单位	工程量	金额/元		其中
						综合单价	合价	暂估价
（四）其他工程								
25	011501001016	陶艺桌	1.部位：手工区 2.材料：10mm镀锌钢板、金属支撑架、刷灰色氟碳漆、30mm×30mm镀锌方管间距600mm、30mm厚或20mm厚浅色水磨石、25mm厚或15mm厚浅色水磨石活动盖板等 3.按规格板整块尺寸为准、综合考虑规格、各类型排版下料及损耗、加厚、切割、倒角、磨边、开孔等	m²	7.2			
26	011501001017	陶艺洗手台	1.部位：手工区 2.材料：30mm×30mm镀锌方管、刷灰色氟碳漆、30mm厚或20mm厚浅色水磨石、25mm厚或15mm厚浅色水磨石活动盖板等 3.按规格板整块尺寸为准、综合考虑规格、各类型排版下料及损耗、加厚、切割、倒角、磨边、开孔等	m²	1.58			
27	011501019003	木壁柜	材料：成品层板、E型轨道等配件	m²	46.64			
28	011210003005	新做铝合金玻璃隔断	1.名称：新做铝合金玻璃隔断 2.含制作安装运输等一切费用	m²	38.37			
四、天井								
（一）楼地面工程								
29	011102001004	灰色水磨石地面	1.楼板清理、清水冲洗干净晾干、刷水泥浆一道（内掺建筑胶） 2.20mm厚1：3干硬性水泥砂浆结合层进行找平、表面撒干水泥粉 3.5mm+5mm厚料贴结剂（地面一道、背面一道） 4.20mm厚水磨石饰面、专用填缝剂填缝、无缝打磨、结晶处理	m²	14.95			

续表

序号	项目编码	项目名称	项目特征描述	计量单位	工程量	金额/元		其中
						综合单价	合价	暂估价
30	010904002011	涂膜防水（平面）	1. 基层清理 2. 1:3 水泥砂浆或细石混凝土找坡层抹平（最薄 30mm 厚），2%坡向地漏 3. 2mm 厚聚合物水泥防水涂料防水层周边上翻与墙面防水材料搭接，门口外铺出 300mm	m²	14.95			
(二)	墙柱面工程							
31	011204003002	浅灰色水磨石墙面	1. 安装施工完成后进行清洁，对成品进行保护 2. 石材专用填缝剂填缝，打磨抛光，结晶处理 3. 20mm 厚人造石板材，做好六面防浸透处理，石板背面预留穿孔（或勾槽），用双股 18 号铜丝与钢筋网绑扎牢固，灌 50mm 厚 1:2.5 水泥砂浆，分层灌注振捣密实，每层 150～200mm 且不大于板高 1/3（灌注砂浆前先将板材背面和墙面浇水润湿） 4. φ6 双向钢筋网间距 300mm 与墙体预埋钢筋焊接 5. 墙体基面预埋 φ6 钢筋（双向间距按板材尺寸定）	m²	52.4			
五、门窗工程								
32	010805005009	铝合金门（M1）	1. 名称：M1 2. 尺寸：长 6020mm×高 2780mm 3. 材料：8G+20.4+8G 中空钢化超白玻璃，含铝合金，专用地排轮，专用定制锁等五金配件，喷氟碳漆	樘	1			
33	010805005012	铝合金门（M4）	1. 名称：M4 2. 尺寸：长 1200mm×高 2850mm 3. 材料：木饰面，白色金属，8mm 钢化玻璃，灰色铝合金边框，含不锈钢拉手，地弹簧等五金配件	樘	1			

续表

序号	项目编码	项目名称	项目特征描述	计量单位	工程量	综合单价	合价	暂估价
							金额/元	其中
34	010805005013	铝合金门（M5）	1. 名称：M5 2. 尺寸：长 900mm×高 2780mm 3. 材料：8mm 钢化玻璃，灰色铝合金边框，含不锈钢拉手、暗合页等五金配件	樘	3			
六、室内楼梯								
（一）直角楼梯								
35	010506001001	室内单跑楼梯（踏步平台面层）	1. 室内单跑楼梯 2. 梯板及踏步平台面层：20mm 水泥砂浆找平，水泥压力板，面层贴水磨石	m²	21.07			
36	010506001002	室内单跑楼梯（挡板）	1. 室内单跑楼梯 2. 挡板：10mm 钢板白色氟碳漆	m²	16.18			
（二）旋转楼梯								
37	010506002001	旋转钢楼梯（踏步平台面层）	梯板及踏步平台面层：水泥压力板，面层 20mm 水泥砂浆找平，贴 20mm 厚磨光大理石，结晶处理	m²	27.72			
38	010506002002	旋转钢楼梯（挡板）	1. 旋转钢楼梯 2. 挡板：40mm×40mm×2.5mm 镀锌方管，15mm 阻燃板，20mm 水泥装饰板，刷白色艺术涂料	m²	47.93			

续表

序号	项目编码	项目名称	项目特征描述	计量单位	工程量	综合单价	金额/元 合价	其中 暂估价
39	01050600 2003	旋转钢楼梯（扶手）	1. 旋转钢楼梯 2. 扶手：φ30mm 圆管，φ15mm 圆管，刷白色氟碳漆	m	31.96			
七、室外台阶								
（一）正门台阶								
40	01110700 2002	块料台阶面	1. 20mm 厚 1：3 水泥砂浆找平层 2. 20mm 厚 1：4 干硬性水泥砂浆结合层 3. 8～10mm 厚灰色优质防滑地砖	m²	33.82			
41	01110800 3002	块料零星项目	1. 20mm 厚 1：3 水泥砂浆找平层 2. 20mm 厚 1：4 干硬性水泥砂浆结合层 3. 8～10mm 厚灰色优质防滑地砖	m²	1.5			
（二）侧门台阶								
42	01110600 1001	石材楼梯面层	430mm×600mm×70mm 荔枝面芝麻灰花岗岩	m²	7.05			
43	01110800 1001	石材零星项目	430mm×600mm×70mm 荔枝面芝麻灰花岗岩	m²	0.96			

续表

八、措施项目

序号	项目编码	项目名称	项目特征描述	计量单位	工程量	金额/元		
						综合单价	合价	其中 暂估价
44	011703001001	垂直运输	1. 本项目檐高 20m 以内 2. 层数三层 3. 采用卷扬机施工	m²	1182.99			
45	011707007001	已完工程成品保护（楼地面）	施工图纸范围内所有楼地面块料施工期间成品保护	m²	1182.99			
46	011707007002	已完工程成品保护（墙柱面）	施工图纸范围内所有墙柱面施工期间成品保护	m²	1371.53			
47	011707007003	已完工程成品保护（门窗）	施工图纸范围内所有门窗施工期间成品保护	m²	187.69			
48	011701006001	满堂脚手架	1. 层高 3.6～5.2m 之间 2. 钢管满堂脚手架	m²	1138.22			

多功能活动用房装饰工程工程量清单编制过程如下。

1. 准备工作

与甲方充分沟通，准确了解甲方装修的具体要求，对装修档次和材料的要求，并进行现场勘察。详细解读施工图纸，了解装饰工程施工项目内容、施工工艺特点、材料应用要求等。对《建设工程工程量清单计价规范》（GB 50500—2013）内容和要求要熟悉了解，编制装饰工程工程量清单时应执行《房屋建筑与装饰工程工程量计算规范》（GB 50854—2013）的具体要求，掌握工程量清单编制程序及应遵循的原则，掌握工程量计算规则。同时还要准备一些装饰装修工程技术规范和一些工具性手册。

2. 列清单项目

根据设计图纸及装饰工程工艺特点和工作内容，按照《房屋建筑与装饰工程工程量计算规范》（GB 50854—2013）中清单项目设置的要求，参考预算定额的项目组成，列出清单项目。清单项目设置是以完成工程实体为基本要素，设置时应细致分析其项目特征和工作内容，按装饰工程施工工艺特点和施工工序的要求，将项目特征及工作内容分解细化，必须达到能分析其综合单价构成的程度。

按照《房屋建筑与装饰工程工程量计算规范》（GB 50854—2013）中清单项目设置的要求，先一个房间一个房间分析有哪些清单项目。注意清单项目中的项目编码、项目名称、计量单位、工程量计算规则应与《房屋建筑与装饰工程工程量计算规范》（GB 50854—2013）的要求完全一致，即四个统一。项目特征和工作内容，按装饰工程施工工艺特点和施工工序的要求，参考预算定额的子目，进行分解细化，应达到能分析其综合单价构成的程度。然后将相同的清单项目合并，再按照装饰工程各大分部的顺序汇总列表。

例如，本案例中一层公共区域包括预制水磨石地面、涂料墙面、石材柱面、饰面板吊顶、金属电梯门套等几个清单项目。其中预制水磨石地面的项目特征和工作内容包含地面找平、预制水磨石、结晶处理；涂料墙面的项目特征和工作内容包含基层处理、涂料面层；石材柱面的项目特征和工作内容包含龙骨基层、墙面找平、石材饰面；饰面板吊顶的项目特征和工作内容包含轻钢龙骨、阻燃板基层、装饰面层；金属电梯门套的项目特征和工作内容包含木龙骨、胶合板基层、金属门套、氟碳漆。

清单计价法中的有些清单项目虽然项目名称一样，但所包含的项目特征和工作内容可能完全不一样，应分别列清单项目。例如卫生间的防滑地砖与厨房的防滑地砖项目名称一样，但卫生间防滑地砖的项目特征和工作内容包含地面回填、防水涂料、防滑地砖三个内容，厨房的防滑地砖不包含地面回填，所以分别列清单项目。

3. 计算工程量

根据前面所列的清单项目，对应《房屋建筑与装饰工程工程量计算规范》（GB 50854—2013）中对每个清单项目规定的工程量计算规则，逐项计算每个清单项目的工程量。清单计价法计算工程量是以完成装饰工程实体为计算单元，若清单项目中只含一项施工内容，其计算方法与定额计价法工程量计算方法完全一样，例如本案例中干景区域的彩色镜面水磨石地面。若清单项目中含两项以上的施工内容，则只计算表现主要项目特征施工内容的工程量，例如本案例中饰面板吊顶的清单项目，只计算装饰面层的工程量，轻钢龙骨、阻燃板基层的施工内容则不需要计算其工程量。再例如本案例中金属电梯门套清单项目，只计算金属门套工程量，木龙骨、胶合板基层、氟碳漆施工内容则不需要计算其工程量。另外对于单价措施项目，也应计算其工程量。本案例所有的工程量数据，具体计算过程省略。

4. 分部分项工程量清单

将前面所列清单项目内容和工程量计算数据进行整理汇总，参照《房屋建筑与装饰工程工程量计算规范》（GB 50854—2013）中规定项目编码、项目名称、计量单位，根据装饰工程实际的项目特征，参照计价规范中的分部分项工程和单价措施项目清单表格样式，先列出空白表，再将工程量计算数据填入表格。具体数据见本例的表 7-5。

5. 复核审核

对以上所有内容参照清单计价规范中工程量清单编制的要求，和《房屋建筑与装饰工程工程量计算规范》（GB 50854—2013）的要求，逐项进行认真复核审核。特别对分部分项清单中项目设置、项目特征、计量单位、工程量计算方法和公式、计算结果、数字的精确度等进行认真核对，避免清单项目设置中出现重项、漏项、错项和工程量计算错误等情况的发生。

6. 编工程量清单

填写封面、扉页和总说明，封面见本例中表 7-2，扉页见本例中表 7-3，总说明包括工程概况、工程范围、工程量清单编制依据、特殊项目的说明、投标报价的要求等，具体内容见本例中表 7-4。最后按照清单计价规范中提供参考的工程计价表格格式打印装订工程量清单，编制单位盖章，编制人（审核人）签字盖章。

二、全费用基价表清单计价模式下装饰工程招标控制价编制实例

某房地产开发企业开发商拟在其楼盘建造一栋多功能活动用房，项目的全套设计方案见施工图纸（图 7-3～图 7-16）及对应门表（表 7-1）。房地产开发商采取公开招标形式，在招标文件中提供了样板房工程的"招标工程量清单"，并委托了某造价咨询企业进行招标控制价的编制。本章节实例以该项目一层为例，编制的多功能活动用房项目精装修工程招标控制价见表 7-6～表 7-10。

表 7-6 招标控制价总价封面

多功能活动用房项目精装修工程
招标控制价

招标人：×× 房地产开发有限公司 （单位盖章）

造价咨询人：＿＿＿＿＿＿＿＿（单位盖章）

××××年××月××日

表 7-7 招标控制价扉页

多功能活动用房项目精装修工程
招标控制价

招标控制价 （小写）：508759.46 元
（大写）：伍拾万捌仟柒佰伍拾玖元肆角陆分

招标人：×× 房地产开发有限公司　　　　　造价咨询人：×× 造价咨询有限公司
（单位盖章）　　　　　　　　　　　　　　（单位盖章）
法定代表人　　　　　　　　　　　　　　法定代表人
或其授权人：＿＿×＿＿×＿＿×＿　　　或其授权人：＿＿×＿＿×＿＿×＿
（签字或盖章）　　　　　　　　　　　（签字或盖章）

编制人：＿＿×＿＿×＿＿×＿　　　　　复核人：＿＿×＿＿×＿＿×＿
（造价人员签字盖专用章）　　　　　　（造价人员签字盖专用章）

编制时间：××××年××月××日　　　复核时间：××××年××月××日

表 7-8　招标控制价总说明

总 说 明

一、工程概况

本工程位于湖北省 ×××市 ×××区，建筑面积约 1182.99m²，装修档次要求达到中档偏上。具体施工方案见设计图纸。施工现场水、电配置条件可满足装饰施工要求，可使用电梯搬运装饰材料。

二、编制依据

（一）设计依据

多功能活动用房项目精装修工程由湖北 ××设计有限公司设计施工图。

（二）清单及定额依据

（1）《建设工程工程量清单计价规范》（GB 50500—2013）；

（2）《房屋建筑与装饰工程工程量计算规范》（GB 50854—2013）；

（3）《湖北省房屋建筑与装饰工程消耗量定额及全费用基价表》（2018 版）；

（4）《湖北省建筑安装工程费用定额（2018 版）》；

（5）现行省市有关解释、说明文件规定计算工程量。

三、取费方式

一般计税方式，增值税税率按 9% 计取，取费标准可参照《湖北省建筑安装工程费用定额（2018 版）》的规定。

四、编制说明

（1）投标报价格式参照清单计价规范中工程计价表格的要求，所有要求签字、盖章的地方，必须由规定的单位和人员签字、盖章；

（2）投标人的报价为完成工程量清单项目的全部费用，未填报项目的单价和合价，将视为此项费用已包含在工程量清单的其他单价和合价中；

（3）本招标工程量清单及其计价格式中的任何内容不得随意删除或涂改；

（4）投标报价金额（价格）均应以人民币表示。

表 7-9　单位工程招标控制价汇总表

工程名称：多功能活动用房项目精装修工程　　　　　　　　　　　　　　　　　　　标段：

序号	汇总内容	金额/元	其中：暂估价/元
一	分部分项工程和单价措施项目	508759.46	
二	其他项目费		—
三	甲供费用（单列不计入造价）		
四	人工费调整（含税）		

续表

序号	汇总内容	金额 / 元	其中：暂估价 / 元
4.1	人工费价差		
4.2	人工费价差增值税		
五	含税工程造价	508759.46	
	招标控制价合计	508759.46	

多功能活动用房装饰工程招标控制价编制过程如下。

1. 准备工作

与工程量清单编制中准备工作内容基本一样。熟悉施工图纸、准备并熟悉定额手册、收集材料市场价格信息等。同时对《建设工程工程量清单计价规范》（GB 50500—2013）内容和要求要熟悉了解，编制装饰装修工程招标控制价时应执行《房屋建筑与装饰工程工程量计算规范》（GB 50854—2013）的要求。若按照企业定额编制招标控制价，则应准备并熟悉企业定额手册。同时还要准备一些装饰工程技术规范和一些工具性手册。本例主要按照《湖北省房屋建筑与装饰工程消耗量定额及全费用基价表（装饰 措施）》（2018 版）和《湖北省建筑安装工程费用定额（2018 版）》进行综合单价分析和编制招标控制价。

2. 综合单价分析

清单项目的综合单价分析是清单计价法的核心内容，也是清单计价法的重点和难点，每一个清单项目都要进行综合单价分析，本例涉及综合单价分析的表格太多，在此全部省略。综合单价分析的内容和步骤参见第六章各节全费用综合单价计算例题。

3. 清单项目计价

清单项目计价比较简单，全费用综合单价乘以工程量即为每一个清单项目的计价，汇总即为分部分项工程费。本例装饰工程中规费以人工费 + 机械费为计价基数，所以在列清单项目计价表时为了后面方便计算规费，将其中的人工费和机械费也进行汇总。单价措施项目费的计价方法与清单项目计价一样。具体数据见本例的表 7-10。

4. 单位工程计价

将上面分析计算的数据导入单位工程招标控制价汇总表，以人工费 + 机械费为计价基数，按规定的 10.15% 费率计算规费，其中：社会保险费率 7.58%（养老保险费率 4.87%、失业保险费率 0.48%、医疗保险费率 1.43%、工伤保险费率 0.57%，生育保险费率 0.23%），住房公积金费率 1.91%，工程排污费率 0.66%。以不含税工程造价为计价基数，按规定的 3.48% 费率计算税金，汇总得出单位工程招标控制价。具体数据见本例的表 7-9。

表 7-10　分部分项工程和单价措施项目清单与计价表

工程名称：多功能活动用房项目精装修工程　　　　　　　　　　标段：

序号	项目编码	项目名称	项目特征描述	计量单位	工程量	金额／元		其中
						综合单价	合价	暂估价
一、侧门								
（一）	楼地面工程							
1	01110201001	灰色水磨石地面	1. 楼板清理、清水冲洗干净晾干、刷水泥浆一道（内掺建筑胶） 2. 20mm厚1：3干硬性水泥砂浆结合层进行找平，表面撒干水泥粉 3. 5mm+5mm厚粘贴剂（地面一道，背面一道） 4. 20mm厚水磨石饰面，专用填缝剂填缝，无缝打磨、结晶处理	m²	45.96	160.28	7366.47	
（二）	墙柱面工程							
2	011201002003	墙面装饰抹灰	1. 8mm厚1：3水泥砂浆打底，7mm厚1：3水泥砂浆找平扫毛、刷水泥浆一道 2. 10mm厚1：2水泥砂浆	m²	13.34	52.2	696.35	
（三）	天棚工程							
3	011302001001	30mm×80mm覆木纹膜铝扣片吊顶	1. 基层清理 2. 直径8mm镀锌吊杆，间距1000mm≤x≤1200mm，M8膨胀螺栓固定吊杆，天花杆≥1500mm；必须加转换层龙骨或做反向支撑 3. 60型系列轻钢龙骨标准架：主龙骨中距≤1200mm，次龙骨中距400mm，横撑可上人龙骨中距900mm 4. 原顶喷灰，30mm×80mm覆木纹膜铝扣片 5. 若特殊部位为木结构则木结构必须做防火、防腐处理	m²	30.43	142.99	4351.19	

续表

二、干景区域

（一）楼地面工程

序号	项目编码	项目名称	项目特征描述	计量单位	工程量	综合单价	合价	其中 暂估价
4	01110100202001	彩色镜面水磨石	1. 30mm 厚 1：3 水泥砂浆找平层 2. 20mm 厚彩色镜面水磨石楼地面	m²	42.34	100.57	4258.13	
5	01110500602002	金属踢脚线	1. 不锈钢踢脚线（高度 100mm） 2. 12mm 阻燃基层板，直钉固定，不锈钢踢脚线（展开长度 25mm）	m²	2.05	337.98	692.86	
6	01090040202013	涂膜防水（平面）	1. 基层清理 2. 1：3 水泥砂浆或细石混凝土找坡找平（最薄 30mm 厚，2% 坡向地漏） 3. 2mm 厚聚合物水泥防水涂料防水层同边上翻与墙面防水材料衔接，门口外铺出 300mm	m²	20.67	87.44	1807.38	
7	01090040202014	涂膜防水（立面）	1. 基层清理 2. 2mm 厚聚合物水泥防水涂料防水层高 200mm 与地面防水材料衔接，门口外铺出 300mm	m²	3.73	66.81	249.2	

（二）墙柱面工程

序号	项目编码	项目名称	项目特征描述	计量单位	工程量	综合单价	合价	其中 暂估价
8	01140600201002	白色艺术涂料墙面（无肋板）	1. 基层清理 2. 12mm 阻燃板基础调平 3. 面封 12mm 石膏板（扶手及独立主体采用 12mm 水泥压力板）粘贴防裂布一层 4. 满刮 3 遍腻子找平（厨房采用耐水腻子），封闭底涂料一道 5. 面饰白色艺术涂料	m²	55.43	291.11	16136.23	

续表

序号	项目编码	项目名称	项目特征描述	计量单位	工程量	综合单价	合价	暂估价
(三)	天棚工程							
9	011302001002	20mm 成品饰面板吊顶	1. 基层清理 2. 直径 8mm 镀锌吊杆，间距 1000mm ≤ *x* ≤ 1200mm，M8 膨胀螺栓固定吊杆；天花杆 ≥ 1500mm；必须加转换层龙骨或做反向支撑 3. 60 型系列轻钢龙骨标准骨架：主龙骨中距 ≤ 1200mm，次龙骨中距 400mm，横撑可上人龙骨中距 900mm 4. 12mm 阻燃板，板材用专用自攻螺钉与龙骨固定，中距 ≤ 200mm，螺钉离板边 ≥ 10mm，短边 ≥ 15mm 5. 阻燃板平整度及表面光洁度处理 6. 20mm 成品饰面板面板 5mm×10mm 凹槽，间距 30mm	m²	15.32	176.39	2702.29	
10	011302001003	吊顶收边	1. 吊顶收边 2. 墙面四周预埋木楔，沿墙四周用 74mm 宽 12mm 厚阻燃板条作为基层，与预埋木楔用水泥钉固定，间距 300mm；在阻燃板基层上安装收边龙骨，面层 9.5mm 纸面石膏板，刷灰色艺术涂料三遍 3. 若特殊部位为木结构则木结构必须做防火、防腐处理	m²	0.7	152	106.4	
11	011302001004	包梁 (9.5mm 纸面石膏板)	1. 包梁 2. 梁四周预埋木楔，12mm 阻燃板助板间距 400mm+ 12mm 厚阻燃板条作为基层，面层 9.5mm 纸面石膏板刷白色艺术涂料三遍，侧边刷灰色艺术涂料三遍 3. 若特殊部位为木结构则木结构必须做防火、防腐处理	m²	12.14	284.78	3457.23	

金额/元

其中

续表

序号	项目编码	项目名称	项目特征描述	计量单位	工程量	综合单价	合价	其中 暂估价
三、公共区域								
(一) 楼地面工程								
12	011102001003	浅色水磨石地面	1. 楼板清理，清水冲洗干净晾干，刷水泥浆一道（内掺建筑胶） 2. 20mm厚1：3干硬性水泥砂浆结合层进行找平，表面撒干水泥粉 3. 5mm+5mm厚料粘贴层（地面一道，背面一道） 4. 20mm厚水磨石饰面，专用填缝剂填缝，无缝打磨，结晶处理	m²	425.71	160.28	68232.8	
13	011105006019	金属踢脚线	1. 不锈钢踢脚线（高度100mm） 2. 12mm阻燃基层板，直钉固定，不锈钢踢脚线（展开长度25mm）	m²	7.85	337.99	2653.22	
(二) 墙柱面工程								
14	011201002002	墙面装饰抹灰斩假石	1. 8mm厚1：3水泥砂浆找平扫毛，两次成活，6mm厚1：3水泥砂浆找平扫毛，两次成活，刷水泥浆一道 2. 11mm厚1：2.5水泥砂浆（米粒石内掺30%石屑）罩面 3. 20mm塑料条分格	m²	104.43	79.13	8263.55	
15	011406001013	白色艺术涂料墙面（无肋板）	1. 基层清理 2. 12mm阻燃板基础调平 3. 面封9.5mm石膏板（扶手及独立主体采用12mm水泥压力板）粘贴防裂布一层 4. 满刮3遍腻子找平（厨房采用耐水腻子），封闭底涂料一道 5. 面饰白色艺术涂料	m²	195.35	291.11	56868.34	

续表

序号	项目编码	项目名称	项目特征描述	计量单位	工程量	综合单价	合价	暂估价
16	011205001001	大理石包柱	1. 刷界面处理剂，13mm 厚 1：3 水泥砂浆打底，7mm 厚 1：3 水泥砂浆找平 2. 粘贴层 1：1.5 水泥砂浆 5mm 3. 砂浆粘贴 4. 大理石面层 5. 原浆勾缝 6. 清洁表面	m²	37.26	511.04	19041.35	
17	011406001014	原墙面白色艺术涂料	1. 墙面基层清理 2. 腻子基层找平两遍 3. 白色艺术涂料一底两面	m²	3.16	179.09	565.92	
18	011207001001	木饰面	1. 基层清理 2. 12mm 阻燃板基础调平，内部龙骨间距 300mm 3. 专用成品木饰面黏结胶 4. 面饰木饰面板，含 20mm 凹槽等	m²	20.56	572.6	11772.66	
19	011207001002	电箱暗门（木饰面）	1. 墙面基层清理 2. 40mm×40mm 角钢骨架 3. 12mm 厚阻燃基层板 4. 木饰面 5. 综合考虑损耗等，含一切五金配件等	m²	0.49	547.78	268.41	
20	011207001003	电梯门套	1. 基层清理 2. 木龙骨+12mm 厚阻燃板基层 3. 金属门套（黑色拉丝不锈钢 304#1.2mm 厚），刷白色氟碳漆 4. 按设计图纸完成，综合考虑折边、基层及防火防腐处理等一切配件及连接固定件	m²	1.25	655.45	819.31	

续表

| 序号 | 项目编码 | 项目名称 | 项目特征描述 | 计量单位 | 工程量 | 金额/元 | | 其中 |
						综合单价	合价	暂估价
(三)	天棚工程							
21	011302001005	20mm成品饰面板吊顶	1. 基层清理 2. 直径8mm镀锌吊杆，间距1000mm≤x≤1200mm，M8膨胀螺栓固定吊杆，天花杆≥1500mm；必须加转换层龙骨或做反向支撑 3. 60型系列轻钢龙骨标准骨架：主龙骨中距≤1200mm，次龙骨中距400mm，横撑可上人龙骨中距900mm 4. 12mm阻燃板，板材用专用自攻螺钉与龙骨固定，中距≤200mm，螺钉离板边长边≥10mm，短边≥15mm 5. 阻燃板平整度及表面光滑度处理 6. 20mm成品饰面板板面5mm×10mm凹槽，间距30mm	m²	268.47	176.39	47355.42	
22	011302001026	木质装饰板轻钢龙骨石膏板吊顶	1. 12mm纸面石膏板 2. 主龙骨采用CB60mm×27mm 3. 立放次龙骨采用CB60mm×27mm 4. 吊筋18mm钢筋	m²	44.06	143.05	6302.78	
23	011302001006	吊顶收边	1. 名称：吊顶收边 2. 施工做法：墙面四周预埋木楔，沿墙四周用74mm宽，12mm厚阻燃板条作为基层，与预埋木楔用水泥钉固定，间距300mm；在阻燃板基层上安装收边龙骨，面层9.5mm纸面石膏板刷灰色艺术涂料 3. 若特殊部位为木结构，则木结构必须做防火、防腐处理	m²	6.27	151.98	952.91	
24	011302001007	包梁（9.5mm纸面石膏板）	1. 名称：包梁 2. 施工做法：梁四周预埋木楔，12mm阻燃板助板+12mm厚阻燃板条作为基层，面层9.5mm纸面石膏板刷白色艺术涂料，侧边刷灰色艺术涂料 3. 若特殊部位为木结构则木结构必须做防火、防腐处理	m²	130	284.78	37021.4	

续表

序号	项目编码	项目名称	项目特征描述	计量单位	工程量	综合单价	合价	暂估价
(四)	其他工程							
25	011501001016	陶艺桌	1. 部位：手工区 2. 材料：10mm 镀锌钢板，金属支撑架，刷灰色氟碳漆，30mm×30mm 镀锌方管同距 600mm，30mm 厚或 20mm 厚浅色水磨石，25mm 厚或 15mm 厚整体活动盖板等 3. 按规格板整体尺寸为准，综合考虑规格，各类型排版下料及损耗、切割、加厚、磨边、倒角、开孔等	m²	7.2	743	5349.6	
26	011501001017	陶艺洗手台	1. 部位：手工区 2. 材料：30mm×30mm 镀锌方管，刷灰色氟碳漆，30mm 厚或 20mm 厚浅色水磨石，25mm 厚或 15mm 厚浅色水磨石活动盖板等 3. 按规格板整体尺寸为准，综合考虑规格，各类型排版下料及损耗、切割、加厚、磨边、倒角、开孔等	m²	1.58	594.23	938.88	
27	011501019003	木壁柜	材料：成品层板，E 型轨道等配件	m²	46.64	549.02	25606.29	
28	011210003005	新做铝合金玻璃隔断	1. 名称：新做铝合金玻璃隔断 2. 含制作安装运输等一切费用	m²	38.37	684.13	26250.07	
四、天井								
(一)	楼地面工程							
29	011102001004	灰色水磨石地面	1. 楼板清理，清水冲洗干净晾干，刷水泥浆一道（内掺建筑胶） 2. 20mm 厚 1：3 干硬性水泥砂浆结合层进行找平，表面撒干水泥粉 3. 5mm+5mm 厚粘贴剂（地面一道，背面一道） 4. 20mm 厚水磨石饰面，专用缝剂填缝，无缝打磨、结晶处理	m²	14.95	160.28	2396.19	

续表

序号	项目编码	项目名称	项目特征描述	计量单位	工程量	金额/元 综合单价	金额/元 合价	其中 暂估价
30	010904002011	涂膜防水（平面）	1. 基层清理 2. 1：3 水泥砂浆或细石混凝土找坡层抹平（最薄 30mm 厚），2% 坡向地漏 3. 2mm 厚聚合物水泥防水涂料防水层周边上翻与墙面防水材料衔接，门口外铺出 300mm	m²	14.95	87.45	1307.38	
（二）	墙柱面工程							
31	011204003002	浅灰色水磨石墙面	1. 安装施工完成后进行清洁，对成品进行保护 2. 石材专用填缝剂填缝，打磨抛光，结晶处理 3. 20mm 厚人造石板材，做好六面防浸透处理，石板背面预留穿孔（或开勾槽），用双股 18 号铜丝与钢筋网绑扎牢固，灌 50mm 厚 1：2.5 水泥砂浆，分层灌注振捣密实，每层 150～200mm 且不大于板高 1/3（灌注砂浆前先将板材背面预留板面和墙面浇水润湿） 4. φ6 双向钢筋网间距 300mm 与墙体预埋钢筋焊接 5. 墙体基面预埋 φ6 钢筋（双向间距按板材尺寸定）	m²	52.4	492.85	25825.34	
五、	门窗工程							
32	010805005009	铝合金门（M1）	1. 名称：M1 2. 尺寸：长 6020mm×高 2780mm 3. 材料：8G+20A+8G 中空钢化超白玻璃，含铝合金、专用地排轮、专用定制锁等五金配件，喷氟碳漆	樘	1	9372.3	9372.3	
33	010805005012	铝合金门（M4）	1. 名称：M4 2. 尺寸：长 1200mm×高 2850mm 3. 材料：木饰面、白色金属、8mm 钢化玻璃，灰色铝合金边框，含不锈钢拉手、地弹簧等五金配件	樘	1	1183.58	1183.58	

续表

序号	项目编码	项目名称	项目特征描述	计量单位	工程量	金额/元		其中
						综合单价	合价	暂估价
34	010805005013	铝合金门（M5）	1. 名称：M5 2. 尺寸：长900mm×高2780mm 3. 材料：8mm钢化玻璃，灰色铝合金边框，含不锈钢拉手、暗合页等五金配件	樘	3	1297.37	3892.11	
六、室内楼梯								
（一）直角楼梯								
35	010506001001	室内单跑楼梯（踏步平台面层）	1. 室内单跑楼梯 2. 梯板及踏步台面层：20mm水泥砂浆找平，水泥压力板，面层贴水磨石	m²	21.07	162.53	3424.51	
36	010506001002	室内单跑楼梯（挡板）	1. 室内单跑楼梯 2. 挡板：10mm钢板白色氟碳漆	m²	16.18	166.19	2688.95	
（二）旋转楼梯								
37	010506002001	旋转钢楼梯（踏步平台面层）	梯板及踏步平台面层：水泥压力板，面层20mm水泥砂浆找平，贴20mm厚磨光大理石，结晶处理	m²	27.72	416.7	11550.92	
38	010506002002	旋转钢楼梯（挡板）	1. 旋转钢楼梯 2. 挡板：40mm×40mm×2.5mm镀锌方管，15mm阻燃板，20mm水泥装饰板，刷白色艺术涂料	m²	47.93	281.78	13505.72	
39	010506002003	旋转钢楼梯（扶手）	1. 旋转钢楼梯 2. 扶手：φ30mm圆管，15mm圆管，刷白色氟碳漆	m	31.96	243.65	7787.05	
七、室外台阶								
（一）正门台阶								
40	011107002002	块料台阶面	1. 20mm厚1：3水泥砂浆找平层 2. 20mm厚1：4干喷性水泥砂浆结合层 3. 8～10mm厚灰色优质防滑地砖	m²	33.82	183.44	6203.94	

续表

序号	项目编码	项目名称	项目特征描述	计量单位	工程量	综合单价	合价	暂估价
41	011108003002	块料零星项目	1. 20mm 厚 1：3 水泥砂浆找平层 2. 20mm 厚 1：4 干硬性水泥砂浆结合层 3. 8～10mm 厚灰色优质防滑地砖	m²	1.5	164.37	246.56	
（二）		侧门台阶						
42	011106001001	石材楼梯面层	430mm×600mm×70mm 荔枝面芝麻灰花岗岩	m²	7.05	341.19	2405.39	
43	011108001001	石材零星项目	430mm×600mm×70mm 荔枝面芝麻灰花岗岩	m²	0.96	287.52	276.02	
八、		措施项目						
44	011703001001	垂直运输	1. 本项目檐高 20m 以内 2. 层数三层 3. 采用卷扬机施工	m²	1182.99	24.81	29349.98	
45	011707007001	已完工程成品保护（楼地面）	施工图纸范围内所有楼地面块料施工期间成品保护	m²	1182.99	1.23	1455.08	
46	011707007002	已完工程成品保护（墙柱面）	施工图纸范围内所有墙柱面施工期间成品保护	m²	1371.53	1.65	2263.02	
47	011707007003	已完工程成品保护（门窗）	施工图纸范围内所有门窗施工期间成品保护	m²	187.69	5.46	1024.79	
48	011701006001	满堂脚手架	1. 层高 3.6～5.2m 之间 2. 钢管满堂脚手架	m²	1138.22	19.78	22513.99	
			措施项目合计				56606.86	

5. 复核审核

对前面所有的过程进行复核审核，重点对综合单价构成是否完整准确，综合单价分析时主要材料是否采用市场价格，各数据间的逻辑关系是否正确，所有计价过程是否严格遵照招标人提供的工程量清单的要求等内容进行复核审核，同时对计量单位、计算方法、取费标准、数字精确度等也要进行核对，避免错误发生。

6. 编制招标控制价

填写封面、扉页和总说明，封面见本例中表 7-6，扉页见本例中表 7-7，总说明包括招标编制依据、各项取费标准、特殊项目说明等，具体内容见本例中表 7-8。最后按照清单计价规范中提供参考的工程计价表格格式打印装订成册。招标控制价一般应由具有工程造价专业执业资格的造价从业人员进行审核，编制人、审核人签字或盖章方为有效。

本项目实例现场照片展示见图 7-17 ～图 7-21。

图 7-17　一层中庭

图 7-18　手工区　　　　　　　　　　　图 7-19　干景区域

图 7-20　旋转楼梯

图 7-21　直角楼梯

 小结

　　施工图预算是根据设计图纸、现行预算定额、费用定额以及地区设备、材料、人工、机械台班市场价格，编制的单位工程预算造价的技术经济文件。单位工程预算造价、工程合同价款、工程结算、招标控制价、招标标底价、投标报价等，都可以采用施工图预算的编制方法。施工图预算编制的依据包括预算定额、费用定额、清单计价规范、工程量计算规范、企业定额、招标文件、施工图纸、施工组织设计、市场价格信息、技术性和工具性资料等。施工图预算的编制方法有定额计价法和清单计价法两种，采用不同的编制方法，其编制依据和编制步骤都不一样。

　　本章以多功能活动用房项目精装修工程作为实例，应用全费用基价表清单计价法编制招标工程量清单和招标控制价。

职业资格考试真题（单选题）精选

　　1. （2021 年注册造价工程师考试真题）采用工程量清单计价的总承包服务费计价表中，应由投标人填写的内容是（　　）。

　　A. 项目价值　　　　B. 服务内容　　　　　C. 计算基础　　　　　D. 费率和金额

　　2. （2021 年注册造价工程师考试真题）编制招标工程量清单时，下列措施项目应列入"总价措施项目清单与计价表"的是（　　）。

　　A. 脚手架　　　　　　　　　　　　B. 混凝土模板及支架

　　C. 施工场地硬化　　　　　　　　　D. 施工排水降水

　　3. （2020 年注册造价工程师考试真题）施工图预算的三级预算编制形式由（　　）组成。

　　A. 单位工程预算、单项工程综合预算、建设项目总预算

　　B. 静态投资、动态投资、流动资金

　　C. 建筑安装工程费、设备购置费、工程建设其他费

　　D. 单项工程综合预算、建设期利息、建设项目总预算

4.（2020 年注册造价工程师考试真题）关于施工图预算编制时工程建设其他费的计费原则，下列说法正确的是（　　）。

A. 若工程建设其他费已发生，则发生部分按合理发生金额计列

B. 若工程建设其他费已发生，则发生部分按本阶段的计费标准计列

C. 无论工程建设其他费是否发生，均按原批复概算的计费标准计列

D. 无论工程建设其他费是否发生，均按本阶段的计费标准计列

5.（2019 年注册造价工程师考试真题）施工图预算以二级预算编制形成（　　）。

A. 总预算和单位工程预算

B. 单项工程综合预算和单位工程预算

C. 总预算和单项工程综合预算

D. 建筑工程预算和设备安装工程预算

6.（2019 年注册造价工程师考试真题）依据工程所在地区颁发的计价定额等编制最高投标限价、进行分部分项工程综合单价组价时，首先应确定的是（　　）。

A. 风险范围与幅度　　　　　　　　B. 工程造价信息确定的人工单价等

C. 定额项目名称及工程量　　　　　D. 管理费率和利润率

能力训练题

一、填空题

1. 装饰工程施工图预算是依据_____，采用定额计价法或清单计价法编制的技术经济文件。

2. 施工单位在编制投标报价时，必须严格执行_____中有关报价方式、取费标准、造价构成、报价格式等方面的要求，对_____给予积极的响应。

3. 装饰工程施工图预算在工程建设实施过程中具有极其重要的作用。_____可以依据施工图预算控制工程造价、合理使用资金以及加强经济核算和施工管理，也可以依据施工图预算确定招标控制价、签订施工合同，以及拨付进度款、进行工程结算和竣工决算。

4. 施工单位可以依据施工图预算确定_____。

5. 施工图预算也是工程造价管理部门等政府职能机构_____的重要依据。

6. 基于全费用基价表清单计价法的招标工程量清单编制步骤为准备资料、_____、_____、_____、_____、_____、复核审核和编制招标工程量清单。

二、思考题

1. 什么是施工图预算？施工图预算在工程造价中有什么作用？

2. 编制施工图预算应参照哪些依据？

3. 全费用基价表清单计价法编制装饰工程招标工程量清单和编制投标报价书的步骤有哪些？

三、计算题

1. 某写字楼电梯厅共 20 套，装饰工程竣工图及相关技术参数如图 7-22 和图 7-23 所示，墙面干挂石材高度为 2900mm，其石材外皮距结构面尺寸为 100mm。施工企业中标的分部分项工程和单价措施项目清单与计价表见表 7-11，表中的全费用综合单价均不包含增值税可抵扣进项税额。

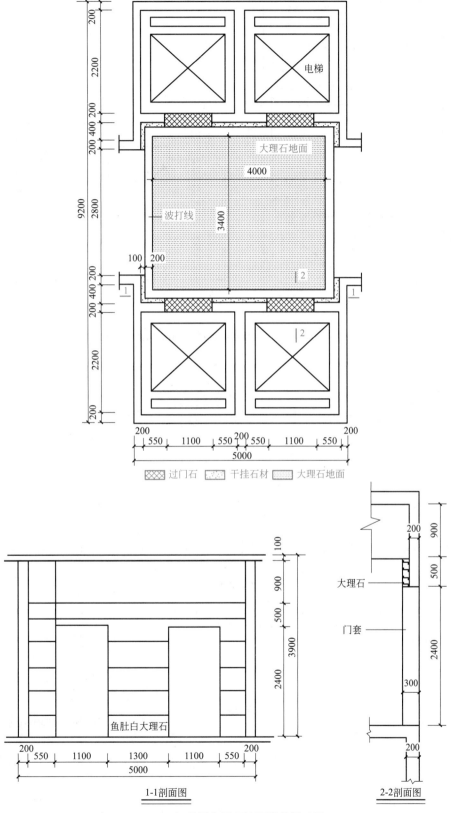

图 7-22 标准层电梯厅地面铺装尺寸图

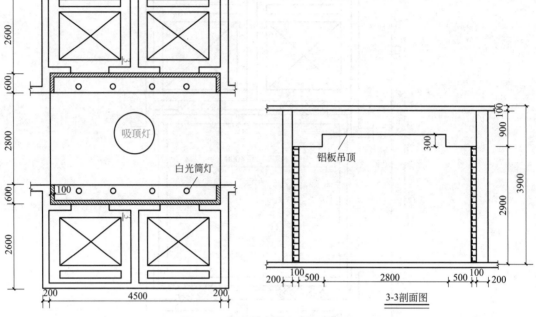

图 7-23 标准层电梯厅天棚尺寸图

表 7-11 分部分项工程和单价措施项目清单与计价表

序号	项目编码	项目名称	项目特征	计量单位	工程量	金额 / 元		
						全费用综合单价	合价	其中：暂估价
一	分部分项工程							
1	011102001001	石材楼地面	干硬性水泥砂浆铺砌米黄大理石	m²	302.40	540.00	163296.00	
2	011102001002	石材波打线	干硬性水泥铺砌咖啡纹大理石	m²	65.60	610.00	40016.00	
3	011108001001	过门石	干硬性水泥铺砌咖啡纹大理石	m²	24.60	600.00	14760.00	
4	011204004001	干挂石材钢骨架	型铜龙骨，防锈漆 2 遍	t	10.06	11935.62	120072.34	
5	011204001001	石材墙面	干挂鱼肚白大理石	m²	461.60	710.00	327736.00	
6	010808004001	不锈钢电梯门套	1mm 镜面不锈钢板	m²	140.00	240.00	33600.00	
7	011302001001	吊顶天棚	2.5mm 铝板，轻钢龙骨	m²	368.00	360.00	132480.00	
		分部分项工程小计		元			831960.34	

续表

序号	项目编码	项目名称	项目特征	计量单位	工程量	金额/元		
						全费用综合单价	合价	其中：暂估价
二	单价措施项目							
1	011701003001	吊顶脚手架	3.6m 内	m²	368.00	25.00	9200.00	
	单价措施项目小计			元			9200.00	
	分部分项工程和单价措施项目合计			元			841160.34	

问题：根据工程竣工图纸及技术参数，按《房屋建筑与装饰工程工程量计算规范》（GB 50854—2013）的计算规则，计算该 20 套电梯厅装饰分部分项工程的结算工程量，计算过程填入表 7-12 中。

表 7-12　工程量计算表

序号	项目名称	单位	计算过程	计算结果/元
1	石材楼地面	m²		
2	石材波打线	m²		
3	过门石	m²		
4	干挂石材钢骨架	t		
5	石材墙面	m²		
6	不锈钢电梯门套	m²		
7	吊顶天棚	m²		
8	吊顶脚手架	m²		

2. 选择一套家装设计图纸，参照本章全费用基价表清单计价法案例，编制装饰工程招标工程量清单及装饰工程招标控制价。

第八章
装饰工程合同价款
调整

 知识目标

- 掌握合同价款调整的方法。

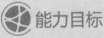 能力目标

- 能够熟练地解释合同价款调整的内容；
- 能够依据《建设工程工程量清单计价规范》（GB 50500—2013），进行工程实例的工程价款调整。

素质目标

- 具有良好的沟通能力，锤炼专业技能，确保在工程价款调整过程中能有理有节完成既定各项目标任务。

合同价款是指发承包双方在工程合同中约定的工程造价，即包括了分部分项工程费、措施项目费、其他项目费、规费和税金的合同总金额。

合同价款调整是指在合同价款调整因素出现后，发承包双方根据合同约定，对合同价款进行变动的提出、计算和确认。

装饰工程的特殊性决定了工程造价具有单件性、动态性、阶段性、复杂性的特征，合同价款的调整不可避免，且是合同发承包双方争议的焦点。为了装饰工程合同价款的合理性、适应性，减少履行合同发承包双方的纠纷，维护合同双方利益，有效控制工程造价，适应合同履行过程中必然会发生的种种变化情况，使招标、投标确定的合同价款符合实际施工情况，合同价款必做出一定的调整，以适应不断变化的合同状态。

第一节　合同价款调整内容

根据《建设工程工程量清单计价规范》（GB 50500—2013）规定，调整合同价款的事项大致包括以下几点。

（1）法规变化类，主要包括"法律法规变化"。

（2）工程变更类，主要包括"工程变更""项目特征不符""工程量清单缺项""工程量偏差""计日工"。

（3）物价变化类，主要包括"物价变化""暂估价"。

（4）工程索赔类，主要包括"不可抗力""提前竣工（赶工补偿）""误期赔偿""索赔"。

（5）其他类，主要包括"现场签证"，又可分为工程变更类签证和索赔类签证。

《建设工程工程量清单计价规范》（GB 50500—2013）明确指出，发生下列事项（但不限于），发承包双方应当按照合同约定调整合同价款。

① 法律法规变化；

② 工程变更；

③ 项目特征不符；

④ 工程量清单缺项；

⑤ 工程量偏差；

⑥ 计日工；

⑦ 物价变化；

⑧ 暂估价；

⑨ 不可抗力；

⑩ 提前竣工（赶工补偿）；

⑪ 误期赔偿；

⑫ 索赔；

⑬ 现场签证；

⑭ 暂列金额；

⑮ 发承包双方约定的其他调整事项。

一、法律法规变化

（1）基准日的确定　对于实行招标的建设工程，一般以施工招标文件中规定的提交投标文件的截止时间前的第 28 天作为基准日；对于不实行招标的建设工程，一般以建设工程施工合同签订前的第 28 天作为基准日。

（2）合同价款的调整方法　施工合同履行期间，国家颁布的法律、法规、规章和有关政策在合同工程基准日之后发生变化，且因执行相应的法律、法规、规章和政策引起工程造价发生增减变化的，合同双方当事人应当依据法律、法规、规章和有关政策按照省级或行业建设主管部门或其授权的工程造价管理机构据此发布的规定调整合同价款。

（3）工程延误期间的特殊处理　因承包人的原因导致的工期延误，在工程延误期间国家的法律、行政法规和相关政策发生变化引起工程造价变化的，造成合同价款增加的，合同价款不予调整；造成合同价款减少的，合同价款予以调整。

【例 8-1】　某市一中心客运站装饰工程，在招标文件的工程量清单表中，招标人给出了材料暂估价，承发包双方按《建设工程工程量清单计价规范》（GB 50500—2013）等相关文件签订了施工承包合同。

工程实施过程中，在提交投标文件截止日期前 10 天，该市工程造价管理部门发布了人工单价及规费调整的有关文件。

对于上述事件，承包方及时对可调整价款事件提出了工程价款调整要求。

问题　根据《建设工程工程量清单计价规范》（GB 50500—2013），指出对上述事件应如何处理？并说明理由。

解　人工单价和规费在工程结算中予以调整。因为报价以投标截止日期前第 28 天为基准日，其后的政策性人工单价和规费调整，不属于承包人的风险，在结算中予以调整。

二、工程变更

装饰工程变更是指合同工程实施过程中由发包人提出或由承包人提出经发包人批准的合同工程任何一项工作的增、减、取消或施工工艺、顺序、时间的改变；设计图纸的修改；施工条件的改变；招标工程量清单的错、漏从而引起合同条件的改变或工程量的增减变化。

（1）装饰工程因工程变更引起已标价工程量清单项目或其工程数量发生变化时，应按照下列规定调整。

① 已标价工程量清单中有适用于变更工程项目的，应采用该项目的单价；但当工程变更导致该清单项目的工程数量发生变化，且工程量偏差超过 15% 时，可进行调整。当工程量增加 15% 以上时，增加部分的工程量的综合单价应予调低；当工程量减少 15% 以上时，减少后剩余部分的工程量的综合单价应予调高。

二维码8.1

② 已标价工程量清单中没有适用但有类似于变更工程项目的，可在合理范围内参照类似项目的单价。

③ 已标价工程量清单中没有适用也没有类似于变更工程项目的，应由承包人根据变更工程资料、计量规则和计价办法、工程造价管理机构发布的信息价格和承包人报价浮动率提出变更工程项目的价，并应报发包人确认后调整。承包人报价浮动率可按下列公式计算：

招标工程：承包人报价浮动率 $L = (1 - 中标价 / 招标控制价) \times 100\%$

非招标工程：承包人报价浮动率 $L = (1 - 报价 / 施工图预算) \times 100\%$

④ 已标价工程量清单中没有适用也没有类似于变更工程项目，且工程造价管理机构发

布的信息价格缺价的，应由承包人根据变更工程资料、计量规则、计价办法和通过市场调查等取得有合法依据的市场价格提出变更工程项目的单价，并报发包人确认后调整。

（2）工程变更引起施工方案改变并使措施项目发生变化时，承包人提出调整措施项目费的，应事先将拟实施的方案提交发包人确认，并应详细说明与原方案措施项目相比的变化情况。拟实施的方案经发承包双方确认后执行，并应按照下列规定调整措施项目费。

① 安全文明施工费按照实际发生变化的措施项目依据国家或省级、行业建设主管部门的规定计算。

② 采用单价计算的措施项目费，按照实际发生变化的措施项目，按上述已标价工程量清单项目或其工程数量发生变化时规定调整的方法进行调整。

③ 按总价（或系数）计算的措施项目费，按照实际发生变化的措施项目调整，但应考虑承包人报价浮动因素，即调整金额按照实际调整金额乘以上述规定的承包人报价浮动率计算。

如果承包人未事先将拟实施的方案提交给发包人确认，则应视为工程变更不引起措施项目费的调整或承包人放弃调整措施项目费的权利。

（3）当发包人提出的工程变更因非承包人原因删减了合同中的某项原定工作或工程，致使承包人发生的费用或（和）得到的收益不能被包括在其他已支付或应支付的项目中，也未被包含在任何替代的工作或工程中时，承包人有权提出并应得到合理的费用及利润补偿。

【例 8-2】 某市一中心客运站装饰工程，在招标文件的工程量清单表中，招标人给出了材料暂估价，承发包双方按《建设工程工程量清单计价规范》（GB 50500—2013）等相关文件签订了施工承包合同。

工程实施过程中，由于资金原因，发包方取消了原合同中的豪华装修工程内容。在工程竣工结算时，承包方就发包方取消合同中豪华装修工程内容提出补偿管理费和利润的要求，但遭到发包方拒绝。

问题 发包方拒绝承包方补偿要求的做法是否合理？说明理由。

解 发包方拒绝承包方补偿要求的做法不合理。因为根据相关合同条件的规定，发包人取消合同中的部分工程，合同价格中的人工费、材料费、机械费部分没有损失，但摊销在该部分的管理费、规费、利润和税金不能合理收回。因此，承包人可以就管理费、规费、利润和税金的损失向工程师发出通知并提供具体的证明材料，合同双方协商后确定一笔补偿金额加到合同价内。

三、项目特征不符

项目特征是指构成分部分项工程项目、措施项目自身价值本质特征的人工、材料、机械消耗和施工工艺过程。发包人在招标工程量清单中对项目特征的描述，应被认为是准确的和全面的，并且与实际施工要求相符合。承包人应按照发包人提供的招标工程量清单，根据项目特征描述的内容及有关要求实施合同工程，直到项目被改变为止。

承包人应按照发包人提供的设计图纸实施合同工程，若在合同履行期间出现设计图纸（含设计变更）与招标工程量清单任一项目的特征描述不符，且该变化引起该项目工程造价发生增减变化的，应按实际施工的项目特征，按工程变更的相关条款的规定，重新确定相应工程量清单项目的综合单价，并调整合同价款。

四、工程量清单缺项

工程量清单是指载明建设工程分部分项工程项目、措施项目、其他项目的名称和相应数量以及规费、税金项目等内容的明细清单。合同履行期间，由于招标工程量清单中缺项，新增分部分项工程清单项目的，按工程量偏差的调整规定确定单价，并调整合同价款。

新增分部分项工程清单项目后，引起措施项目发生变化的，安全文明施工费按照实际发生变化的措施项目依据国家或省级、行业建设主管部门的规定计算；采用单价计算的措施项目费，按照实际发生变化的措施项目，按上述已标价工程量清单项目或其工程数量发生变化时规定调整的方法进行调整。在承包人提交的实施方案被发包人批准后调整合同价款。

由于招标工程量清单中措施项目缺项，承包人应将新增措施项目实施方案提交发包人批准后，采用单价计算的措施项目费按已标价工程量清单项目或其工程数量发生变化时调整的方法，安全文明施工费按照实际发生变化的措施项目依据国家或省级、行业建设主管部门的规定计算调整合同价款。

五、工程量偏差

工程量偏差是指承包人按照合同工程的图纸（含经发包人批准由承包人提供的图纸）实施，按照现行国家计量规范规定的工程量计算规则计算得到的完成合同工程项目应予计量的工程量与相应的招标工程量清单项目列出的工程量之间出现的量差。

合同履行期间，当应予计算的实际工程量与招标工程量清单出现偏差，且符合下列规定时，发承包双方应调整合同价款。

（1）对于任一招标工程量清单项目，当工程量偏差和工程变更等原因导致工程量偏差超过 15% 时，可进行调整。当工程量增加 15% 以上时，增加部分的工程量的综合单价应予调低；当工程量减少 15% 以上时，减少后剩余部分的工程量的综合单价应予调高。此时，按下列公式调整结算分部分项工程费：

① 当 $Q_1 > 1.15Q_0$ 时，$S = 1.15Q_0 \times P_0 + (Q_1 - 1.15Q_0) \times P_1$

② 当 $Q_1 < 0.85Q_0$ 时，$S = Q_1 \times P_1$

式中　S——调整后的某一分部分项工程费结算价；

Q_1——最终完成的工程量；

Q_0——招标工程量清单中列出的工程量；

P_1——按照最终完成工程量重新调整后的综合单价；

P_0——承包人在工程量清单中填报的综合单价。

二维码8.2

（2）当工程量发生变化，且该变化引起相关措施项目相应发生变化时，按系数或单一总价方式计价的，工程量增加的措施项目费调增，工程量减少的措施项目费调减。

【例 8-3】 某政府投资建设工程项目，采用《建设工程工程量清单计价规范》（GB 50500—2013）计价方式招标，发包方与承包方签订了实施合同，合同工期为 210 天。施工合同约定（其中之一）：各项工作实际工程量在清单工程量变化幅度 ±15% 以外的，双方可协商调整综合单价；在变化幅度 ±15% 以内（含 ±15%）的，综合单价不予调整。

该工程项目按合同约定正常开工，施工中发生下列事件：

招标文件中某分部工作的清单工程量为 1550m²（综合单价为 400 元 /m²），而实际工程量为 1800m²，与施工图纸不符。经承发包双方商定，在此项工作工程量增加但是不影响项目总工期的前提下，每完成 $1m^2$ 增加的工程量综合单价为 380 元 $/m^2$，但赶工量（赶工工期4天，每天 $50m^2$）按综合单价 60 元计算赶工费。不考虑其他措施费，综合费率为 7.08%。上述事件发生后，承包方及时向发包方提出了索赔并得到了相应的处理。

问题　上述事件发生后，承包方可得到的追加费用是多少？（计算过程和结果均以元为单位，结果取整）

解　承包方可得到追加费用 $=[380×(1800-1550)+60×4×50]×(1+7.08\%)=114576$（元）

六、计日工

计日工是指在装饰施工过程中，承包人完成发包人提出的工程合同范围以外的零星项目或工作，按合同中约定的单价计价的一种方式。

发包人通知承包人以计日工方式实施的零星工作，承包人应予以执行。

采用计日工计价的任何一项变更工作，在该项变更的实施过程中，承包人应按合同约定提交下列报表和有关凭证送发包人复核。

① 工作名称、内容和数量；
② 投入该工作所有人员的姓名、工种、级别和耗用工时；
③ 投入该工作的材料名称、类别和数量；
④ 投入该工作的施工设备型号、台数和耗用台时；
⑤ 发包人要求提交的其他资料和凭证。

任一计日工项目持续进行时，承包人应在该项工作实施结束后的 24 小时内向发包人提交有计日工记录汇总的现场签证报告一式三份。发包人在收到承包人提交现场签证报告后的 2 天内予以确认并将其中一份返还给承包人，作为计日工计价和支付的依据。发包人逾期未确认也未提出修改意见的，应视为承包人提交的现场签证报告已被发包人认可。

任一计日工项目实施结束后，承包人应按照确认的计日工现场签证报告核实该类项目的工程数量，并应根据核实的工程数量和承包人已标价工程量清单中的计日工单价计算，提出应付价款。

七、物价变化

合同履行期间，因人工、材料、工程设备、机械台班价格波动影响合同价款时，应根据合同约定，按《建设工程工程量清单计价规范》（GB 50500—2013）附录 A 中物价变化合同价款调整方法之一调整合同价款。

（1）承包人采购材料和工程设备的，应在合同中约定主要材料、工程设备价格变化的范围或幅度；当没有约定，且材料、工程设备单价变化超过 5% 时，超过部分的价格，根据《建设工程工程量清单计价规范》（GB 50500—2013）附录 A 中的方法计算调整材料、工程设备费。

（2）发生合同工程工期延误的，应按照下列规定确定合同履行期的价格调整。

① 因非承包人原因导致工期延误的，计划进度日期后续工程的价格，应采用计划进度日期与实际进度日期两者的较高者。

② 因承包人原因导致工期延误的，计划进度日期后续工程的价格，应采用计划进度日期与实际进度日期两者的较低者。

八、暂估价

暂估价是指招标人在工程量清单中提供的用于支付必然发生但暂时不能确定价格的材料、工程设备的单价以及专业工程的金额。

（1）发包人在招标工程量清单中给定暂估价的材料、工程设备属于依法必须招标的，应由发承包双方以招标的方式选择供应商，中标价格与招标工程量清单中所列的暂估价的差额以及相应的规费、税金等费用，应列入合同价格。

（2）发包人在招标工程量清单中给定暂估价的材料、工程设备不属于依法必须招标的，应由承包人按照合同约定采购，经发包人确认的材料和工程设备价格与招标工程量清单中所列的暂估价的差额以及相应的规费、税金等费用，应列入合同价格。

（3）发包人在工程量清单中给定暂估价的专业工程不属于依法必须招标的，按照工程变更调整价格的相应条款规定确定专业工程价款，经确认的专业工程价款与招标工程量清单中所列的暂估价的差额以及相应的规费、税金等费用，应列入合同价格。

（4）发包人在招标工程量清单中给定暂估价的专业工程，依法必须招标的，应当由发承包双方依法组织招标选择专业分包人，并接受有管辖权的建设工程招标投标管理机构的监督，还应符合下列要求。

① 除合同另有约定外，承包人不参加投标的专业工程发包招标，应由承包人作为招标人，但拟定的招标文件、评标工作、评标结果应报送发包人批准。与组织招标工作有关的费用应当被认为已经包括在承包人的签约合同价（投标总报价）中。

② 承包人参加投标的专业工程发包招标，应由发包人作为招标人，与组织招标工作有关的费用由发包人承担。同等条件下，应优先选择承包人中标。

（5）专业工程分包中标价格与招标工程量清单中所列的暂估价的差额以及相应的规费、税金等费用，应列入合同价格。

九、不可抗力

不可抗力是指发承包双方在工程合同签订时不能预见的，对其发生的后果不能避免，并且不能克服的自然灾害和社会性突发事件，如地震、海啸、瘟疫、骚乱、戒严、暴动、战争和专用合同条款中约定的其他情形。

（1）因不可抗力事件导致的人员伤亡、财产损失及其费用增加，发承包双方应按下列原则分别承担并调整合同价款和工期。

① 合同工程本身的损害、因工程损害导致第三方人员伤亡和财产损失以及运至施工场地用于施工的材料和待安装的设备的损害，应由发包人承担。

② 发包人、承包人人员伤亡应由其所在单位负责，并应承担相应费用。

③ 承包人的施工机械设备损坏及停工损失，应由承包人承担。

④ 停工期间，承包人应发包人要求留在施工场地的必要的管理人员及保卫人员的费用应由发包人承担。

⑤ 工程所需清理、修复费用，应由发包人承担。

（2）不可抗力解除后复工的，若不能按期竣工，应合理延长工期。发包人要求赶工的，赶工费用应由发包人承担。

（3）因不可抗力解除合同的，发包人应向承包人支付合同解除之日前已完工程但尚未支付的合同价款，此外，还应支付下列金额。

① 赶工产生增加的费用由发包人承担。

②已实施或部分实施的措施项目应付价款。

③承包人为合同工程合理订购且已交付的材料和工程设备货款。

④承包人撤离现场所需的合理费用，包括员工遣送费和临时工程拆除、施工设备运离现场的费用。

⑤承包人为完成合同工程而预期开支的任何合理费用，且该项费用未包括在本款其他各项支付之内。发承包双方办理结算合同价款时，应扣除合同解除之日前发包人应向承包人收回的价款。当发包人应扣除的金额超过了应支付的金额，承包人应在合同解除后的56天内将其差额退还给发包人。

【例8-4】　某施工合同约定，施工现场施工机械1台，由施工企业租得，台班单价为400元/台班，租赁费为180元/台班，人工工资为120元/工日，窝工补贴为50元/工日，以增加用工人工费为基数的综合费率为35%。在施工过程中发生了如下事件：①出现异常恶劣天气导致工程停工4天，人员窝工40个工日；②因恶劣天气导致场外道路中断，抢修道路用工40个工日；③场外大面积停电，停工2天，人员窝工20个工日。为此，施工企业可向业主索赔费用多少元？

解　①异常恶劣天气导致的停工通常不能进行费用索赔，但是延误的工期可以得到补偿。

②抢修道路用工的索赔额=120×40×（1+35%）=6480（元）

③停电导致的索赔额=180×2+50×20=1360（元）

总索赔额=6480+1360=7840（元）

十、提前竣工

提前竣工是指承包人应发包人的要求而采取加快工程进度措施，使合同工程工期缩短，工程提前竣工。

发包人要求合同工程提前竣工的，应征得承包人同意后与承包人商定采取加快工程进度的措施，并应修订合同工程进度计划。发包人应承担承包人由此增加的提前竣工（赶工补偿）费用。

发承包双方应在合同中约定提前竣工每日历天应补偿额度，除合同另有约定外，提前竣工补偿的最高限额为合同价款的5%。此项费用列入竣工结算文件中，与结算款一并支付。

十一、误期赔偿

误期赔偿是指承包人未按照合同工程的计划进度施工，导致实际工期超过合同工期（包括经发包人批准的延长工期），承包人应向发包人赔偿损失的费用。

承包人未按照合同约定施工，导致实际进度迟于计划进度的，承包人应加快进度，实现合同工期。合同工程发生误期，承包人应赔偿发包人由此造成的损失，并应按照合同约定向发包人支付误期赔偿费。即使承包人支付误期赔偿费，也不能免除承包人按照合同约定应承担的任何责任和应履行的任何义务。

发承包双方要在合同中约定误期赔偿费，并应明确每日历天应赔额度。除合同另有约定外，误期赔偿费的最高限额为合同价款的5%。误期赔偿费列入竣工结算文件中，在结算款中扣除。

在工程竣工之前，合同工程内的某单项（位）工程已通过了竣工验收，且该单项（位）

工程接收证书中表明的竣工日期并未延误，而是合同工程的其他部分产生了工期延误时，误期赔偿费应按照已颁发工程接收证书的单项（位）工程造价占合同价款的比例幅度予以扣减。

十二、现场签证

现场签证是指发包人现场代表（或其授权的监理人、工程造价咨询人）与承包人现场代表就施工过程中涉及的责任事件所作的签认证明。

（1）承包人应发包人要求完成合同以外的零星项目、非承包人责任事件等工作的，发包人应及时以书面形式向承包人发出指令，并应提供所需的相关资料；承包人在收到指令后，应及时向发包人提出现场签证要求，具体见表 8-1。

表 8-1 现场签证表

工程名称：		标段：		编号：	二维码8.3
施工单位			日 期		

致：_____（发包人全称）
根据_____（指令人姓名） 年 月 日的口头指令或你方_____（或监理人） 年 月 日的书面通知，我方要求完成此项工作应支付价款金额为（大写）_____元，（小写）_____元，请予核准。
附：1. 签证事由及原因。
2. 附图及计算式。

承包人（章）
承包人代表_____
日 期_____

复核意见： 你方提出的此项签证申请经复核： □不同意此项签证，具体意见附件。 □同意此项签证，签证金额的计算，由造价工程师复核。 监理工程师_____ 日 期_____	复核意见： □此项签证按承包人中标的计日工单价计算，金额为（大写）_____元，（小写）_____元。 □此项签证因无计日工单价，金额为（大写）_____元，（小写）_____元。 造价工程师_____ 日 期_____

审核意见：
□不同意此项签证。
□同意此项签证，价款与本期进度款同期支付。

发包人（章）
发包人代表_____
日 期_____

注：1. 在选择栏中的"□"内做标识"√"。
2. 本表一式四份，由承包人在收到发包人（监理人）的口头或书面通知后填写，发包人、监理工程师、造价工程师、承包人各存一份。

（2）承包人应在收到发包人指令后的 7 天内向发包人提交现场签证报告，发包人应在收到现场签证报告后的 48 小时内对报告内容进行核实，予以确认或提出修改意见。发包人在收到承包人现场签报告后的 48 小时内未确认也未提出修改意见的，应视为承包人提交的现场签证报告已被发包人认可。

（3）现场签证的工作如已有相应的计日工单价，现场签证中应列明完成该类项目所需的人工、材料、工程设备和施工机械台班的数量。如现场签证的工作没有相应的计日工单价，应在现场签证报告中列明完成该签证工作所需的人工、材料设备和施工机械台班的数量及单价。

（4）合同工程发生现场签证事项，未经发包人签证确认，承包人便擅自施工的，除非征得发包人书面同意，否则发生的费用应由承包人承担。

（5）现场签证工作完成后的 7 天内，承包人应按照现场签证内容计算价款，报送发包人确认后，作为增加合同价款，与进度款同期支付。

（6）在施工过程中，当发现合同工程内容因场地条件、地质水文、发包人要求等不一致时，承包人应提供所需的相关资料，并提交发包人签证认可，作为合同价款调整的依据。

十三、暂列金额

暂列金额是指招标人在工程量清单中暂定并包括在合同价款中的一笔款项。用于工程合同签订时尚未确定或者不可预见的所需材料、工程设备、服务的采购，施工中可能发生的工程变更、合同约定调整因素出现时的合同价款调整以及发生的索赔、现场签证确认等的费用。

已签约合同价中的暂列金额由发包人掌握使用。

发包人按相应合同价款调整规定支付后，暂列金额余额应归发包人所有。

第二节　合同价款调整计算实例

【例 8-5】　某政府投资建设工程项目，采用《建设工程工程量清单计价规范》（GB 50500—2013）计价方式招标，发包方与承包方签订了实施合同，合同工期为 110 天。施工合同约定：

① 工期每提前（或拖延）1 天，奖励（或罚款）3000 元（含税金）。

② 各项工作实际工程量在清单工程量变化幅度 ±15% 以外的，双方可协商调整综合单价；在变化幅度 ±15% 以内（含 ±15%）的，综合单价不予调整。

③ 发包方原因造成机械闲置，其补偿单价按照机械台班单价的 50% 计算；人员窝工补偿单价，按照 50 元 / 工日计算。

④ 综合费率为 7.08%。

工程项目开工前，承包方按时提交了实施方案及施工进度计划（施工进度计划如图 8-1 所示），并获得发包方工程师批准。

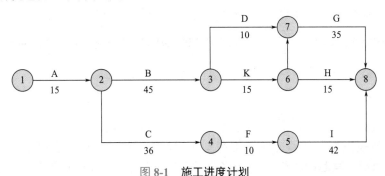

图 8-1　施工进度计划

根据施工方案及施工进度计划，B 工作和 I 工作需要使用同一台机械施工。该机械的台班单价为 1000 元 / 台班。

该工程项目按合同约定正常开工，施工中依次发生如下事件。

事件 1：C 工作施工中，因设计方案调整，导致 C 工作持续时间延长 10 天，造成承包方人员窝工 50 个工日。

事件 2：I 工作施工开始前，承包方为了获得工期提前奖励，拟订了 I 工作缩短 2 天作业时间的技术组织措施方案，发包方批准了该调整方案。为了保证质量，I 工作时间在压缩 2 天后不能再压缩。该技术组织措施产生费用 3500 元。

事件 3：工作实施中，因劳动力供应不足，使该工作拖延了 5 天。承包方强调劳动力不足是因为天气过于炎热所致。

事件 4：招标文件中 G 工作的清单工程量为 1750m² （综合单价为 300 元 /m²），与施工图纸不符，实际工程量为 1900m²。经承发包双方商定，在 G 工作工程量增加但是不影响事件 1～事件 3 而调整的项目总工期的前提下，每完成 1m² 增加的赶工工程量按综合单价 60 元计算赶工费（不考虑其他措施费）。上述事件发生后，承包方及时向发包方提出了索赔并得到了相应的处理。

问题：

（1）承包方是否可以分别就事件 1～事件 4 提出工期和费用索赔？说明理由。

（2）事件 1～事件 4 发生后，承包方可得到的合理工期补偿为多少天？该工程项目的实际工期是多少天？

（3）事件 1～事件 4 发生后，承包方可得到总的费用追加额是多少？

（计算过程和结果均以元为单位，结果取整）

解　问题（1）：

① 承包方就事件 1 可以提出工期和费用索赔。理由：设计方案调整是发包方应承担的责任，且延误的时间会超出总工期（根据施工进度计划工期应为 110 天，因 C 工作延长 10 天如不采取其他措施会使总工期达 113 天），并造成窝工。

② 承包方就事件 2 不可以提出工期和费用索赔。理由：通过采取技术措施使工期提前，可按合同规定的工期奖罚条款进行处理，而赶工发生的施工技术措施费应由承包方承担。

③ 承包方就事件 3 不可以提出工期和费用索赔。理由：劳动力不足是承包方应承担的责任。

④ 承包方就事件 4 可以提出费用索赔，不可提出工期索赔。理由：按照《建设工程工程量清单计价规范》规定，业主对清单准确性负责。业主要求承包方赶工不因为工程量增加而影响总工期，但承包方因此发生的赶工技术措施费由业主承担。

问题（2）：事件 1～事件 4 发生后，承包方可得到的合理工期补偿为 3 天。该工程此项目的实际工期是 110+3-2=111 （天）。

问题（3）：事件 1～事件 4 发生后，承包方可得到总的费用追加额 $=[(50 \times 50) + (10 \times 1000 \times 50\%) + (1900-1750) \times 300 + \frac{1750}{35} \times 2 \times 60] \times (1+7.08\%) + 3000 \times (113-111) = 68642$ （元）。

小结

合同价款是指发承包双方在工程合同中约定的工程造价，即包括了分部分项工程费、措施项目费、其他项目费、规费和税金的合同总金额。合同价款是发承包双方的核心利益，合同价款调整涉及发承包双方根本利益，当合同价款调整因素出现后，发承包双方根据合同约定对合同价款进行变动的提出、计算和确认。

合同价款调整是指在合同价款调整因素出现后，发承包双方根据合同约定，对合同价款进行变动的提出、计算和确认。包括因法律法规变化、工程变更、工程项目特征不符、工程量清单缺项、工程量偏差、计日工、物价变化、暂估价、不可抗力、提前竣工、误期赔偿、现场签证、暂列金额等原因引起的合同价款调整。

职业资格考试真题（单选题）精选

1.（2021 年注册造价工程师考试真题）某工程施工过程中发生如下事件：①因异常恶劣气候条件导致工程停工 2 天，人员窝工 20 个工日；②遇到不利地质条件导致工程停工 1 天，人员窝工 10 个工日，处理不利地质条件用工 15 个工日。若人工工资为 200 元 / 工日，窝工补贴为 100 元 / 工日，不考虑其他因素。根据《标准施工招标文件》（2007 年版）通用合同条款，施工企业可向业主索赔的工期和费用分别是（　　）。

A. 3 天，6000 元　　　B. 1 天，3000 元　　　　C. 3 天，4000 元　　　　D. 1 天，4000 元

2.（2021 年注册造价工程师考试真题）建设工程已实际交付，但施工合同没有约定付款时间，则拖欠工程款利息的起算日期为（　　）。

A. 提交竣工结算文件之日　　　　B. 确认竣工结算文件之日

C. 竣工验收合格之日　　　　　　D. 工程实际交付之日

3.（2020 年注册造价工程师考试真题）根据现行《标准设计施工总承包招标文件》，关于"合同价格"和"签约合同价"，下列说法正确的是（　　）。

A. 合同价格是指签约合同价

B. 签约合同价中包括了专业工程暂估价

C. 合同价格不包括按合同约定进行的变更价款

D. 签约合同价一般高于中标价

4.（2020 年注册造价工程师考试真题）因工程变更引起措施项目发生变化时，关于合同价款的调整，下列说法正确的是（　　）。

A. 安全文明施工费不予调整

B. 按总价计算的措施项目费的调整，不考虑承包人报价浮动因素

C. 按单价计算的措施项目费的调整，以实际发生变化的措施项目数量为准

D. 招标清单中漏项的措施项目费的调整，以承包人自行拟定的实施方案为准

5.（2019 年注册造价工程师考试真题）发承包双方在约定调整合同价款的事项中，属于工程变更类的是（　　）。

A. 工程量清单缺项　　　　　　B. 不可抗力

C. 物价变动　　　　　　　　　D. 提前竣工

6.（2019 年注册造价工程师考试真题）根据《标准施工招标文件》（2007 年版）通用合同条款，下列引起承包人索赔的事件中，可以同时获得工期、费用和利润补偿的是（　　）。

A. 施工中发现文物和古迹　　　B. 发包人延迟提供建筑材料

C. 承包人提前竣工　　　　　　D. 因不可抗力造成工期延误

能力训练题

一、填空题

1. 根据《建设工程工程量清单计价规范》（GB 50500—2013）规定，调整合同价款的事项大致包括_____、_____、_____、_____和其他类。

2. 装饰工程因工程变更引起已标价工程量清单项目或其工程数量发生变化时，已标价工程量清单中有适用于变更工程项目时，应_____，当工程变更导致该清单项目的工程数量发生变化时，应_____。

3. 合同履行期间，当工程量偏差和工程变更等原因导致工程量偏差超过_____时，可进行调整。

4. 计日工是指在装饰施工过程中，承包人完成_____以外的零星项目或工作，按合同中约定的单价计价的一种方式。

5. 承包人采购材料和工程设备的，应在合同中约定主要材料、工程设备价格变化的范围或幅度；当没有约定，且材料、工程设备单价变化超过_____时，超过部分的价格，根据《建设工程工程量清单计价规范》（GB 50500—2013）附录 A 中的方法计算调整材料、工程设备费。

6. 现场签证是指_____与承包人现场代表就施工过程中涉及的责任事件所作的签认证明。

二、思考题

1. 怎样调整工期延误的工程价款？

2. 什么是现场签证？现场签证注意哪些事项？

3. 当工程出现分部分项工程量清单漏项或非承包人原因的工程变更，造成增加新的工程量清单项目或工程量清单的增减，如何进行综合单价的调整？

三、案例分析题

某市政府投资新建一学校，工程内容包括办公楼、教学楼、实验室、体育馆等，招标文件的工程量清单表中，招标人给出了材料暂估价，承发包双方按《建设工程工程量清单计价规范》（GB 50500—2013）等相关文件签订了施工承包合同。

工程实施过程中，发生了如下事件：

事件 1：提交投标文件截止日期前 15 天，该市工程造价管理部门发布了人工单价及规费调整的有关文件。

事件 2：分部分项工程量清单中，天棚吊顶的项目特征描述中龙骨规格，中距与设计图纸要求不一致。

事件 3：按实际施工图纸施工的基础土方工程量与招标人提供的工程量清单表中挖基础土方工程量发生较大的偏差。

事件 4：主体结构施工阶段遇到强台风、特大暴雨，造成施工现场部分脚手架倒塌，损坏了部分已完工程、施工现场承发包双方办公用房、施工设备和运到施工现场待安装的一台电梯，事后，承包方及时按照发包方要求清理现场，恢复施工，重建承发包双方现场办公用房，发包方还要求承包方采取措施，确保按原工期完成。

事件 5：由于资金原因，发包方取消了原合同中体育馆工程内容，在工程竣工结算时，承包方就发包方取消合同中体育馆工程内容提出补偿管理费和利润的要求，但遭到发包方拒绝。

上述事件发生后，承包方及时对可调整价款事件提出了工程价款调整要求。

问题：

1. 投标人对设计材料暂估价的分部分项进行投标报价，以及该项目工程造价款的调整有哪些规定？

2. 根据《建设工程工程量清单计价规范》（GB 50500—2013）分别指出对事件1、事件2、事件3应如何处理？并说明理由。

3. 事件4中，承包方可提出哪些损失和费用的调整？

4. 事件5中，发包方拒绝承包方补偿要求的做法是否合理？说明理由。

第九章
装饰工程结算与
竣工决算

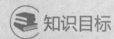知识目标

- 了解工程结算的概念、作用和分类；
- 理解竣工决算的概念、竣工决算的编制依据及竣工决算的组成；
- 掌握合同价款期中支付、竣工结算与支付的内容。

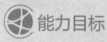能力目标

- 能够计算装饰工程价款期中支付；
- 能够编制装饰工程竣工结算。

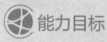素质目标

- 树立全局观念，具有工程造价管理应贯穿于建设工程全过程的意识，能全面反映项目建设全过程财务状况。

装饰工程结算是指发承包双方根据合同约定，进行工程款预付、工程进度款结算及工程竣工价款结算的活动。

装饰工程结算是反映工程进度的主要指标。在施工过程中，工程结算的依据之一就是按照已完成工程量进行结算，也就是说承包人完成的工程量越多，所应结算的工程款就应越多，所以，根据累计已结算的工程款与合同总价的比例，就能近似地反映出工程的进度情况，有利于准确掌握工程进度。

装饰工程结算是加速资金周转、考核经济效益的重要指标。承包人能够尽早地结算工程款，有利于资金回笼，降低运营成本及经营风险，实现良好的经济效益。

第一节　合同价款支付

一、预付款

二维码9.1

1. 预付款概念

工程预付款是指在开工前，发包人按照合同约定，预先支付给承包人用于购买合同工程施工所需的材料、工程设备，以及组织施工机械和人员进场等的款项。它是施工准备和所需要材料、结构件等流动资金的主要来源，我国习惯上又称为预付备料款。

（1）预付款的支付比例不宜高于合同款的 30%。承包人对预付款必须专用于合同工程。

（2）承包人应在签订合同或向发包人提供与预付款等额的预付款保函后向发包人提交预付款支付申请。发包人应在收到支付申请的 7 天内进行核实，向承包人发出预付款支付证书，并在签发支付证书后的 7 天内向承包人支付预付款。

（3）发包人没有按合同约定按时支付预付款的，承包人可催告发包人支付；发包人在预付款期满后的 7 天内仍未支付的，承包人可在付款期满后的第 8 天起暂停施工。发包人应承担由此增加的费用和延误的工期，并应向承包人支付合理利润。

（4）预付款应从每一个支付期应支付给承包人的工程进度款中扣回，直到扣回的金额达到合同约定的预付款金额为止。

（5）承包人的预付款保函的担保金额根据预付款扣回的数额相应递减，但在预付款全部扣回之前一直保持有效。发包人应在预付款扣完后的 14 天内将预付款保函退还给承包人。

2. 预付款计算

（1）工程预付款的数额，各地区、各部门的规定不完全相同，主要是保证施工所需材料和构件的正常储备。根据施工工期、建安工程量、主要材料和构配件费用占建安工程量的比例以及材料储备期等因素来计算确定。具体是发包人根据装饰装修工程的特点、工期长短、市场行情、供求规律等因素，招标时在合同条件中约定工程预付款的百分率（10% ～ 30%）。

工程预付款数额 = 年度承包工程总值 × 主要材料所占比重 × 材料储备天数 / 年度施工工日天数

或　工程预付款限额 = 年度建安工程合同价 × 预付备料款占工程价款比例

对于只包定额工日的工程项目，材料供应由发包人负责，可以不付备料款。

（2）发包人拨付给承包商的预付款属于预支的性质。工程实施后，随着工程所需材料储备的逐步减少，应以抵充工程价款的方式陆续扣回。工程预付款的扣还常有以下三种方式：

① 按公式计算。这种方法原则上是从未完工程所需的主要材料及构件的价值相当于预付数额时起扣，从每次结算的工程价款中按材料比重抵扣工程价款，竣工前全部扣清。其起扣点公式如下：

$$T = P - M/N$$

式中　T——起扣点，即预付款开始扣回时的累计完成工作量金额；

　　　　P——工程价款总额；

　　　　M——预付款数额；

　　　　N——主要材料及构件所占工程价款比例。

② 按合同约定计算。在承包方完成金额累计达到双方签订合同约定比例后，由发包人从每次应付给承包方的工程款中扣回工程预付款，在合同规定的完工期前将预付款还清。

③ 最后一次扣还。对于造价较低、工期较短的工程，预付款在施工前一次拨付，施工过程中不分次抵扣。当预付款与已付工程款之和达到合同总价的95%时，停止支付工程款。

【例9-1】　某施工单位承包某工程项目，甲乙双方签订的工程合同价款为850万元，主要材料费所占的比重为60%；工程预付款为工程造价的20%。请问该工程的工程预付款是多少？备料款起扣点是多少？

解　根据工程预付款公式及起扣点公式可知：

（1）工程预付款＝年度建安工程合同价×预付备料款占工程价款比例

$$=850 \times 20\% = 170（万元）$$

（2）根据公式 $T = P - M/N$，可知

预付款起扣点＝工程价款总额－预付款数额/主要材料及构件所占工程价款比例

$$=850 - 170/60\% = 567（万元）$$

二、安全文明施工费

在合同履行过程中，承包人按照国家法律、法规、标准等规定，为保证安全施工、文明施工，保护现场内外环境和搭拆临时设施等所采用的措施而发生的费用。

安全文明施工费包括的内容和使用范围，应符合国家有关文件和计量规范的规定。发包人应在工程开工后的28天内预付不低于当年的安全文明施工费总额的50%，其余部分与进度款同期支付。

发包人没有按时支付安全文明施工费的，承包人可催告发包人支付；发包人在付款期满后的7天内仍未支付的，若发生安全事故，发包人应承担连带责任。

承包人对安全文明施工费应专款专用，在财务账目中应单独列项备查，不得挪作他用，否则发包人有权要求其限期改正；逾期未改正的，造成的损失和延误的工期应由承包人承担。

三、合同价款期中支付

进度款是指在合同工程施工过程中，发包人按照合同约定对付款周期内承包人完成的合同价款给予支付的款项，也是合同价款期中结算支付。

1.进度款一般规定

① 发承包双方应按照合同约定的时间、程序和方法，根据工程计量结果，办理期中价

款结算，支付进度款。进度款支付周期应与合同约定的工程计量周期一致。

② 已标价工程量清单中的单价项目，承包人应按工程计量确认的工程量与综合单价计算；综合单价发生调整的，以发承包双方确认调整的综合单价计算进度款。

③ 已标价工程量清单中的总价项目和采用经审定批准的施工图纸及其预算方式发包形成的总价合同，承包人应按合同中约定的进度款支付分解，分别列入进度款支付申请中的安全文明施工费和本周期应支付的总价项目的金额中。

④ 发包人提供的甲供材料金额，应按照发包人签约提供的单价和数量从进度款支付中扣除，列入本周期应扣减的金额中。承包人现场签证和得到发包人确认的索赔金额应列入本周期应增加的金额中。

2. 进度款支付程序

(1) 进度款支付申请　承包人应在每个计量周期到期后的 7 天内向发包人提交已完工程进度款支付申请一式四份（具体见表 9-1），详细说明此周期认为有权得到的款额，包括分包人已完工程的价款。支付申请应包括下列内容。

① 累计已完成工程的工程价款；

② 累计已实际支付的工程价款；

③ 本期间完成的工程价款；

④ 本期间已完成的计日工价款；

⑤ 应支付的调整工程价款；

⑥ 本期间应扣回的预付款；

⑦ 本期间应支付的安全文明施工费；

⑧ 本期间应支付的总承包服务费；

⑨ 本期间应扣留的质量保证金；

⑩ 本期间应支付的、应扣除的索赔金额；

⑪ 本期间应支付或扣留（扣回）的其他款项；

⑫ 本期间实际应支付的工程价款。

(2) 进度款支付核实　发包人应在收到承包人进度款支付申请后的 14 天内，根据计量结果和合同约定对申请内容予以核实，确认后向承包人出具进度款支付证书。若发承包双方对部分清单项目的计量结果出现争议，发包人应对无争议部分的工程计量结果向承包人出具进度款支付证书。

表 9-1　进度款支付申请（核准）表

工程名称：　　　　　　　　　　标段：　　　　　　　　　编号：

致：_____（发包人全称）

我方于_____至_____期间已完成了_____工作，根据施工合同的约定，现申请支付本期的工程价款为（大写）_____元，（小写）_____元，请予核准。

序号	名　称	实际金额/元	申请金额/元	复核金额/元	备注
1	累计已完成的合同款				
2	累计已实际支付的合同价款				
3	本周期合计已完成的合同价款				
3.1	本周期已完成单价项目的金额				

续表

序号	名　　称	实际金额 / 元	申请金额 / 元	复核金额 / 元	备注
3.2	本周期应支付的总价项目的金额				
3.3	本周期完成的计日工价款				
3.4	本周期应支付的安全文明施工费				
3.5	本周期应增加的金额				
4	本周期合计应扣减的金额				
4.1	本周期抵扣的预付款				
4.2	本周期应扣减的金额				
5	本周期应支付的合同价款				

承包人（章）

造价人员＿＿＿＿＿　承包人代表＿＿＿＿＿　日　　期＿＿＿＿＿

复核意见： □与实际施工情况不相符，修改意见见附件。 □与实际施工情况相符，具体金额由造价工程师复核。 监理工程师＿＿＿＿ 日　　期＿＿＿＿	复核意见： 　你方提出的支付申请经复核，本周期已完成工程价款为（大写）＿＿＿＿元，（小写）＿＿＿＿元，本期间应支付金额为（大写）＿＿＿＿元，（小写）＿＿＿＿元。 造价工程师＿＿＿＿ 日　　期＿＿＿＿

审核意见：
□不同意。
□同意，支付时间为本表签发后的 15 天内。

发包人（章）
发包人代表＿＿＿＿
日　　期＿＿＿＿

注：1. 在选择栏中的"□"内做标识"√"。
2. 本表一式四份，由承包人填报，发包人、监理人、造价咨询人、承包人各存一份。

　　发包人应在签发进度款支付证书后的 14 天内，按照支付证书列明的金额向承包人支付进度款。

　　（3）进度款实际支付　若发包人逾期未签发进度款支付证书，则视为承包人提交的进度款支付申请已被发包人认可，承包人可向发包人发出催告付款的通知。发包人应在收到通知后的 14 天内，按照承包人支付申请的金额向承包人支付进度款。

　　发包人未按规定支付进度款的，承包人可催告发包人支付，并有权获得延迟支付的利息；发包人在付款期满后的 7 天内仍未支付的，承包人可在付款期满后的第 8 天起暂停施工。发包人应承担由此增加的费用和（或）延误的工期，向承包人支付合理利润，并应承担违约责任。

　　（4）进度款支付修正　发现已签发的任何支付证书有错、漏或重复的数额，发包人有权予以修正，承包人也有权提出修正申请。经发承包双方复核同意修正的，应在本次到期的进度款中支付或扣除。

3. 进度款计算方法

工程进度款的结算分三种情况，即开工前期、施工中期和工程尾期进度款结算三种。

（1）开工前期进度款结算。从工程项目开工，到施工进度累计完成的产值小于"起扣点"，这期间称为开工前期。此时，每月结算的工程进度款应等于当月（期）已完成的产值。

其计算公式为：

$$本月（期）应结算的工程进度款 = 本月（期）已完成产值$$
$$= \sum 本月（期）已完成工程量 \times 合同单价 + 相应收取的其他费用$$

（2）施工中期进度款结算。当工程施工进度累计完成的产值达到"起扣点"以后，至工程竣工结束前一个月，这期间称为施工中期。此时，每月结算的工程进度款，应扣除当月（期）应扣回的工程预付备料款。

其计算公式为：

$$本月（期）应抵扣的预付备料款 = 本月（期）已完成产值 \times 主材费所占比重$$
$$本月（期）应结算的工程进度款 = 本月（期）已完成产值 - 本月（期）应抵扣的预付备料款$$
$$= 本月（期）已完成产值 \times （1 - 主材费所占比重）$$

注：如合同中约定质量保证金应在每次工程进度款结算时扣除，则上式还应另扣除相应比例的质量保证金。

（3）工程尾期进度款结算。按照国家有关规定，在工程总造价中应预留出一定比例的尾款作为质量保修费用，该部分费用称为质量保证金。质量保证金一般应在结算过程中扣除，在工程保修期结束时拨付。

有关质量保证金的扣除，常见的有以下两种方式（以质量保证金比例为合同总额的5%为例，质量保证金也可以是以最后造价为计算基数）。

① 先办理正常结算，直至累计结算工程进度款达到合同金额的95%时，停止支付，剩余的作为质量保证金。

② 先扣除，扣完为止，即从第一次办理工程进度款支付时就按照双方在合同中约定的一个比例扣除质量保证金，直到所扣除的累计金额已达到合同金额的5%为止。

$$最后月（期）应结算的工程尾款 = 最后月（期）已完成产值 \times （1 - 主材费所占比重） - 应扣质量保证金$$

【例9-2】　某工程项目业主采用工程量清单招标方式确定了承包人，双方签订了工程施工合同，合同工期4个月，开工时间为2022年4月1日。该项目的主要价款信息及合同付款条款如下。

（1）承包商各月计划完成的分部分项工程费、措施费见表9-2。

表9-2　各月计划完成的分部分项工程费、措施费　　　　　　　　单位：万元

月　份	4月	5月	6月	7月
计划完成分部分项工程费	55	75	90	60
措施费	8	3	3	2

（2）措施项目费160000元，在开工后的前两个月平均支付。

（3）其他项目清单中包括专业工程暂估价和计日工，其中专业工程暂估价为180000元；计日工表中包括数量为100个工日的某工种用工，承包商填报的综合单价为120元/工日。

（4）工程预付款为合同价的 20%，在开工前支付，在最后两个月平均扣回。

（5）工程价款逐月支付，经确认的变更金额、索赔金额、专业工程暂估价、计日工金额等与工程进度款同期支付。

（6）业主按承包商每次应结算款项的 90% 支付。

（7）工程竣工验收后结算时，按总造价的 5% 扣留质量保证金。

（8）综合费率为 12%。

施工过程中，各月实际完成工程情况如下。

（1）各月均按计划完成计划工程量。

（2）5 月业主确认计日工 35 个工日，6 月业主确认计日工 40 个工日。

（3）6 月业主确认原专业工程暂估价款的实际发生合计为 80000 元，7 月业主确认原专业工程暂估价款的实际发生合计为 70000 元。

（4）6 月由于业主设计变更，新增工程量清单中没有的一项分部分项工程，经业主确认的设计变更费用合计为 127700 元。

（5）6 月因监理工程师要求对已验收合格的某分项工程再次进行质量检验，造成承包商人员窝工费 5000 元，机械闲置费 2000 元，该分项工程持续时间延长 1 天（不影响总工期）。检验表明该分项工程合格。为了提高质量，承包商对尚未施工的后续相关工作调整了模板形式，造成模板费用增加 10000 元。

问题：

1. 该工程预付款是多少？

2. 每月完成的分部分项工程量价款是多少？承包商应得工程价款是多少？

3. 若承发包双方如约履行合同，列式计算 6 月末累计已完成的工程价款和累计已实际支付的工程价款。

4. 填写承包商 2022 年 6 月的"工程款支付申请表"（表 9-3）。

（计算过程与结果均以元为单位，结果取整数）

表 9-3　工程款支付申请表

工程名称：　　　　　　　　　标段：　　　　　　　　　编号：

至：_____

我于_____至_____期间已完成了_____工作，根据施工合同的约定，现申请支付本期的工程款为（大写）_____元，（小写）_____元，请予核准。

序号	名称	金额 / 元	备注
1	累计已完成的工程价款（含本周期）		
2	累计已实际支付的工程价款		
3	本周期已完成的工程价款		
4	本周期已完成的计日工金额		
5	本周期应增加和扣减的变更金额		
6	本周期应增加和扣减的索赔金额		
7	本周期应抵扣的预付款		
8	本周期应扣减的质保金		

续表

序号	名 称	金额 / 元	备注
9	本周期应增加和扣减的其他金额		
10	本周期实际应支付的工程价款		

承包人（章）

承包人代表_____

日　期_____

复核意见： □与实际施工情况不相符，修改意见见附件。 □与实际施工情况相符，具体金额由造价工程师复核。 　　　　　　　监理工程师_____ 　　　　　　　日　期_____	复核意见： 　你方提出的支付申请经复核，本期间已完成工程款额为（大写）_____元，（小写）_____元，本期间应支付金额为（大写）_____元，（小写）_____元。 　　　　　　　造价工程师_____ 　　　　　　　日　期_____

审核意见：

□不同意。

□同意，支付时间为本表签发后的 15 天内。

发包人（章）

发包人代表_____

日　期_____

解　1. 工程预付款计算

（1）分部分项工程费：55+75+90+60=280（万元）=2800000（元）

（2）措施费：8+3+3+2=16（万元）=160000（元）

（3）其他项目费：180000+100×120=192000（元）

（4）合同价：（2800000+160000+192000）×（1+12%）=3530240（元）

（5）工程预付款：3530240×20%=706048（元）

2. 每月完成的分部分项工程量价款及承包商应得工程价款计算

4 月份

（1）承包商完成的工程价款：550000×（1+12%）=616000（元）

（2）承包商应得工程价款：（550000+160000/2）×（1+12%）×90%=635040（元）

5 月份

（1）承包商完成的工程价款：750000×（1+12%）=840000（元）

（2）承包商应得工程价款：（750000+160000/2+35×120）×（1+12%）×90%=840874（元）

6 月份

（1）承包商完成的工程价款：900000×（1+12%）=1008000（元）

（2）承包商应得工程价款

①发生计日工金额：40×120×（1+12%）=5376（元）

②专业工程暂估价实际发生额：80000×（1+12%）=89600（元）

③设计变更：127700×（1+12%）=143024（元）

④合格工程质量检验费用补偿：（5000+2000）×（1+12%）=7840（元）

小计：5376+89600+143024+7840=245840（元）

承包商应得工程价款：（1008000+245840）×90%-706048/2=775432（元）

7 月份

（1）承包商完成的工程价款：600000×（1+12%）=672000（元）

（2）专业工程暂估价实际发生额：70000×（1+12%）=78400（元）

承包商应得工程价款：（672000+78400）×90%-706048/2=322336（元）

3.6 月末累计已完成的工程价款和累计已实际支付的工程价款计算

（1）6 月末累计已完成的工程价款

① 6 月末累计完成分部分项工程费：550000+750000+900000=2200000（元）

② 措施费累计：80000+30000+30000=140000（元）

③ 专业工程暂估价：80000 元

④ 计日工：35×120+40×120=9000（元）

⑤ 设计变更：127700 元

⑥ 质检费用补偿：5000+2000=7000（元）

6 月末累计完成工程价款：（2200000+140000+80000+9000+127700+7000）×（1+12%）=2871344（元）

（2）6 月末累计已实际支付的工程价款：706048+635040+840874+775432=2957394（元）

4.填写承包商 2022 年 6 月份的"工程款支付申请表"（表 9-4）

表 9-4　工程款支付申请表

工程名称：　　　　　　　标段：　　　　　　　编号：

至：××××（发包人全称）

我方于 2022 年 6 月 1 日至 2022 年 6 月 30 日期间已完成了 ×××× 工作，根据施工合同的约定，现申请支付本期的工程款为（大写）柒拾柒万伍仟肆佰叁拾贰元，（小写）775432 元，请予核准。

序号	名称	金额 / 元	备注
1	累计已完成的工程价款（含本周期）	2871344	
2	累计已实际支付的工程价款	2957394	
3	本周期已完成的工程价款	1008000	
4	本周期已完成的计日工金额	5376	
5	本周期应增加的变更金额	143024	
6	本周期应增加的索赔金额	7840	
7	本周期应抵扣的预付款	353024	
8	本周期应扣减的质保金	—	
9	本周期应增加的其他金额	89600	
10	本周期实际应支付的工程价款	775432	

承包人（章）

承包人代表_____

日　　期_____

续表

复核意见： □与实际施工情况不相符，修改意见见附件。 □与实际施工情况相符，具体金额由造价工程师复核。 监理工程师＿＿＿＿＿ 日　　　期＿＿＿＿＿	复核意见： 　你方提出的支付申请经复核，本期间已完成工程款额为（大写）＿＿＿＿＿元，（小写）＿＿＿＿＿元，本期间应支付金额为（大写）＿＿＿＿＿元，（小写）＿＿＿＿＿元。 造价工程师＿＿＿＿＿ 日　　　期＿＿＿＿＿

审核意见：
□不同意。
□同意，支付时间为本表签发后的 15 天内。

发包人（章）
发包人代表＿＿＿＿＿
日　　　期＿＿＿＿＿

第二节　竣工结算与支付

二维码9.2

一、竣工结算

1. 竣工结算的概念

竣工结算是指工程项目完工并经验收合格后，发承包双方依据签订的合同、国家有关法律、法规和标准规定，对所完成的工程项目进行的全面结算，包括在履行合同过程中按照合同约定进行的合同价款调整。

2. 竣工结算的要求

（1）合同工程完工后，承包人应在经发承包双方确认的合同工程期中价款结算的基础上汇总编制完成竣工结算文件，应在提交竣工验收申请的同时向发包人提交竣工结算文件。

承包人未在合同约定的时间内提交竣工结算文件，经发包人催告后 14 天内仍未提交或没有明确答复的，发包人有权根据已有资料编制竣工结算文件，作为办理竣工结算和支付结算款的依据，承包人应予以认可。

（2）发包人应在收到承包人提交的竣工结算文件后的 28 天内核对。发包人经核实，认为承包人应进一步补充资料和修改结算文件，应在上述时限内向承包人提出核实意见，承包人在收到核实意见后 28 天内应按照发包人提出的合理要求补充资料，修改竣工结算文件，并应再次提交给发包人复核后批准。

（3）发包人应在收到承包人再次提交的竣工结算文件后的 28 天内予以复核，将复核结果通知承包人，并应遵守下列规定。

① 发包人、承包人对复核结果无异议的，应在 7 天内在竣工结算文件上签字确认，竣工结算办理完毕。

② 发包人或承包人对复核结果认为有误的，无异议部分按上述相关规定办理不完全竣工结算；有异议部分由发承包双方协商解决；协商不成的，应按照合同约定的争议解决方式处理。

（4）发包人在收到承包人竣工结算文件后的 28 天内，不核对竣工结算或未提出核对意见的，应视为承包人提交的竣工结算文件已被发包人认可，竣工结算办理完毕。

承包人在收到发包人提出的核实意见后的 28 天内，不确认也未提出异议的，应视为发包人提出的核实意见已被承包人认可，竣工结算办理完毕。

（5）发包人委托工程造价咨询人核对竣工结算的，工程造价咨询人应在 28 天内核对完毕，核对结论与承包人竣工结算文件不一致的，应提交给承包人复核；承包人应在 14 天内将同意核对结论或不同意见的说明提交工程造价咨询人。工程造价咨询人收到承包人提出的异议后，应再次复核，复核无异议的，应 7 天内在竣工结算文件上签字确认，竣工结算办理完毕，复核后仍有异议的，有异议部分由发承包双方协商解决；协商不成的，应按照合同约定的争议解决方式处理。

承包人逾期未提出书面异议的，应视为工程造价咨询人核对的竣工结算文件已经承包人认可。

（6）对发包人或发包人委托的工程造价咨询人指派的专业人员与承包人指派的专业人员经核对后无异议并签名确认的竣工结算文件，除非发承包人能提出具体、详细的不同意见，发承包人都应在竣工结算文件上签名确认，如其中一方拒不签认的，按下列规定办理。

① 若发包人拒不签认的，承包人可不提供竣工验收备案资料，并有权拒绝与发包人或其上级部门委托的工程造价咨询人重新核对竣工结算文件。

② 若承包人拒不签认的，发包人要求办理竣工验收备案的，承包人不得拒绝提供竣工验收资料，否则，由此造成的损失，承包人承担相应责任。

（7）合同工程竣工结算核对完成，发承包双方签字确认后，发包人不得要求承包人与另一个或多个工程造价咨询人重复核对竣工结算。

（8）发包人对工程质量有异议，拒绝办理工程竣工结算的，已竣工验收或已竣工未验收但实际投入使用的工程，其质量争议应按该工程保修合同执行，竣工结算应按合同约定办理；已竣工未验收且未实际投入使用的工程以及停工、停建工程的质量争议，双方应就有争议的部分委托有资质的检测鉴定机构进行检测，并应根据检测结果确定解决方案，或按工程质量监督机构的处理决定执行后办理竣工结算，无争议部分的竣工结算应按合同约定办理。

3. 竣工结算的编制依据
（1）《建设工程工程量清单计价规范》；
（2）工程合同；
（3）发承包双方实施过程中已确认的工程量及其结算的合同价款；
（4）发承包双方实施过程中已确认调整后追加（减）的合同价款；
（5）建设工程设计文件及相关资料；
（6）投标文件；
（7）其他依据。

4. 竣工结算的编制方法
竣工结算的编制方法取决于合同对计价方法及对合同种类的选定。招标单位与投标单位，按照中标报价、承包方式、承包范围、工期、质量标准、奖惩规定、价格调整方式、合同价格形式、计量与支付等内容签订承包合同。与合同方式相对应的竣工结算方法如下。

（1）总价合同结算的编制方法
竣工结算总价 = 合同总价 ± 风险范围外因素引起增减价 ± 工程以外的技术经济签证 + 批准的索赔额 ± 质量奖励与罚金

合同中要明确总价包含的风险范围、风险费用的计算方法、风险范围以外合同价格的调整方法。

（2）按单价合同结算的编制方法　目前推行的清单计价，大部分为单价合同，这里的单价以中标单位的所报的工程量清单综合单价为合同单价。该类型结算价计算公式如下。

$$竖工结算总价 = \sum[\ 分部分项（核实）工程量 \times 分部分项工程综合单价\ ]+$$
$$措施项目费 + \sum（据实核定的）其他项目金额 + 规费 + 税金$$

单价合同中也要明确单价包含的风险范围、风险费用的计算方法、风险范围以外合同价格（包括措施项目费）的调整方法。

二、质量保证金

质量保证金是发承包双方在工程合同中约定，从应付合同价款中预留，用以保证承包人在缺陷责任期内履行缺陷修复义务的金额。发包人应按照合同约定的质量保证金比例从结算款中预留质量保证金。

承包人未按照合同约定履行属于自身责任的工程缺陷修复义务的，发包人有权从质量保证金中扣除用于缺陷修复的各项支出。经查验，工程缺陷属于发包人原因造成的，应由发包人承担查验和缺陷修复的费用。

在合同约定的缺陷责任期终止后，发包人应按最终结清的规定，将剩余的质量保证金返还给承包人。

三、最终结清

所谓最终结清，是指合同约定的缺陷责任期终止后，承包人已按合同规定完成全部剩余工作且质量合格的，发包人与承包人结清全部剩余款项的活动。最终结清付款后，承包人在合同内享有的索赔权利也自行终止。

缺陷责任期终止后，承包人应按照合同约定向发包人提交最终结清支付申请。发包人对最终结清支付申请有异议的，有权要求承包人进行修正和提供补充资料。承包人修正后，应再次向发包人提交修正后的最终结清支付申请。

发包人应在收到最终结清支付申请后的 14 天内予以核实，并应向承包人签发最终结清支付证书。发包人应在签发最终结清支付证书后的 14 天内，按照最终结清支付证书列明的金额向承包人支付最终结清款。发包人未在约定的时间内核实，又未提出具体意见的，应视为承包人提交的最终结清支付申请已被发包人认可。

发包人未按期最终结清支付的，承包人可催告发包人支付，并有权获得延迟支付的利息。

最终结清时，承包人被预留的质量保证金不足以抵减发包人工程缺陷修复费用的，承包人应承担不足部分的补偿责任。

承包人对发包人支付的最终结清款有异议的，应按照合同约定的争议解决方式处理。

【例 9-3】　某企业承包的装饰工程合同造价为 900 万元。双方签订的合同规定工程工期为五个月。工程预付备料款额度为工程合同造价的 20%；工程进度款逐月结算；经测算其主要材料费用所占比重为 60%；工程质量保证金为合同造价的 5%，在最后一个月一次扣除。各月实际完成的产值见表 9-5，请问该工程如何按月结算工程款？

表 9-5　各月完成产值表

月份	3 月	4 月	5 月	6 月	7 月	合计
完成产值 / 万元	125	150	195	240	190	900

解　① 该工程的预付备料款 =900×20%=180（万元）

预付款起扣点 = 工程价款总额 − 预付备料款限额 / 主要材料费用所占比重

=900-180/60%=600（万元）

② 3 月份～ 5 月份期间，每月应结算的工程款，按计算公式计算，结果见表 9-6。

表 9-6　每月应结算工程款表

月份	3 月	4 月	5 月
完成产值 / 万元	125	150	195
当月应付工程款 / 万元	125	150	195
累计完成产值 / 万元	125	275	470

注：以上 3、4、5 月份累计完成的产值均未超过起扣点（600 万元），故无须抵扣工程预付备料款。

③ 6 月份进度款结算：

6 月份累计完成的产值 =470+240=710（万元）> 起扣点（600 万元）

故从 6 月份开始应从工程进度款中抵扣工程预付的备料款。

6 月份应抵扣的预付备料款 =（710-600）×60%=66（万元）

6 月份应结算的工程款 =240-66=174（万元）

④ 7 月份进度款结算：

应扣工程质量保证金 =900×5%=45（万元）

7 月份办理竣工结算时，应结算的工程尾款 =190×（1-60%）-45=31（万元）

⑤ 由上述计算结果可知，

各月累计结算的工程进度款 =125+150+195+174+31=675（万元）

再加上工程预付备料款 180 万元和质量保证金 45 万元，共计 900 万元。

第三节　竣工决算

二维码9.3

一、竣工决算概述

1. 竣工决算概念

竣工决算是指建设项目竣工验收合格后，项目单位编制的综合反映竣工项目从筹建开始到项目竣工交付使用为止的全部建设费用、建设成果和财务情况的总结性文件，是竣工验收报告的重要组成部分。

竣工决算是建设工程经济效益的全面反映，是项目法人核定建设工程各类新增资产价值、办理建设项目交付使用的依据。

2. 竣工决算与竣工结算的区别

竣工决算与竣工结算的区别如表 9-7 所示。

3. 竣工决算的作用

（1）建设项目竣工决算是综合、全面地反映竣工项目建设成果及财务情况的总结性文件，它采用货币指标、实物数量、建设工期和各种技术经济指标综合、全面地反映建设项目自开始建设到竣工为止的全部建设成果和财务状况。

（2）建设项目竣工决算是办理交付使用资产的依据，也是竣工验收报告的重要组成部分。

（3）通过竣工决算与概算、预算的对比分析，考核投资控制的工作成效，总结经验教训，积累技术经济方面的基础资料，提高未来建设工程的投资效益。

表 9-7　工程竣工结算和工程竣工决算

区别项目	工程竣工结算	工程竣工决算
编制单位及其部门	承包方的造价管理部门	建设单位的财务部门
编制阶段	施工阶段（竣工验收阶段）	竣工验收阶段
编制对象	单位工程或单项工程	建设项目
内容	承包方承包施工的建筑安装工程的全部费用，反映承包方完成的施工产值	建设工程从筹建开始到竣工交付使用为止的全部建设费用，反映建设工程的投资效益
性质和作用	1. 承包方与发包方办理工程价款最终结算的依据 2. 双方签订的建筑安装工程承包合同终结的凭证 3. 业主编制竣工决算的主要资料	1. 业主办理交付、验收、动用新增各类资产的依据 2. 竣工验收报告的重要组成部分

二、竣工决算编制依据

（1）经批准的可行性研究报告、投资估算书、初步设计或扩大初步设计，修正总概算及其批复文件；

（2）经批准的施工图设计及其施工图预算书；

（3）设计交底或图纸会审会议纪要；

（4）设计变更记录、施工记录或施工签证及其他施工发生的费用记录；

（5）招标控制价、承包合同、工程结算等有关资料；

（6）竣工图及各种竣工验收资料；

（7）历年基建计划、历年财务决算及批复文件；

（8）设备、材料调价文件和调价记录；

（9）有关财务核算制度、办法和其他有关资料。

三、竣工决算组成

竣工决算是建设项目从筹建到竣工交付使用为止所发生的全部建设费用。为了全面反映建设工程经济效益，竣工决算由竣工财务决算说明书、竣工财务决算报表、建设工程竣工图、工程造价比较分析四部分组成。前两个部分又称之为建设项目竣工财务决算，是竣工决算的核心部分。

1. 竣工财务决算说明书

有时也称竣工决算报告情况说明书，是竣工决算报告的重要组成部分，主要反映竣工工程建设成果和经验，是对竣工决算报表进行分析和补充说明的文件，是全面考核分析工程投资与造价的书面总结。

　　2. 竣工财务决算报表

　　根据财政部印发的有关规定和通知，工程项目竣工决算报表应按大、中型建设项目和小型项目分别编制。建设项目竣工决算报表包括：建设项目概况表、建设项目竣工财务决算表、建设项目交付使用资产总表、建设项目交付使用资产明细表。如表 9-8 ～表 9-11 所示。

表 9-8　建设项目概况表

建设项目（单项工程）名称			建设地址				项目	概算	实际	备注
主要设计单位			主要施工企业				建筑安装工程			
占地面积	计划	实际	总投资/万元	设计	实际	基建支出	设备、工具、器具			
							待摊投资			
新增生产能力	能力（效益）名称			设计	实际		其中：建设单位管理费			
							其他投资			
建设起止时间	设计	从　年　月开工至　年　月竣工					待核销基建支出			
							非经营项目转出投资			
	实际	从　年　月开工至　年　月竣工					合计			
设计概算批准文号										
完成主要工程量	建筑面积/m²				设备/（台、套、t）					
	设计		实际		设计		实际			
收尾工程	工程内容		已完成投资额		尚需投资额		完成时间			

表 9-9　建设项目竣工财务决算表　　　　　单位：元

资金来源	金额	资金占用	金额
一、基建拨款		一、基本建设支出	
1. 预算拨款		1. 交付使用资产	
2. 基建基金拨款		2. 在建工程	
其中：国债专项资金拨款		3. 待核销基建支出	
3. 专项建设基金拨款		4. 非经营项目转出投资	
4. 进口设备转账拨款		二、应收生产单位投资借款	

续表

资金来源	金额	资金占用	金额
5.器材转账拨款		三、拨付所属投资借款	
6.煤代油专用基金拨款		四、器材	
7.自筹资金拨款		其中：待处理器材损失	
8.其他拨款		五、货币资金	
二、项目资本		六、预付及应收款	
1.国家资本		七、有价证券	
2.法人资金		八、固定资产	
3.个人资本		固定资产原价	
4.外商资本		减：累计折旧	
三、项目资本公积		固定资产净值	
四、基建借款		固定资产清理	
其中：国债转贷		待处理固定资产损失	
五、上级拨入投资借款			
六、企业债券资金			
七、待冲基建支出			
八、应付款			
九、未交款			
1.未交税金			
2.其他未交款			
十、上级拨入资金			
十一、留成收入			
合　计		合　计	

表 9-10　建设项目交付使用资产总表

单项工程项目名称	总计	固定资产					流动资产	无形资产	其他资产
		建筑工程	安装工程	设备	其他	合计			

交付单位：　　　　　　　　　　　　接收单位：

　负责人：　　　　　　　　　　　　　负责人：

　　　　　（盖章）　　　　　　　　　　　　　（盖章）
　　　　年　月　日　　　　　　　　　　　年　月　日

表 9-11　建设项目交付使用资产明细表

单项工程项目名称	建筑工程			设备、工具、器具、家具						流动资产		无形资产		其他资产	
	结构	面积/m²	价值/元	名称	规格型号	单位	数量	价值/元	设备安装费/元	名称	价值/元	名称	价值/元	名称	价值/元

3. 建设工程竣工图

建设工程竣工图是真实地记录各种地上、地下建筑物、构筑物等情况的技术文件，是工程进行交工验收、维护改建和扩建的依据，是国家的重要技术档案。其具体要求如下。

（1）凡按图样竣工没有变动的，由施工单位在原施工图上加盖"竣工图"标志后，即作为竣工图。

（2）凡在施工过程中，虽有一般性设计变更，但能将原施工图加以修改补充作为竣工图的，可不重新绘制，由施工单位负责在用施工图（必须是新蓝图）上注明修改的部分，并附以设计变更通知单和施工说明，加盖"竣工图"标志后，即作为竣工图。

（3）凡结构形式改变、施工工艺改变、平面布置改变、项目改变以及有其他重大改变，不宜在原施工图上修改、补充时，应重新绘制改变后的竣工图。施工单位负责在新的施工图上加盖"竣工图"标志，并附有有关记录和说明，作为竣工图。

（4）为了满足竣工验收和竣工决算需要，还应绘制反映竣工工程全部内容的过程设计平面示意图。

4. 工程造价比较分析

在分析时，可先对比整个项目的总概算，然后将建筑安装工程费、设备工器具费和其他工程费用逐一与竣工决算表中所提供的实际数据和相关资料及批准的概算、预算指标、实际的工程造价进行对比分析，以确定竣工项目总造价是节约还是超支，并在对比的基础上，总结先进经验，找出节约和超支的内容和原因，提出改进措施。在实际工作中，应主要分析以下内容。

（1）主要实物工程量　对于实物工程量出入比较大的情况，必须查明原因。

（2）主要材料消耗量　考核主要材料消耗量，要按照竣工决算表中所列明的三大材料实际超概算的消耗量，查明是在工程的哪个环节超出量最大，再进一步查明超耗的原因。

（3）考核建设单位管理费的支出　即把竣工决算报表中所列的建设单位管理费与概算所列的建设单位管理费数额进行比较，依据规定查明是否多列或少列的费用项目，确定其节约超支的数额，并查明原因。

🖥 小结

装饰工程结算是指发承包双方根据合同约定，进行工程款预付、工程进度款结算及工程竣工价款结算的活动。装饰工程结算是反映工程进度的主要指标，是加强资金周转的重要环节，是考核经济效益的重要指标。

工程预付款是指在开工前，发包人按照合同约定，预先支付给承包人用于购买合同工程施工所需的材料、工程设备，以及组织施工机械和人员进场等的款项。工程预付款的扣还常有按公式计算、按合同约定计算以及最后一次扣还三种方式。

进度款是指在合同工程施工过程中，发包人按照合同约定对付款周期内承包人完成的合同价款给予支付的款项，也是合同价款期中结算支付。工程进度款的结算分三种情况，即开工前期、施工中期和工程尾期进度款结算三种。

竣工结算是指发承包双方依据国家有关法律、法规和标准规定，按照合同约定确定的，包括在履行合同过程中按合同约定进行的合同价款调整，是承包人按合同约定完成了全部承包工作后，向发包人进行最终工程款结算，发包人应付给承包人的合同总金额。

竣工决算是指建设项目竣工验收合格后，项目单位编制的综合反映竣工项目从筹建开始到项目竣工交付使用为止的全部建设费用、建设成果和财务情况的总结性文件，是竣工验收报告的重要组成部分。竣工决算由竣工财务决算说明书、竣工财务决算报表、建设工程竣工图、工程造价比较分析四部分组成。前两个部分又称之为建设项目竣工财务决算，是竣工决算的核心部分。

职业资格考试真题（单选题）精选

1.（2021年注册造价工程师考试真题）建设工程在缺陷责任期内，由第三方原因造成的缺陷（　　）。

A. 应由承包人负责维修，费用从质量保证金中扣除

B. 应由承包人负责维修，费用由发包人承担

C. 发包人委托承包人维修的，费用由第三方支付

D. 发包人委托承包人维修的，费用由发包人支付

2.（2021年注册造价工程师考试真题）由发包人提供的工程材料、工程设备的金额，应在合同价款的期中支付和结算中予以扣除，具体的扣除标准是（　　）。

A. 按签约单价和签约数量　　　　　　B. 按实际采购单价和实际数量

C. 按签约单价和实际数量　　　　　　D. 按实际采购单价和签约数量

3.（2020年注册造价工程师考试真题）施工合同履行期间出现现场签证事件时，现场签证应由（　　）提出。

A. 发包人　　　　　B. 监理人　　　　　C. 设计人　　　　　D. 承包人

4.（2020年注册造价工程师考试真题）某工程合同总额为20000万元，其中主要材料占比40%，合同中约定的工程预付款项总额为2400万元，则按起扣点计算法计算的预付款起扣点为（　　）万元。

A. 6000　　　　　　B. 8000　　　　　　C. 12000　　　　　　D. 14000

5.（2019年注册造价工程师考试真题）根据《建设工程质量保证金管理办法》(建质【2017】138号)，质量保证金总预留比例不得高于工程价款结算总额的（　　）。

A. 19%　　　　　　B. 2%　　　　　　C. 3%　　　　　　D.5%

6.（2019年注册造价工程师考试真题）编制竣工结算文件时，应按国家、省级或行业建设主管部门的规定计价的是（　　）。

A. 劳动保险费　　　　　　　　　　　B. 总承包服务费

C. 安全文明施工费　　　　　　　　　D. 现场签证费

能力训练题

一、填空题

1. 装饰工程结算是指发承包双方根据合同约定，进行_____、_____及_____的活动。

2. _____是指在开工前，发包人按照合同约定，预先支付给承包人用于购买合同工程施工所需的材料、工程设备，以及组织施工机械和人员进场等的款项。它是施工准备和所需要材料、结构件等流动资金的主要来源，我国习惯上又称为_____。

3. 进度款是指在合同工程施工过程中，发包人按照合同约定对付款周期内承包人完成的合同价款给予支付的款项，也是合同价款期中结算支付。工程进度款的结算分三种情况，即_____、_____和_____三种。

4. _____是指工程项目完工并经验收合格后，发承包双方依据签订的合同、国家有关法律、法规和标准规定，对所完成的工程项目进行的全面结算。

5. _____是发承包双方在工程合同中约定，从应付合同价款中预留，用以保证承包人在缺陷责任期内履行缺陷修复义务的金额。

6. _____是指建设项目竣工验收合格后，项目单位编制的综合反映竣工项目从筹建开始到项目竣工交付使用为止的全部建设费用、建设成果和财务情况的总结性文件，是竣工验收报告的重要组成部分。

二、思考题

1. 什么是装饰工程结算？主要包括哪些活动？

2. 如何确定装饰工程预付款？预付款扣回的方法有哪些？

3. 什么是装饰工程竣工结算？竣工结算的方法有哪些？

4. 什么是装饰工程竣工决算？竣工决算的作用是什么？竣工决算的编制依据有哪些？竣工决算由哪些内容组成？

三、计算题

1. 某工程的合同承包价为 489 万元，工期为 8 个月，工程预付款占合同承包价的 20%，主要材料及预制构件价值占工程总价的 60%，工程质量保证金占工程总价的 5%。该工程每月实际完成的产值及合同价款调整增加额见表 9-12。

表 9-12 某工程实际完成产值及合同价款调整增加额

月份	1 月	2 月	3 月	4 月	5 月	6 月	7 月	8 月	合同价调整增加额
完成产值 / 万元	25	36	89	110	85	76	40	28	67

问题：

（1）该工程应支付多少工程预付款？

（2）该工程预付款起扣点为多少？

（3）该工程每月应结算的工程进度款及累计拨款分别为多少？

（4）该工程应付竣工结算价款为多少？

（5）该工程质量保证金为多少？

（6）该工程 8 月份实付竣工结算价款为多少？

2. 某工程业主与承包商签订了施工合同，合同中含有两个子项工程，估算工程量 A 项为

2500m³，B 项为 3500m³，经协商合同价 A 项为 200 元 /m³，B 项为 170 元 /m³。合同还规定：开工前业主应向承包商支付合同价 20% 的预付款；业主自第一个月起，从承包商的工程款中，按 5% 的比例扣留保留金；当子项工程实际工程量超过估算工程量 ±15% 时，可进行调价，调整系数为 0.9；根据市场情况规定价格调整系数平均按照 1.2 计算；工程师签发月度付款最低金额为 30 万元；预付款在最后两个月扣除，每月扣 50%。承包商每月实际完成并经工程师签证确认的工程量见表 9-13。

表 9-13　某工程每月实际完成并经工程师签证确认的工程量　　　单位：m³

月份	1 月	2 月	3 月	4 月
A 项	550	850	850	650
B 项	800	950	900	650

问题：

（1）该工程预付款是多少？

（2）从第一个月起每月工程量价款、工程师应签证的工程款、实际签发的付款凭证金额各是多少？

（3）该工程应付竣工结算价款为多少？

（4）该工程质量保证金为多少？

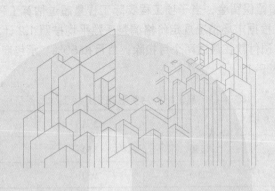

第十章
BIM 装饰工程
计量与计价

 知识目标

- 了解 BIM 装饰工程计量与计价软件的分类;
- 熟悉 BIM 装饰工程计量与计价软件的基本操作方法;
- 通过对 BIM 装饰工程计量与计价软件的学习,强化工程图纸识读能力与空间想象能力。

 能力目标

- 能够运用 BIM 装饰工程计量与计价软件编制招标控制价及投标报价。

 素质目标

- 增强民族自信与文化自信,顺应智能建造时代工程建设行业信息化发展趋势,自觉担当科技报国使命。

第一节　工程造价软件概述

随着科技的快速发展，计算机技术在工程造价领域得到广泛应用。为更加准确计算工程造价，方便、灵活、快捷的造价软件也随之应运而生，极大地提高了工程造价从业人员的工作效率，创造了更高的社会效益和经济价值。

二维码10.1

一、国外工程造价软件应用情况

国外使用的造价软件一般都重视已完工程数据的利用、价格管理、造价估计和造价控制等方面内容。从本质上来说，工程造价软件主要是在技术层面使工程造价工作更加智能化，减少复杂低效的人工劳动，充分体现使用者的需求。

美国的造价管理工程始于 20 世纪 50 年代，美国建筑标准协会 CSI 和加拿大建筑标准学会 CSC 于 1963 年首次发布了《Master List of Numbers and Titles for the Construction Industry》（简称 Master Format）。该体系每七年修正一次，现行版本是 Master Format2018；1972 年发布了全生命周期管理的层级式清单 Uni Format；2001 年在 Uni FormatII 和 Master Format 的基础上编制和发布了 Omni Class 标准。

英国的 BCIS（Building Cost Information Service，建筑成本信息服务部）专门收集已完工程的资料，存入数据库，并随时向其成员单位提供。当成员单位要对某些新工程估算时，可选择最类似的已完工程数据估算工程成本。价格管理方面，PSA（Property Services Agency，物业服务社）是英国的一家官方建筑业物价管理部门，在许多价格管理领域都成功地应用了计算机，如建筑投标价格管理。该组织收集投标文件，对其中各项目造价进行加权平均，求得平均造价和各种投标价格指数，并定期发布，供招标者和投标者参考。类似的，BCIS 则要求其成员单位定期向自己报告各种工程造价信息，也向成员单位提供他们需要的各种信息。由于国际间工程造价彼此关系密切，欧洲建筑经济委员会（CEEC）在 1980 年 6 月成立造价分委会（Cost Commission），专门从事各成员国之间的工程造价信息交换服务工作。

国外的工程造价软件研发较早，并且管理严格规范，但其在工程量计算规则、市场价格、采用的机械设备等方面都与中国的工程造价软件有很大的不同。下面是国外常用的几种 BIM 造价软件。

（1）Visual Estimating 软件，是由世界著名软件公司 Innovaya 研发的。这款软件主要的工作是面向工程造价，结合 Visual Simulation 软件的多维度优势，可以更好的服务于造价行业，满足工作人员的需求。Visual Estimating 软件的一大特色就是具有超强的兼容性，Revit、Tekla 等软件均可以与之相互组合使用，可以通过 Revit 和 Tekla 建立工程项目模型，生成模型文件，Visual Estimating 可对其进行识别，这样就可以加快建模的速度，在尽可能短的时间内，实现造价的目的。

（2）DProfiler 软件，Beck Technology 公司针对概念设计阶段开发的 DProfiler 提供成本估算功能，通过简单的建模和体量计算，可以与其它成本数据库和能力分析软件集成，最终输出成本预算到 Excel，与 RSMeans 成本数据库集成并进行决策。

（3）Vico Suite 是一个虚拟建造软件，具有施工工序安排、成本估计、体量计算、详图生成等功能。Vico 支持大型项目的施工管理，尤其是 BIM5D 应用，可以实现干涉检查、模型发布、审查、施工问题检查和标记等应用。最终优化项目进度安排，协调和变更管理。

（4）Tokoman 软件，是一个基于模型的质量管理解决方案。主要功能包括 BIM 服务器功能、成本估算、工程算量、施工调度等，与 BIM 软件和结构设计软件连接是其最大的特点。

（5）SAGESuit 是一个基于 Web 的软件工具，支持可视化估算，包括工作管理、预算和服务管理模块，具有预算、管理等供应商和分包商财务和操作功能。

（6）Innovaya 系列软件，为在与 Autodesk BIM 软件和 Tekla Structure 软件集成的 BIM 模型提供了可视化平台，具有模型冲突检查、4D 模拟、成本预算和项目管理等功能。

（7）CostOSBIM 软件，它直接从三维模型创建工程量清单，并导入综合数据库中。费用标准是以所用的资源为基础的，如材料、设备、劳动力和消耗品。支持成本浏览、导航和搜索以及成本比较等功能，实现基于 BIM 的成本预算。

（8）All plan Cost Management，是一种建筑材料的计量和计价软件包。它与投标和库存系统集成，利用 IBD 方法从模型中计量和计价，最终实现成本规划。

二、国内工程造价软件发展概述

根据行业性质和所在地区的不同，我国工程造价软件涉及房屋建筑与装饰、钢结构、市政工程、民航、煤炭、冶金、石油石化土地开发整理、水利水电、通信工程、电力工程、公路工程等众多专业细分领域。

（一）我国工程造价软件发展情况

我国工程造价管理早在北宋时期《营造法式》就有定额方面的记载，但是软件的开发应用上比西方国家相对较晚一些。

从 20 世纪 90 年代起，一些从事软件开发的专业公司开始研制工程造价软件，如武汉海文公司、海口神机公司等。下面介绍几种在国内市场占有率相对较高的工程造价软件。

（1）广联达 BIM 软件，主要包括工程计量与计价等相关软件，通过工程计量软件汇总工程量后，经数字网站询价，然后用计价软件编制投标报价或招标控制价，所有的历史工程通过企业定额生成系统形成企业定额。广联达 BIM 软件目前比较成熟，市场占有率较高。

（2）鲁班工程造价软件，主要包括鲁班成本测算、鲁班大师（土建、钢筋、安装）、鲁班计价等相关软件，鲁班算量软件的易用性、适用性得到用户的公认。鲁班钢筋最出色的功能在于可以使用构件向导方便地完成钢筋输入工作，这是鲁班钢筋优于其它软件的特色功能。

（3）宏业软件，主要是四川地区比较常用，软件旨在通过三维图形建模，直接识别利用设计院电子文档的方式，把电子文档转化为面向工程量及套价计算的图形构件对象，以真正面向图形的方法，非常直观地解决了工程量的计算及套价，提高了建设工程量计算速度与精确度，把算量工作人员从繁重的计算中解放出来。

（4）品茗软件，基于 AutoCAD 平台，通过识别设计院电子文档和手工三维建模两种方式，把设计蓝图转化为面向工程量及套价计算的图形构件对象，整体考虑各类构件之间的扣减关系，使工程造价人员在招投标过程中的算量、过程提量和结算阶段土建工程量计算、钢筋工程量计算中的一些问题有所缓解。软件底层采用 CAD 平台，让工程模块导入以达到识别的全面性与准确性。

（5）PKPM 系列软件，包括 STAT 建筑工程造价软件，CMIS 建筑施工技术软件，CMIS 建筑施工项目管理软件、施工企业信息化管理软件等，其软件最大的特点是一次建模全程使用，各种 PKPM 软件随时随地调用。其软件具有自主开发平台，具有强大的图形和计算功能，PKPM 算量软件建模功能强大，但是在构件划分和绘制方面有些细节未考虑到造价技术实际应用。

（6）清华斯维尔软件系列，包括三大系列：商务标软件由三维算量、清单计价组成，技术标系列软件由标书编制软件、施工平面图软件组成，还有技术资料软件、材料管理软件、合同管理软件、办公自动化软件、建设监理软件等。斯维尔算量软件与众不同的是把工程量和钢筋整合在一个软件中，在建筑构件图上直接布置钢筋，可输出钢筋施工图。

（7）指标云，它是一款工程造价数据积累与分析软件，可以采集不同地区的计价文件、计价类型、定额类型、清单类型；图纸、合同、变更、签证，不同事务所成果文件、不同施工单位投标报价。通过大数据算法（回归分析、聚类分析、支持向量机），对采集进入平台的造价数据进行不同粒度的算法分析，得到大量有价值的技术经济指标。通过大数据积累，为项目的自我校验及多项目数据对比提供了参考依据，用于造价质量控制，包括工程校对、项目对比、采样对比、自检、控价对比、清标对比等。

（二）主要技术内容

工程造价软件摆脱了大量手工繁杂耗时的冗余工作，充分利用大数据信息化以及 BIM 施工模拟技术，把工程图纸绘制到计算机中，通过预设程序进行工程计量，以及定额价格信息库等与之对应实现工程计价。自从工程造价软件使用以来，工程计量计价效率大幅提高，生产经营更为便捷。工程造价软件从技术层面解决的造价问题主要有以下几个方面。

1. 解决定额库引入、取费、工程造价地域性问题

我国工程造价管理体制是建立在定额管理体制基础上的。我国庞大完整的定额制度体系，让西方发达国家叹为观止。地区预算定额和间接费定额由各省、自治区和直辖市负责管理，有关专业定额由中央各部负责修订、补充和管理，形成了各地区、各行业定额的不统一。解决这个问题比较可行的一种办法是，通用性软件要开发，专用性软件也要开发。通用的造价软件，可以使定额库和计价程序分离，做到使用统一的造价计算程序外挂不同地区、不同行业的定额库，用户可任意选用不同的定额库，相应地，操作界面也符合该定额特点的变化，各种参数的调整由软件自动完成，不增加用户的负担，给用户的感觉是该软件的操作比较简单。

2. 解决工程量计算问题

由于各地定额项目划分不同以及施工习惯做法不同，导致全国各地定额计价工程量计算规则不完全一致。我国现行的造价体系中，有些分部分项工程清单量和计价量的计算规则也不同，因此，工程量计算的工作量很大，其计算的速度和准确性对造价文件的质量起着重要作用。利用计算机把算量规则内置到计算机软件程序中，造价算量过程实际成为画图的过程。特别是大型项目土建算量基础、墙、板、梁、柱计算量很大，钢筋工程的计算量甚至可以和整个土建算量工作量接近，通过设置钢筋算量软件和土建装饰算量软件，极大地减少了人工计算的工作量。

3. 解决定额套用问题

在没有开发工程造价软件之前，全靠人工翻阅纸质定额，既耗时而且效率不高。目前的造价软件都建立有数据库，并且都提供了直接输入功能，即只要输入定额号，软件就能够自动检索出子目的名称、单位、单价及人材机消耗量等，非常适合于有经验的用户或者习惯于手工查套定额本的用户。按章节检索定额子目也是造价软件通常提供的功能，这一功能模仿手工翻查定额本的过程，通过在软件界面上选择定额的章节选择定额子目。

4. 留有调整缺口

首先，材料工艺不断更新。定额是综合测定和定期修编的，国内常见的频率是五年编修一次，但工程项目千差万别，新工艺、新材料日新月异，计价时，遇到定额缺项是常见的现

象，因此，需要编制补充定额项目，或以相近的定额项目为依据进行换算处理。其次，国家工程造价政策不断改革完善调整，取费变化工程造价软件必须及时跟进，并且市场价总在不断变化，需要给价格调整留下余地。

5. 一键式报表导出

报表是工程造价文件的最终表现结果，报表数据的完整性及美观程度反映了企业的形象。用户一般都要求报表格式要灵活、美观。使用软件进行成果导出，可以选择招标控制价、投标报价等多种模式，方便快捷，减少了用户排版等工作量。

第二节 广联达 BIM 装饰工程计量

工程造价软件的应用成了当今工程造价领域的发展方向和趋势。工程造价软件分为两种，一种是工具型软件，另一种是管理型软件。本书主要借用广联达软件为操作平台介绍工具型软件的操作。

一、BIM 土建计量平台 GTJ2021 简介

GTJ2021 内置《房屋建筑与装饰工程工程量计算规范》及全国各地清单定额计算规则、16G系列平法钢筋规则，通过智能识别 dwg 图纸、一键导入 BIM 设计模型、云协同等方式建立 BIM土建计量模型，解决土建专业估概算、招投标预算、施工进度变更、竣工结算全过程各阶段的算量、提量、检查、审核全流程业务，实现一站式的 BIM 土建计量服务（数据 & 应用）。

二、BIM 土建计量平台 GTJ2021 操作步骤

（一）工程模型建立

1. 准备阶段

（1）新建工程

① 打开软件如图 10-1 所示，可以看到软件具有造价云、云规则、云对比、协同建模四大功能。在软件界面新建一个工程，如图 10-2 所示。

图 10-1　找开软件界面

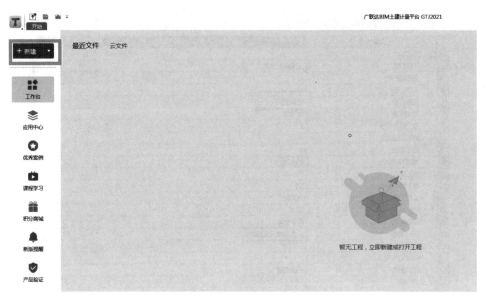

图 10-2　软件新建工程界面

② 在【新建工程】中输入"工程名称"，选择"计算规则""清单定额库""钢筋规则"进行工程创建，点击【创建工程】，如图 10-3 所示。

图 10-3　工程规则选择

③ 在【工程信息】中进行建筑信息描述，尤其注意"檐高""结构类型""抗震等级""设防烈度"等设置，如图 10-4 所示。

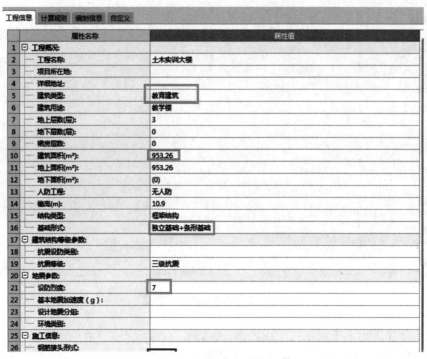

图 10-4　工程信息录入

（2）新建楼层

① 打开【工程设置】→【楼层设置】，进行楼层设置和楼层混凝土强度和锚固搭接设置，如图 10-5 所示。

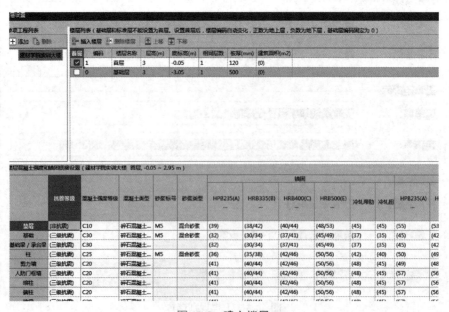

图 10-5　建立楼层

② 通过【插入楼层】进行地上、地下楼层建立。注意，地上层在首层进行插入楼层，地下层在基础层进行插入楼层，如图 10-6 所示。

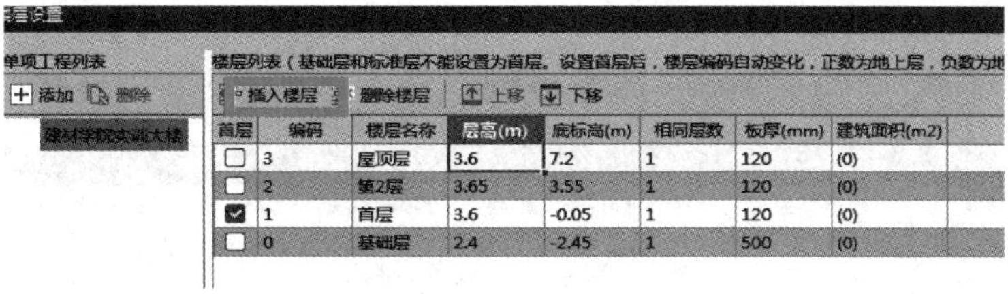

图 10-6 插入楼层

③ 在【楼层混凝土轻度和锚固搭接设置】中对工程的“抗震等级”“混凝土强度等级”“砂浆标号”“砂浆类型”按照工程设计总说明进行修改，如图 10-7 所示。如果其他楼层的设置与首层设置相同，通过【复制到其他楼层】进行各项参数复制。

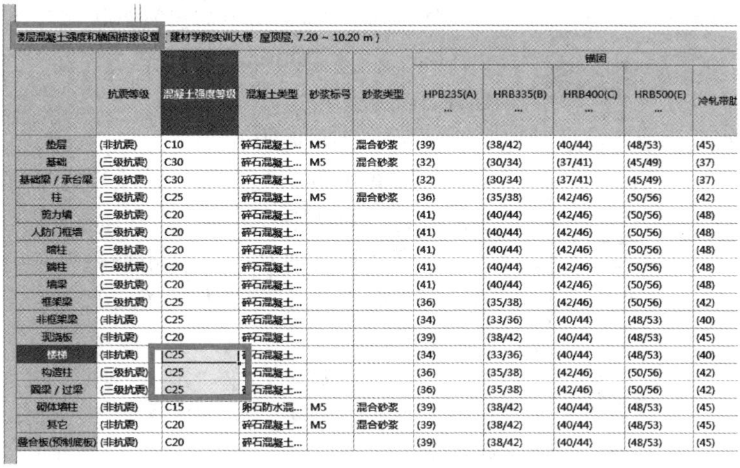

	抗震等级	混凝土强度等级	混凝土类型	砂浆标号	砂浆类型	锚固 HPB235(A) ...	HRB335(B) ...	HRB400(C) ...	HRB500(E) ...	冷轧带肋
垫层	(非抗震)	C10	碎石混凝土...	M5	混合砂浆	(39)	(38/42)	(40/44)	(48/53)	(45)
基础	(三级抗震)	C30	碎石混凝土...	M5	混合砂浆	(32)	(30/34)	(37/41)	(45/49)	(37)
基础梁 / 承台梁	(三级抗震)	C30	碎石混凝土...			(32)	(30/34)	(37/41)	(45/49)	(37)
柱	(三级抗震)	C25	碎石混凝土...	M5	混合砂浆	(36)	(35/38)	(42/46)	(50/56)	(42)
剪力墙	(三级抗震)	C20	碎石混凝土...			(41)	(40/44)	(42/46)	(50/56)	(48)
人防门框墙	(三级抗震)	C20	碎石混凝土...			(41)	(40/44)	(42/46)	(50/56)	(48)
暗柱	(三级抗震)	C20	碎石混凝土...			(41)	(40/44)	(42/46)	(50/56)	(48)
端柱	(三级抗震)	C20	碎石混凝土...			(41)	(40/44)	(42/46)	(50/56)	(48)
墙梁	(三级抗震)	C20	碎石混凝土...			(41)	(40/44)	(42/46)	(50/56)	(48)
框架梁	(三级抗震)	C25	碎石混凝土...			(36)	(35/38)	(42/46)	(50/56)	(42)
非框架梁	(非抗震)	C25	碎石混凝土...			(34)	(33/36)	(40/44)	(48/53)	(40)
现浇板	(非抗震)	C20	碎石混凝土...			(39)	(38/42)	(40/44)	(48/53)	(45)
楼梯	(非抗震)	C25	碎石混凝土...			(34)	(33/36)	(40/44)	(48/53)	(40)
构造柱	(三级抗震)	C25	碎石混凝土...			(36)	(35/38)	(42/46)	(50/56)	(42)
圈梁 / 过梁	(三级抗震)	C25	碎石混凝土...			(36)	(35/38)	(42/46)	(50/56)	(42)
砌体墙柱	(非抗震)	C15	碎石防水混...	M5	混合砂浆	(39)	(38/42)	(40/44)	(48/53)	(45)
其它	(非抗震)	C20	碎石混凝土...	M5	混合砂浆	(39)	(38/42)	(40/44)	(48/53)	(45)
叠合板(预制底板)	(非抗震)	C20	碎石混凝土...			(39)	(38/42)	(40/44)	(48/53)	(45)

图 10-7 复制到其他楼层

（3）新建轴网

① 在导航栏选择【轴线】→【轴网】，单击构件列表工具栏按钮【新建】→【新建正交轴网】，打开轴网定义界面，如图 10-8 所示。

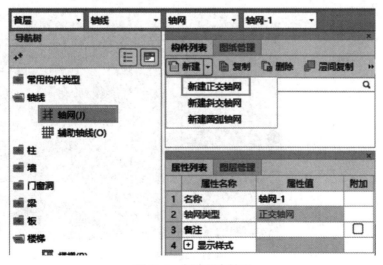

图 10-8 新建正交轴网

② 在属性编辑框名称处输入轴网的名称，默认"轴网 -1"，如图 10-9 所示。如果工程由多个轴网拼接而成，则建议填入的名称尽可能详细。

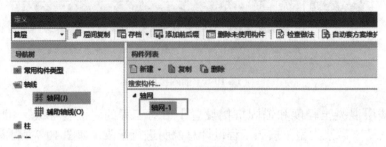

图 10-9　轴网命名

③ 选择一种轴距类型。软件提供了下开间、左进深、上开间、右进深四种类型，定义开间、进深的轴距，如图 10-10 所示。

轴距定义方法如下。

a. 从常用数值中选取：选中常用数值，双击鼠标左键，所选中的常用数值即出现在轴距的单元格上；

b. 直接输入轴距，在轴距输入框处直接输入轴距如 3000，然后单击【添加】按钮或直接回车，轴号由软件自动生成；

c. 自定义数据：在"定义数据"中直接以","隔开输入轴号及轴距。格式为：轴号，轴距，轴号，轴距，轴号……

例如：输入 A，3000，B，1800，C，3300，D。对于连续相同的轴距也可连乘，例如：1，3000×6，7。

图 10-10　轴距类型

④ 轴网定义完成后点击【建模】模块，采用【点】方法画入轴网，如图 10-11 所示。

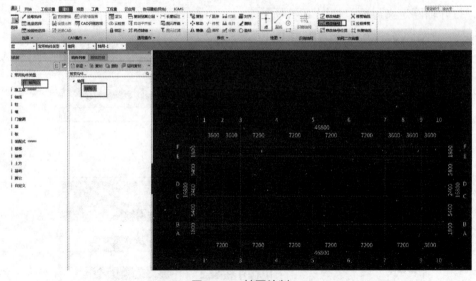

图 10-11　轴网绘制

2. 构件绘制

在广联达 BIM 土建计量软件里，柱、梁、墙、板等建筑主体绘制在本书中不再赘述。画完建筑主体构件以后，就可以绘制装饰工程。在画室内装修时，可以按楼地面、墙面、顶棚等单构件分别来画，也可以按组建房间的方法来画图。算量的过程在软件算量中，内化为画图的过程。

① 楼地面的构件定义。点击菜单【建模】选项卡，在导航树下选择【装修】文件夹，点击文件夹下【楼地面】选项，鼠标右键，进入【定义】界面。在【构件列表】中，选择【新建】下拉菜单，单击【新建楼地面】；在【属性列表】中，输入构件"名称""块料厚度"等系列属性数据，完成新建楼地面的构件定义，如图 10-12。

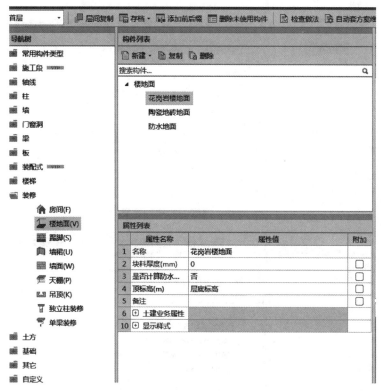

图 10-12　楼地面的构件定义

② 踢脚线的构件定义。点击菜单【建模】选项卡，在导航树下选择【装修】文件夹，点击文件夹下【踢脚】选项，鼠标右键，进入【定义】界面。在【构件列表】中，选择【新建】下拉菜单，单击【新建踢脚线】；在【属性列表】中，输入构件"名称""块料高度""起点底标高""终点底标高"等系列属性数据，完成新建踢脚线的构件定义，如图 10-13。

③ 墙面的构件定义。点击菜单【建模】选项卡，在导航树下选择【装修】文件夹，点击文件夹下【墙面】选项，鼠标右键，进入【定义】界面。在【构件列表】中，选择【新建】下拉菜单，单击【新建内墙面】；在【属性列表】中，输入构件"名称""块料厚度""起点顶标高""起点底标高""终点顶标高""终点底标高"等系列属性数据，完成新建墙面的构件定义，如图 10-14。

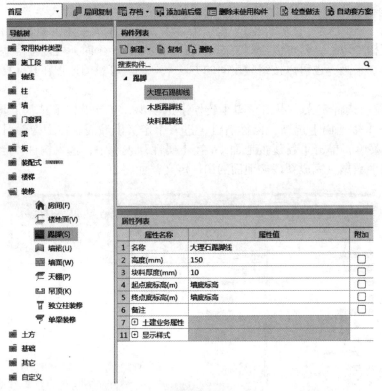

图 10-13　踢脚线的构件定义

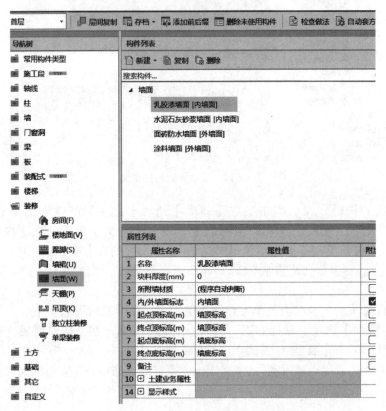

图 10-14　墙面的构件定义

④ 天棚的构件定义。点击菜单【建模】选项卡，在导航树下选择【装修】文件夹，点击文件夹下【天棚】选项，鼠标右键，进入【定义】界面。在【构件列表】中，选择【新建】下拉菜单，单击【新建天棚】；在【属性列表】中，输入构件名称的属性数据，完成新建天棚的构件定义，如图 10-15。

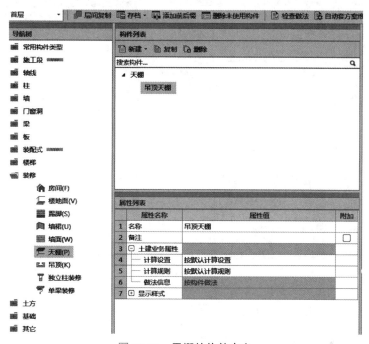

图 10-15 天棚的构件定义

⑤ 在【建模】界面点击【房间】→【新建房间】，如图 10-16 所示。

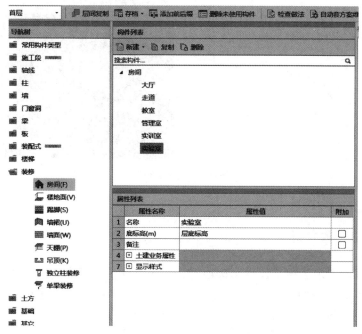

图 10-16 新建房间

⑥ 双击房间【门厅】，进入房间定义界面，通过【添加依附构件】，将房间中的楼地面、踢脚、墙面、天棚依次添加，如图 10-17 所示。

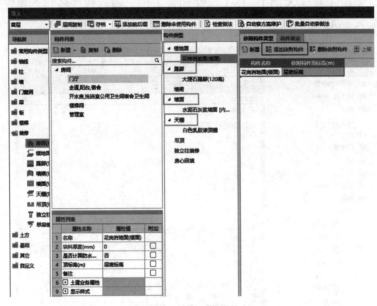

图 10-17 添加依附构件

⑦ 进入绘图界面，使用【点】进行门厅布置，如图 10-18 所示。

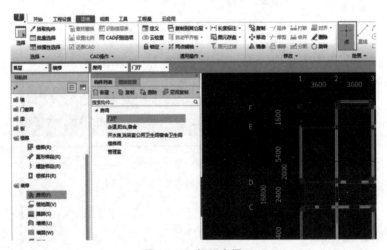

图 10-18 门厅布置

（二）工程量计算

1. 散水工程量的计算

该工程散水为 C15 混凝土面层，沿外墙外边线布置。

① 定义构件。点击菜单【建模】选项卡，在导航树下选择【其它】文件夹，点击文件夹下【散水】选项，鼠标右键，进入【定义】界面。如图 10-19。在【构件列表】中，选择【新建】下拉菜单，单击【新建散水】；在属性列表中，输入构件"名称""厚度""材质"等系列属性数据，完成新建散水的构件定义，如图 10-20。

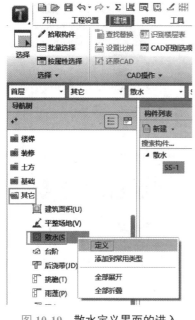

图 10-19　散水定义界面的进入

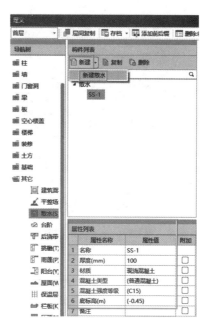

图 10-20　散水属性编辑

② 绘制构件。定义好构件后，切换至【建模】页面，选择【智能布置】按钮，点选【按外墙外边线智能布置】，鼠标左键拉框选择图元，右键确认，自动生成散水，如图 10-21 所示。

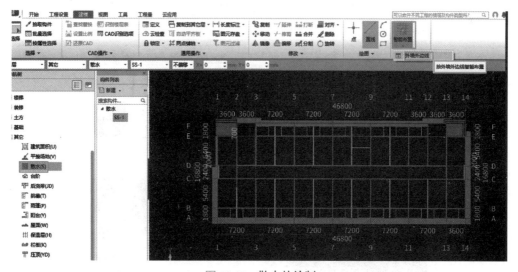

图 10-21　散水的绘制

2. 台阶工程量的计算

该工程台阶为 C15 混凝土台阶，共三级，每个踏步为 150mm 高、300mm 宽。

① 定义构件。点击菜单【建模】选项卡，在导航树下选择【其它】文件夹，点击文件夹下【台阶】选项，鼠标右键，进入【定义】界面。如图 10-22 所示。在【构件列表】中，选择【新建】下拉菜单，单击【新建台阶】；在【属性列表】中，输入构件"名称""台阶高度""材质"等系列属性数据，完成新建散水的构件定义，如图 10-23 所示。

图 10-22　台阶的定义

图 10-23　台阶的属性

　　② 添加辅助轴线。绘制台阶之前，先以 F 轴为基准，创建辅助轴线。导航树中选择【轴线】文件夹，点击选择【辅助轴线】，再选择【平行轴线】绘制方法，如图 10-24 所示。然后进入绘图区，鼠标左键选择基准轴线 F 轴，高亮显示后，在弹出的对话框中，输入"偏移距离"为"1300"，点击【确定】，生成辅助轴线，如图 10-25 所示。

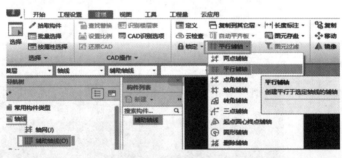

图 10-24　平行轴线

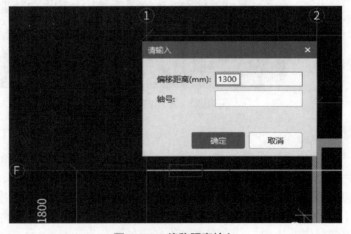

图 10-25　偏移距离输入

③ 绘制构件。绘图界面中选择【台阶】，在【绘图】页签中选择【矩形】绘制方式，选中台阶绘制范围的第一点，再选择对角线方向的第二点，即可生成台阶构件，如图 10-26 所示。

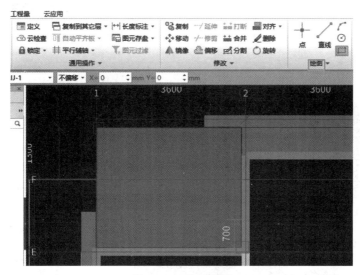

图 10-26　绘制台阶

④ 设置踏步边。在绘图界面选择【台阶二次编辑】中的【设置踏步边】，鼠标左键，在已绘制好的台阶范围选择要形成踏步边的一侧，鼠标右键确认后，弹出"设置踏步边"对话框，输入"踏步个数""踏步宽度"等属性参数，如图 10-27 所示。然后点击【确定】，完成台阶踏步边的绘制，如图 10-28 所示。

图 10-27　台阶踏步边属性设置

3. 坡道工程量的计算

该工程室外无障碍坡道为混凝土材质，坡度为 0.6，可利用创建平板的命令进行绘制。

① 定义构件。点击菜单【建模】选项卡，在导航树下选择【板】文件夹，点击文件夹下【现浇板】选项，鼠标右键，进入【定义】界面。在【构件列表】中，选择【新建】下拉菜单，单击【新建现浇板】；在【属性列表】中，输入构件"名称""厚度""类别""材质"等系列属性数据，完成新建无障碍坡道的构件定义，如图 10-29 所示。

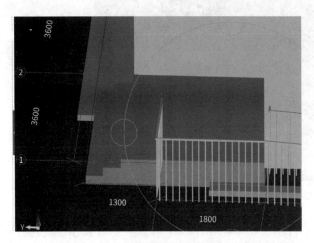

图 10-28　踏步边绘制完成后效果

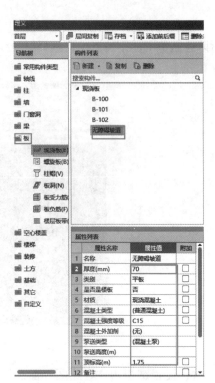

图 10-29　无障碍坡道属性定义

② 绘制构件。参照前面介绍的平板绘制方法，设置辅助轴线后，选择【绘图】页签中的按【矩形】绘制方法，选中坡道绘制范围的第一点，再选择对角线方向的第二点，即可生成坡道构件，如图 10-30 所示。

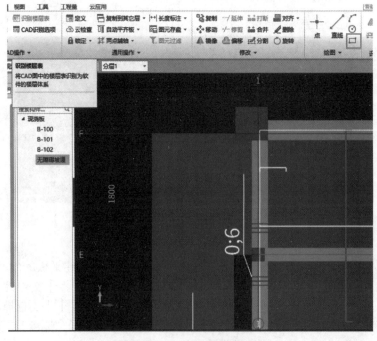

图 10-30　无障碍坡道的绘制

③ 设置坡道的坡度。在绘图区域选中需要设置坡度的坡道，高亮后，在【现浇板二次编辑】命令中，选择【坡度变斜】方法，如图 10-31 所示。鼠标移至绘图区，选择要设置坡度的边线，在弹出的"坡度系数定义斜板"对话框中，输入"坡度系数"等属性数值，点击【确定】，完成坡道的坡度设置，如图 10-32 所示。

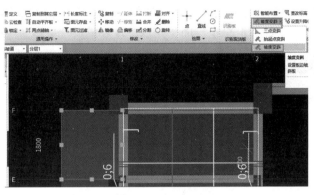

图 10-31　无障碍坡道的坡度设置（一）

图 10-32　无障碍坡道的坡度设置（二）

4. 套取做法

模型建立完成之后，所有构件必须套取做法，进行清单、定额的套取，输出对应的工程量。

双击踢脚线构件，弹出定义界面，切换至【构件做法】页签，点击【添加清单】，通过【查询清单库】或【查询匹配清单】进行清单选择，通过【查询定额库】和【查询匹配定额】进行定额套取，如图 10-33 所示。

图 10-33　套取清单定额

其他构件做法同踢脚线构件操作方法。

（三）输出工程量

1. 汇总计算

① 在菜单栏中点击【工程量】→【汇总计算】，弹出"汇总计算"提示框，选择需要汇总的楼层、构件及汇总项，点击【确定】按钮进行计算汇总，如图 10-34 所示。

② 汇总结束后弹出【计算汇总】界面，显示"计算成功"文字。如图 10-35 所示。

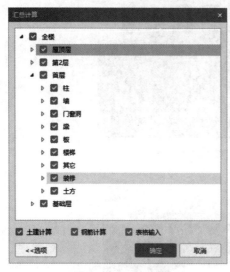

图 10-34　汇总计算

图 10-35　完成汇总计算

2. 云检查

整个工程都完成了模型绘制工作，即将进入整个工程的工程量汇总工作。为了保证算量结果的正确性，希望对整个楼层进行检查，从而发现工程中存在的问题，方便进行修正。

① 点击【建模】模块下的【云检查】功能，在弹出窗口中点击【整楼检查】，如图 10-36 所示。

图 10-36　云模型检查

② 进入检查后，软件自动根据内置的检查规则进行检查，如果无误，会出现如图 10-37 所示的提示文字。

③ 检查的结果，在"云检查结果"窗口中呈现出来，如图 10-38 所示。

图 10-37 整楼检查　　　　　　　　　　图 10-38 云检查

3. 云指标

（1）设计阶段，建设方为了控制工程造价，会对设计院提出工程量指标最大值的要求，即限额设计。设计人员要保证最终设计方案的工程量指标不能超过建设方的规定要求。

（2）施工阶段，施工方应积累自己所做工程的工程量指标和造价指标，以便在建设方招标图纸不细致的情况下，仍可以准确投标。

（3）咨询公司应积累所参与工程的工程量指标和造价指标，以便在项目设计阶段为建设方提供更好的服务。如审核设计院图纸，帮助建设方找出最经济合理的设计方案等。软件默认包含 1 张汇总表及钢筋、混凝土、模板、装修等不同维度的 8 张指标表，分别是：工程指标汇总表、钢筋 - 部位楼层指标表、钢筋 - 构件类型楼层指标表、混凝土 - 部位楼层指标表、混凝土 - 构件类型楼层指标表、模板 - 部位楼层指标表、模板 - 构件类型楼层指标表、装修 - 装修指标表、砌体 - 砌体指标表。

点击【建模】模块下的【云检查】功能，在弹出窗口中可以看到"工程指标汇总表"，如图 10-39 所示。

4. 云对比

解决在对量过程中查找难、遗漏项的内容。根据空间位置建立对比关系，快速实现楼层、构件、图元工程量对比，智能分析量差产生的原因。

在【开始】→【新建】工程界面，点击【云对比】中的【开始对比】，弹出如图 10-40 所示界面。

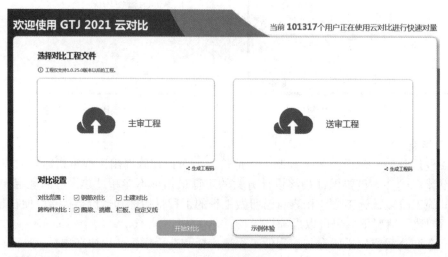

图 10-39　云指标

图 10-40　云对比

5. 报表

工程汇总检查完成之后，可对整个工程进行工程量及报表的输出，可统一选择设置需要查看报表的楼层和构件，包括【绘图输入】和【表格输入】两部分的工程量。可通过"查看报表"进行工程量及报表查看，如图 10-41 所示。

图 10-41　查看报表

第三节　广联达 BIM 装饰工程计价

一、BIM 广联达云计价平台简介

广联达云计价平台是一个集成多种应用功能的平台，可进行文件管理，并能支持用户与用户之间，用户与产品研发之间进行沟通，包含个人模式和协作模式；并对业务进行整合，支持概算、预算、结算、审核业务，建立统一入口，各阶段的数据自由流转，如图 10-42 所示。本节将依据 BIM 广联达云计价平台举例如何编制招标控制价。

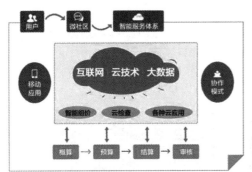

图 10-42　广联达云计价平台

二、基于 BIM 广联达云计价平台的装饰工程招标控制价编制

① 打开软件，在软件欢迎界面新建一个工程。【新建预算】→【招标项目】，选择"定额标准"及"单价形式"，如图 10-43 所示。

图 10-43　软件新建工程界面

② 点击【项目信息】，填写项目相关信息资料。如图 10-44 所示。

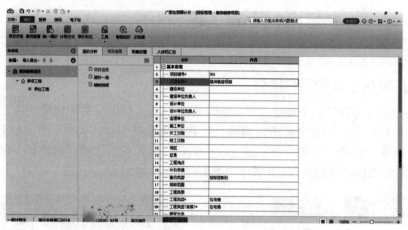

图 10-44　新建招投标项目界面

③点击【单项工程】，选择【装饰工程】，如图 10-45 所示。

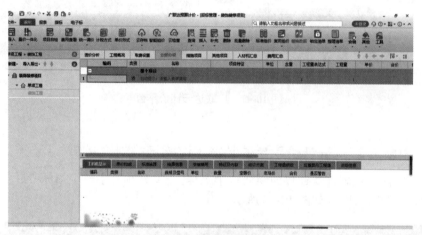

图 10-45　选择单项工程

④点击装饰工程后，可以看到很多清单选项，根据需要进行分部分项清单列项，工程量可以直接输入，也可以借助前述广联达土建算量平台导入工程量，如图 10-46 所示。

图 10-46　选择分部分项工程

⑤ 以天棚工程为例，双击选中，点击下方【特征及内容】，在"特征值"中根据项目特性，进行特征描述，如图 10-47 所示。

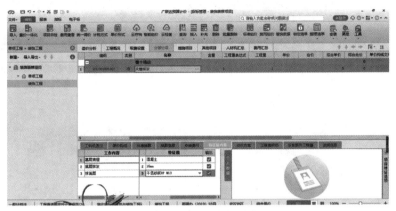

图 10-47 项目特征描述

⑥ 根据"清单指引"，选择定额，如图 10-48 所示。

图 10-48 选择定额

⑦ 本例中天棚一般抹灰，一次抹灰 15mm 厚，选择定额"A12-1"和定额"A12-2"进行组合，并填写清单工程量，计价定额工程量，如图 10-49 所示。

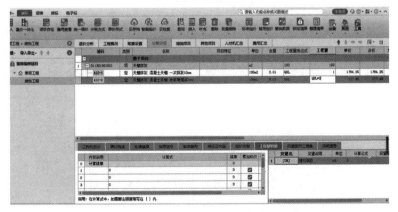

图 10-49 填写清单工程量和计价定额工程量

⑧ 定额组价完毕，可以查看综合单价，如图 10-50 所示。

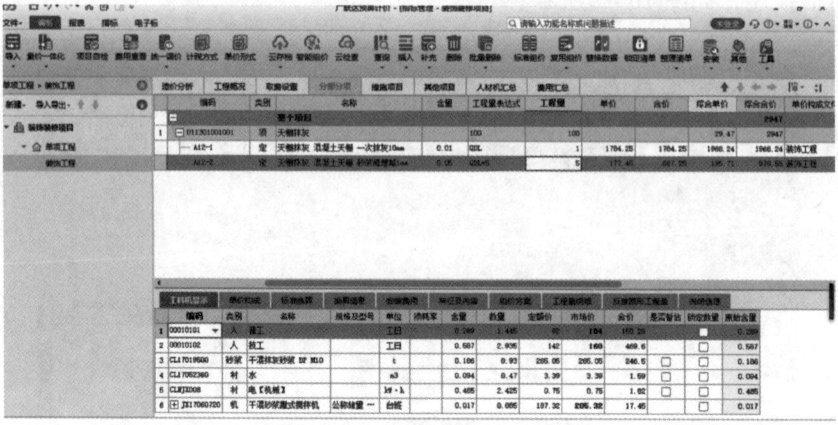

图 10-50　查看综合单价

⑨ 点击所选定额，查看"工料机显示"，选中"砂浆"，点击选项，会发现有很多材料选项，可以根据具体情况进行替换。如图 10-51 所示。

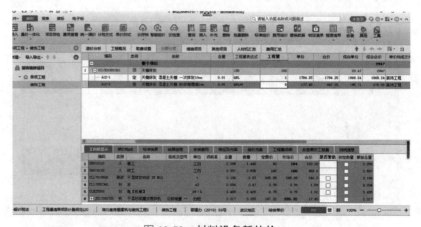

图 10-51　人材机替换

⑩ 如果材料及设备为暂估价，在对应材料及设备"是否暂估"里打钩。如图 10-52 所示。

图 10-52　材料设备暂估价

⑪ 点击【措施项目】，重复前面④～⑩操作完成单价措施项目编制。如图 10-53 所示。

序号	类别	名称	单位	项目特征	组价方式	计算基数	费率(%)
−		措施项目					
− 一		单价措施项目费					
− 0117010···		综合脚手架	m2		可计量清单		
A17-7 ···	定	多层建筑综合脚手架 檐高20m以内	100m2				
− 0117030···		垂直运输	m2		可计量清单		
A18-4	定	檐高20m以内 卷扬机施工	100m2				

图 10-53 单价措施项目编制

⑫ 点击【其他项目】，填写实际的其他项目费。如图 10-54 所示。

造价分析 | 工程概况 | 取费设置 | 分部分项 | 措施项目 | 其他项目 | 人材机汇总 | 费用汇总

其他项目：暂列金额；专业工程暂估价；计日工费用；总承包服务费；签证与索赔计价...

	序号	名称	计算基数	费率(%)	金额	费用类别	不可竞争费	不计入合价
1	−	其他项目			0			
2	1	暂列金额	暂列金额		0	暂列金额	☐	☐
3	2	暂估价	专业工程暂估价		0	暂估价	☐	☐
4	2.1	材料暂估价	ZGJCLHJ		0	材料暂估价	☐	☑
5	2.2	专业工程暂估价	专业工程暂估价		0	专业工程···	☐	☑
6	3	计日工	计日工		0	计日工	☐	☐
7	4	总承包服务费	总承包服务费		0	总承包服···	☐	☐
8	5	索赔与现场签证费	索赔与现场签证		0	索赔与现···	☐	☐

图 10-54 其他项目费用填写

⑬ 点击【人材机汇总】，根据要求的信息价及市场价修改人材机价格。如图 10-55 所示。

造价分析 | 工程概况 | 取费设置 | 分部分项 | 措施项目 | 其他项目 | 人材机汇总 | 费用汇总

所有人材机：人工表；材料表；机械表；设备表；主材表；主要材料表；暂估材料表；发包人供应材料...；承包人主要材料...

	编码	类别	名称	规格型号	单位	数量	预算价	市场价	市场价合计	价差	价差合计	供货方式	甲
1	00010101	人	普工		工日	0.039	92	99	3.86	7	0.27	自行采购	
2	00010102	人	技工		工日	0.026	142	152	3.95	10	0.26	自行采购	
3	CL17001560	材	安全网		m2	0.208	10.27	10.27	2.14	0	0	自行采购	
4	CL17011570	材	垫木 60*60*60		块	0.04	0.52	0.52	0.02	0	0	自行采购	
5	CL17015400	材	镀锌铁丝 φ4.0		kg	0.212	4.28	4.28	0.91	0	0	自行采购	
6	CL17020430	材	钢管 φ48*3.5		km·天	0.931	18.05	18.05	16.8	0	0	自行采购	
7	CL17020480	材	钢管底座		千个·天	0.018	76.92	76.92	1.38	0	0	自行采购	
8	CL17022270	材	钢丝绳 φ8		m	0.004	2.65	2.65	0.01	0	0	自行采购	
9	CL17026900	材	红丹防锈漆		kg	0.092	12	12	1.1	0	0	自行采购	
10	CL17034000	材	扣件		千个·天	0.332	12.82	12.82	4.26	0	0	自行采购	
11	CL17041540	材	木脚手板		m3	0.003	1884.9	1884.9	5.65	0	0	自行采购	
12	CL17065030	材	油漆溶剂油		kg	0.008	3.76	3.76	0.03	0	0	自行采购	
13	CL17066300	材	圆钉		kg	0.088	5.92	5.92	0.52	0	0	自行采购	
14	CLNJX006	材	柴油【机械】		kg	0.218	5.26	5.26	1.15	0	0	自行采购	
15	CLNJX008	材	电【机械】		kW·h	1.433	0.75	0.75	1.07	0	0	自行采购	

图 10-55 人材机价格调整

⑭ 完成以上所有步骤及内容，点击【费用汇总】，查看工程造价，如图 10-56 所示。

序号	费用代号	名称	计算基数	基数说明	费率(%)	金额
1	一	A	分部分项工程费	FBFXHJ_HBG	分部分项合计_含包干		
2	1.1	A1	其中：人工费	RGF_YSJ	分部分项人工费预算价		
3	1.2	A2	其中：施工机具使用费	JXF_YSJ	分部分项机械费（人工预算价）		
4	二	B	措施项目合计	B1+B2	单价措施+总价措施		7
5	2.1	B1	单价措施	DJCS_HBG	单价措施_含包干		7
6	2.1.1	B11	其中：人工费	DJCS_RGF_YSJ	单价措施人工费预算价		
7	2.1.2	B12	其中：施工机具使用费	DJCS_JXF_YSJ	单价措施机械费（人工预算价）		1
8	2.2	B2	总价措施	ZJCS	总价措施		
9	2.2.1	B21	安全文明施工费	AQWMSGF	安全文明施工费		
10	2.2.2	B22	其他总价措施费	ZJCS-AQWMSGF	总价措施-安全文明施工费		
11	三	C	其他项目合计	QTXMHJ	其他项目合计		
12	3.1	C1	其中：人工费	RGF_QTXM	其他项目人工费		
13	3.2	C2	其中：施工机具使用费	JXF_QTXM	其他项目机械费		
14	四	D	规费	D1 +D2 +D3 +D4 +D5 +D6 +D7	社会保险费+住房公积金+工程排污费+房修结构装饰装修规费+房修安装规费+管廊维护土建保洁检查检测规费+管廊维护附属规费		
15	4.1	D1	社会保险费	D11 + D12 + D13 + D14 + D15	养老保险金+失业保险金+医疗保险金+工伤保险金+生育保险金		

图 10-56　费用汇总页面

⑮ 点击【报表】，点击【批量导出 Excel】或者【批量导出 PDF】，选择"招标控制价"，勾选所需表格，并导出表格。如图 10-57 所示。

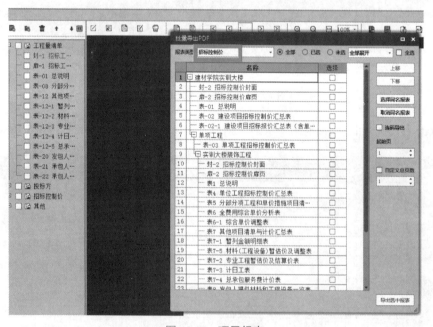

图 10-57　项目报表

 小结

　　BIM 装饰工程计量与计价相关软件具备造价云、云规则、云对比、协同建模四大功能。可以利用软件进行轴网布置、建模、图纸绘制，建立直观可透视的三维模型。在绘图建模过程中，依靠内置的清单工程量计算规则以及定额计量规则，对楼地面、墙柱面、天棚吊顶、油漆涂料裱糊、其他工程等进行工程量自动计算并进行汇总。在计价过程中，需要结合项目特征、工作内容选择适合的定额进行清单组价。计量计价过程中可以对计价进行云对比，检查相关计算指标。最后还能通过报表导出，实现招标控制价或者投标报价等一键导出。

能力训练题

参考第七章第二节中的装饰工程施工图预算图纸图 7-3 ~ 图 7-16，试根据当时当地预算定额和市场信息价，选择可进行装饰工程计量与计价的工程造价软件，编制招标控制价或投标报价书。

参考文献

[1] 住房和城乡建设部 . 建设工程工程量清单计价规范（GB 50500—2013）. 北京：中国计划出版社，2013.

[2] 住房和城乡建设部 . 房屋建筑与装饰工程工程量计算规范（GB 50854—2013）. 北京：中国计划出版社，2013.

[3] 规范编制组 .2013 建设工程计价计量规范辅导 . 北京：中国计划出版社，2013.

[4] 全国造价工程师职业资格考试培训教材编审委员会 . 建设工程造价管理 . 北京：中国计划出版社，2021.

[5] 全国造价工程师职业资格考试培训教材编审委员会 . 建设工程计价 . 北京：中国计划出版社，2021

[6] 湖北省建设工程标准定额管理总站 . 湖北省房屋建筑与装饰工程消耗量定额及全费用基价表（装饰·措施）. 武汉：长江出版社，2018.

[7] 湖北省建设工程标准定额管理总站 . 湖北省建筑安装工程费用定额（2018 版）. 武汉：长江出版社，2018.

[8] 住房和城乡建设部 . 建筑工程建筑面积计算规范（GB/T 50353—2013）. 北京：中国计划出版社，2014.

[9] 住房和城乡建设部 . 建筑工程施工质量验收统一标准（GB 50300—2013）. 北京：中国建筑工业出版社，2014.

[10] 戴晓燕 . 装饰装修工程计量与计价 . 第 2 版 . 北京：化学工业出版社，2015.

[11] 刘富勤 . 建筑工程概预算 . 武汉：武汉理工大学出版社，2018.

[12] 王晓芳，计富元 . 零基础成长为造价高手系列 - 装饰装修工程造价 . 北京：机械工业出版社，2021.

[13] 王武齐 . 建筑工程计量与计价 . 北京：中国建筑工业出版社，2018.

[14] 杨淑华 . 建筑装饰工程计量与计价 . 北京：科学出版社，2021.

[15] 杨洁 . 建筑装饰构造与施工技术 . 北京：机械工业出版社，2020.